跟老齐学
Python
轻松入门

齐伟 编著

电子工业出版社
Publishing House of Electronics Industry
北京·BEIJING

内 容 简 介

Python 是一种被广泛用于网站开发、数据处理和机器学习等领域的高级编程语言，同时也是一种学习门槛较低的高级编程语言。本书是 Python 语言的入门读物，旨在引导初学者能够在轻松的环境中掌握 Python 的基础知识，包括基本对象类型、函数、类、模块以及数据存储方式。

本书适合计算机高级编程语言零基础水平及其以上的 Python 初学者阅读。

未经许可，不得以任何方式复制或抄袭本书之部分或全部内容。
版权所有，侵权必究。

图书在版编目（CIP）数据

跟老齐学 Python：轻松入门 / 齐伟编著. —北京：电子工业出版社，2017.4
ISBN 978-7-121-30662-4

Ⅰ. ①跟… Ⅱ. ①齐… Ⅲ. ①软件工具－程序设计 Ⅳ. ①TP311.561

中国版本图书馆 CIP 数据核字（2016）第 308414 号

责任编辑：高洪霞
印　　刷：三河市双峰印刷装订有限公司
装　　订：三河市双峰印刷装订有限公司
出版发行：电子工业出版社
　　　　　北京市海淀区万寿路 173 信箱　邮编：100036
开　　本：787×1092　1/16　印张：20.75　字数：541.2 千字
版　　次：2017 年 4 月第 1 版
印　　次：2021 年 4 月第 8 次印刷
定　　价：59.00 元

凡所购买电子工业出版社图书有缺损问题，请向购买书店调换。若书店售缺，请与本社发行部联系，联系及邮购电话：(010) 88254888，88258888。
质量投诉请发邮件至 zlts@phei.com.cn，盗版侵权举报请发邮件至 dbqq@phei.com.cn。
本书咨询联系方式：(010) 51260888-819，faq@phei.com.cn。

自序

我曾经在网上写过《零基础学 Python（第 1 版）》，完成之后，发现有一些错误，并且整体结构对零基础的学习者来说还不是很适合。于是，就重新写了，后来有幸得到了电子工业出版社的认可，集结成为《跟老齐学 Python：从入门到精通》一书出版。但是，当书印出来之后，我发现还得修改，于是在原来的基础上又进行了修订，并且定名为现在的书名——《跟老齐学 Python：轻松入门》，言外之意，还有入门之后的教程。

本书也可以说是对已经出版的《跟老齐学 Python：从入门到精通》一书的修订和删减。原来那本书宣称"精通"，但很难做到精通。所以，这次修订就索性专注于入门。

首先，这是一本面向"零基础"学习 Python 语言的书，不是写给中高级程序员的。目的在于帮助"零基础"的读者入门。它不会让你在看完之后就达到精通 Python 的水平，但是它能够让读者窥视到 Python 语言的魅力，能够理解用 Python 编程的基本思想，搞明白 Python 的基础知识，从而为后续的"精通"奠定基础。

其次，本书也不是那种"n 个实例精通"的书。因为在我看来，通过简单几个例子就掌握一种语言，或许可以，但是不符合我的认知。如果读者喜欢"n 个实例精通掌握"，请移步到别处。

然后，本书还是一本比较有"水分"的书。很多读者希望有干货，Python 文档是最典型的干货，如果执意要求干货的朋友，请直接去看文档。本书中的"水分"是一种最好的溶剂和调味品，能够让你在阅读的时候不至于感到乏味。

当本书完成后，我还一直心怀惶恐，唯恐因为本书中的不当阐述而耽误了读者的前程。所以，建议读者在阅读本书的时候，如有怀疑，请更多地求助于搜索引擎（推荐使用 Google）或者其他资料，让自己对相应内容有更深入、全面、正确的理解。

欢迎读者提出意见或建议，以帮助我改进本书。所以，提供如下可以联系到我的途径：

（1）加入 QQ 群，可以跟很多人交流。QQ 群：Code Craft，26913719。

（2）关注我的新浪微博，名称是：老齐 Py。地址：http://weibo.com/qiwsir。

（3）到 github.com 上直接 follow 我，名称是：qiwsir。地址：https://github.com/qiwsir。

（4）经常关注我的网站：www.itdiffer.com。

（5）扫描下方的小程序二维码，可以免费获得本书的小程序，里面会包含更多关于 Python 的技术文章，目的是帮助读者"把书读厚"。本书的勘误内容，也会在小程序中发布。

在本书的编写过程中，家母住院，我不得不在病榻旁完成了本书的部分内容。在医院里，看到的常常跟外面不同，也颇感生命的珍贵。所以，"人生苦短，请用 Python"不是简单的调侃。中秋将至，母亲已经无恙，愿天下的母亲和父亲都身体健康。阅读本书的读者，在你忙碌的学习和工作之余，要挤出时间陪伴父母——有时候觉得是煽情的话，在经历之后发现绝非如此。

最后需要说明，本书虽然再次修订，但也难免有错误和不当之处，敬请读者指出。

齐伟

2018 年 9 月

目录

第 0 章　预备 1
- 0.1　关于 Python 的故事 1
  - 0.1.1　Python 的昨天、今天和明天 1
  - 0.1.2　优雅的 Python 2
  - 0.1.3　与其他语言比较 3
  - 0.1.4　《Python 之禅》 3
  - 0.1.5　感谢 Guido van Rossum 4
- 0.2　从小工到专家 4
  - 0.2.1　Python 的版本 5
  - 0.2.2　学习 Python 是否需要基础 5
  - 0.2.3　从小工到专家 5
- 0.3　安装 Python 7
  - 0.3.1　在 Ubuntu 系统中安装 Python 7
  - 0.3.2　在 Windows 系统中安装 Python 9
  - 0.3.3　在 OS X 系统中安装 Python 10
- 0.4　开发工具 10
  - 0.4.1　Hello，world 10
  - 0.4.2　集成开发环境 11
  - 0.4.3　Python 的 IDE 11

第 1 章　基本对象类型 13
- 1.1　数和四则运算 13
  - 1.1.1　数 14
  - 1.1.2　变量 16
  - 1.1.3　四则运算 17
  - 1.1.4　大整数 18
  - 1.1.5　浮点数 18
- 1.2　除法 19
  - 1.2.1　整数除以整数 19

- 1.2.2 异常的计算 ... 19
- 1.2.3 引用模块解决除法问题 ... 20
- 1.2.4 余数 ... 21
- 1.2.5 四舍五入 ... 22
- 1.3 常用数学函数和运算优先级 ... 23
  - 1.3.1 使用 math ... 23
  - 1.3.2 运算优先级 ... 25
- 1.4 一个简单的程序 ... 26
  - 1.4.1 程序 ... 26
  - 1.4.2 Hello,World ... 27
  - 1.4.3 解一道题目 ... 28
  - 1.4.4 编译 ... 30
- 1.5 字符串 ... 31
  - 1.5.1 初步认识字符串 ... 31
  - 1.5.2 变量和字符串 ... 33
  - 1.5.3 连接字符串 ... 34
  - 1.5.4 Python 转义符 ... 36
  - 1.5.5 键盘输入 ... 36
  - 1.5.6 原始字符串 ... 38
  - 1.5.7 索引和切片 ... 39
  - 1.5.8 字符串基本操作 ... 41
  - 1.5.9 字符串格式化输出 ... 44
  - 1.5.10 常用的字符串方法 ... 47
- 1.6 字符编码 ... 51
  - 1.6.1 编码 ... 52
  - 1.6.2 计算机中的字符编码 ... 53
  - 1.6.3 Python 字符编码 ... 54
- 1.7 列表 ... 55
  - 1.7.1 定义 ... 55
  - 1.7.2 索引和切片 ... 56
  - 1.7.3 反转 ... 58
  - 1.7.4 操作列表 ... 59
  - 1.7.5 常用的列表函数 ... 61
  - 1.7.6 比较列表和字符串 ... 71
  - 1.7.7 列表和字符串转化 ... 73
- 1.8 元组 ... 75
  - 1.8.1 定义 ... 75
  - 1.8.2 索引和切片 ... 76
  - 1.8.3 元组的用途 ... 77
- 1.9 字典 ... 77
  - 1.9.1 创建字典 ... 78

- 1.9.2 访问字典的值 ... 80
- 1.9.3 基本操作 ... 80
- 1.9.4 字符串格式化输出 ... 82
- 1.9.5 字典的方法 ... 82
- 1.10 集合 ... 90
  - 1.10.1 创建集合 ... 90
  - 1.10.2 set 的方法 ... 92
  - 1.10.3 不变的集合 ... 95
  - 1.10.4 集合运算 ... 96

第 2 章 语句和文件 ... 100

- 2.1 运算符 ... 100
  - 2.1.1 算术运算符 ... 100
  - 2.1.2 比较运算符 ... 100
  - 2.1.3 逻辑运算符 ... 102
  - 2.1.4 复杂的布尔表达式 ... 104
- 2.2 简单语句 ... 105
  - 2.2.1 什么是语句 ... 105
  - 2.2.2 import ... 105
  - 2.2.3 赋值语句 ... 106
- 2.3 条件语句 ... 109
  - 2.3.1 if ... 109
  - 2.3.2 if ... elif ... else ... 110
  - 2.3.3 三元操作符 ... 112
- 2.4 for 循环语句 ... 112
  - 2.4.1 for 循环 ... 112
  - 2.4.2 从例子中理解 for 循环 ... 113
  - 2.4.3 range(start,stop[, step]) ... 116
  - 2.4.4 并行迭代 ... 120
  - 2.4.5 enumerate() ... 123
  - 2.4.6 列表解析 ... 125
- 2.5 while 循环语句 ... 126
  - 2.5.1 做猜数字游戏 ... 127
  - 2.5.2 break 和 continue ... 129
  - 2.5.3 while...else ... 130
  - 2.5.4 for...else ... 131
- 2.6 文件 ... 131
  - 2.6.1 读文件 ... 131
  - 2.6.2 创建文件 ... 133
  - 2.6.3 使用 with ... 135
  - 2.6.4 文件的状态 ... 136
  - 2.6.5 read/readline/readlines ... 137

2.6.6 读很大的文件·······138
  2.6.7 seek·······139
 2.7 初识迭代·······140
  2.7.1 逐个访问·······141
  2.7.2 文件迭代器·······142

第 3 章 函数·······145
 3.1 函数的基本概念·······145
  3.1.1 理解函数·······146
  3.1.2 定义函数·······147
  3.1.3 关于命名·······150
 3.2 深入探究函数·······153
  3.2.1 返回值·······153
  3.2.2 函数中的文档·······155
  3.2.3 函数的属性·······156
  3.2.4 参数和变量·······157
  3.2.5 参数收集·······159
 3.3 函数对象·······161
  3.3.1 递归·······162
  3.3.2 传递函数·······163
  3.3.3 嵌套函数·······164
  3.3.4 初识装饰器·······166
  3.3.5 闭包·······168
 3.4 特殊函数·······169
  3.4.1 lambda·······170
  3.4.2 map·······171
  3.4.3 reduce·······173
  3.4.4 filter·······174
  3.4.5 zip()补充·······175
 3.5 命名空间·······176
  3.5.1 全局变量和局部变量·······176
  3.5.2 作用域·······177
  3.5.3 命名空间·······178

第 4 章 类·······181
 4.1 类的基本概念·······181
  4.1.1 术语·······181
  4.1.2 编写类·······184
 4.2 编写简单的类·······185
  4.2.1 创建类·······185
  4.2.2 实例·······187
 4.3 属性和数据·······188

	4.3.1 类属性	188
	4.3.2 创建实例	190
	4.3.3 实例属性	192
	4.3.4 self 的作用	194
	4.3.5 数据流转	195
4.4	方法	196
	4.4.1 绑定方法和非绑定方法	196
	4.4.2 类方法和静态方法	198
4.5	继承	201
	4.5.1 概念	201
	4.5.2 单继承	202
	4.5.3 调用覆盖的方法	205
	4.5.4 多重继承	206
4.6	多态和封装	208
	4.6.1 多态	208
	4.6.2 封装和私有化	212
4.7	定制类	214
	4.7.1 类和对象类型	214
	4.7.2 自定义对象类型	215
4.8	黑魔法	219
	4.8.1 优化内存	219
	4.8.2 属性拦截	223
4.9	迭代器	226
4.10	生成器	229
	4.10.1 定义生成器	230
	4.10.2 yield	231

第 5 章 错误和异常 233

5.1	错误	233
5.2	异常	233
5.3	处理异常	236
5.4	assert	242

第 6 章 模块 244

6.1	编写模块	244
	6.1.1 模块是程序	245
	6.1.2 模块的位置	246
	6.1.3 __all__ 在模块中的作用	248
	6.1.4 包和库	249
6.2	标准库概述	250
	6.2.1 引用的方式	250
	6.2.2 深入探究	251

          6.2.3　帮助、文档和源码 ··· 252
   6.3　标准库举例：sys、copy ·· 254
          6.3.1　sys ·· 254
          6.3.2　copy ·· 257
   6.4　标准库举例：OS ·· 257
          6.4.1　操作文件：重命名、删除文件 ······························ 258
          6.4.2　操作目录 ··· 260
          6.4.3　文件和目录属性 ·· 262
          6.4.4　操作命令 ··· 263
   6.5　标准库举例：堆 ··· 264
          6.5.1　基本知识 ··· 265
          6.5.2　heapq ·· 267
          6.5.3　deque ·· 269
   6.6　标准库举例：日期和时间 ·· 271
          6.6.1　calendar ·· 271
          6.6.2　time ·· 273
          6.6.3　datetime ·· 277
   6.7　标准库举例：XML ··· 279
          6.7.1　XML ··· 279
          6.7.2　遍历查询 ··· 280
          6.7.3　编辑 ··· 283
          6.7.4　常用属性和方法总结 ··· 285
   6.8　标准库举例：JSON ·· 286
          6.8.1　基本操作 ··· 286
          6.8.2　大 JSON 字符串 ·· 287
   6.9　第三方库 ·· 287
          6.9.1　安装第三方库 ··· 288
          6.9.2　举例：requests 库 ··· 289

第 7 章　操作数据 ·· 293

   7.1　将数据存入文件 ·· 293
          7.1.1　pickle ·· 293
          7.1.2　shelve ·· 294
   7.2　操作 MySQL 数据库 ·· 295
          7.2.1　概况 ··· 295
          7.2.2　安装 ··· 296
          7.2.3　运行 ··· 297
          7.2.4　安装 PyMySQL ·· 297
          7.2.5　连接数据库 ··· 298
          7.2.6　数据库表 ··· 300
          7.2.7　操作数据库 ·· 301
   7.3　操作 MongoDB ·· 306

  7.3.1 安装 MongoDB ···307
  7.3.2 启动 ···308
  7.3.3 安装 pymongo ···309
  7.3.4 连接 ···309
  7.3.5 编辑 ···310
 7.4 操作 SQLite ··314
  7.4.1 建立连接对象 ···314
  7.4.2 建立游标对象 ···315
跋 ··318

第 0 章

预备

因为本书的读者是零基础学习 Python 的朋友,所以这里单独设置了一个预备章节,向开始阅读本书的读者介绍有关 Python 的发展情况,以及如何才能拥有一个可以进行 Python 程序开发的环境。

0.1 关于 Python 的故事

不管是学习某种自然语言(如英语),还是学习某种编程语言(如汇编),总要说一说有关这种语言的故事。

0.1.1 Python 的昨天、今天和明天

这个题目似乎有点大了,回顾过去、考察现在、张望未来,都是那些掌握方向的大人物做的事。那么现在就让我们每个人都成为大人物吧,因为如果不回顾一下历史,就无法满足学习者的好奇心;如果不考察一下现在,学习者就会担心学了之后没有什么用途;如果不张望一下未来,那么又怎么能吸引学习者或未来的开发者呢?

1. Python 的历史

Python 的创始人为吉多·范罗苏姆(Guido van Rossum)。关于他开发这种语言的过程,很多资料里面都要记录下面的故事:

1989 年的圣诞节期间,吉多·范罗苏姆为了在阿姆斯特丹打发时间,决心开发一个新的脚本解释程序,作为 ABC 语言的一种继承。之所以选中 Python 作为程序的名字,是因为他是一个蒙提·派森的飞行马戏团的爱好者。ABC 是由吉多参加设计的一种教学语言。就吉多本人看来,ABC 这种语言非常优美和强大,是专门为非专业程序员设计的。但是 ABC 语言并没有成功,究其原因,吉多认为是非开放造成的。吉多决心在 Python 中避免这一错误,并取得了非常好的效果,完美结合了 C 和其他一些语言。

这个故事是笔者从《维基百科》里面直接复制过来的,很多讲 Python 历史的资料里面也都

转载过这段。但是，在笔者来看，这段故事有点忽悠人的味道。其实，上面这段中提到的，吉多为了打发时间而决定开发 Python 的说法，来自他自己的这样一段自述：

Over six years ago, in December 1989, I was looking for a "hobby" programming project that would keep me occupied during the week around Christmas. My office (a government-run research lab in Amsterdam) would be closed, but I had a home computer, and not much else on my hands. I decided to write an interpreter for the new scripting language I had been thinking about lately: a descendant of ABC that would appeal to Unix/C hackers. I chose Python as a working title for the project,being in a slightly irreverent mood (and a big fan of Monty Python's Flying Circus).（原文地址：https://www.python.org/doc/essays/foreword/）

首先，必须承认，吉多是一个牛人，非常牛的人。

其次，读者千万别认为 Python 就是随随便便、牛人一冲动搞出来的东西。牛人也是站在巨人的肩膀上的。

最后，牛人在成功之后，往往把奋斗的过程描绘得比较简单，或者是因为谦虚，或者是为了让人听起来更牛，反正，我们看最后结果的时候，很难感受过程中的酸甜苦辣。

不管怎么样，牛人在那时候发明了 Python，而且，他更牛的地方在于具有现代化的思维开放。通过 Python 社区，吸引来自世界各地的开发者参与 Python 的建设。在这里，请读者一定要联想到 Linux 和它的创始人芬兰人林纳斯·托瓦兹。两者都秉承"开放"思想，得到了来自世界各地开发者和应用者的欢迎和尊重。

2. Python 的现在

应该说，Python 现在表现不错。除了在 Web 开发方面有很多应用之外（当然 PHP 在这方面也很不错），在数据分析、机器学习、大数据、云计算等这些时髦的领域也都有它的身影，并且影响力越来越大。此外，还有自动化运维、自动化测试等。

读者可以到这个网站看一看 Python 的应用案例：https://www.python.org/about/success/。

不过，因为大学教育的问题，致使很多青年才俊对 Python 了解甚少；更因为学以致用的功利传统，青年才俊们最担心的是学了 Python——这种学校老师很少甚至从没有提及的怪东西没有什么用途，因为青年才俊们已经被铺天盖地的"学开发，做 APP，30 岁之前实现财务自由"的广告所包围，误以为"软件开发=做 APP"，其他都过时了。希望青年才俊们能够跳出四角天空，用自己的头脑思考问题、用自己的眼睛看世界，形成独立的判断，不要听信广告，也包括笔者在这里对 Python 的各种溢美之词。

3. Python 的未来

这个不需要描述，Python 的未来在所有使用者和学习者手中。

而且，从当前的发展来看，Python 的未来还是相当光明的。在软件开发领域，能不能说美利坚合众国的今天就是我们的明天呢？如果能，那么学 Python 就绝对不会吃亏。

0.1.2 优雅的 Python

Python 号称是优雅的。

这是一种仁者见仁、智者见智的说法。比如经常听到大师们说"数学美",是不是谁都能体验到呢?不见得。

所以,是不是优雅、是不是简单、是不是明确,只有"谁用谁知道",只有内行人才能理解。

不过,笔者特别喜欢下面这句话:**人生苦短,我用 Python**。

Python 能够提高开发效率,让你短暂的人生除工作外,还有更多的时间休息、娱乐或者做其他的事。

或许有的人不相信,那就比较一下吧。

0.1.3 与其他语言比较

"如果你遇到的问题无法用 Python 解决,那么这个问题也不能用其他语言解决。"——这是笔者向一些徘徊在 Python 之外的人常说的,可能有点夸张了。

有一篇题为《如果编程语言是女人》(网址: http://www.vaikan.com/if-programming-languages-are-woman/)的文章,笔者引用其中的部分内容作为不同语言的比较:

PHP 是你豆蔻年华时的心上人,她是情窦初开的你今年夏天傻乎乎追求的目标。玩一玩可以,但千万不要投入过深,因为这个"女孩"有严重的问题。

Ruby 是脚本家族中一个非常漂亮的孩子。第一眼看她,你的心魄就会被她的美丽摄走。她还很有趣。起初她看起来有点慢,不怎么稳定,但近些年来她已经成熟了很多。

Python 是 Ruby 的一个更懂事的姐姐。她优雅、新潮、成熟。她也许太过优秀,以致于很多人喜欢她。你把她当成了一个脾气和浪漫都退烧了的 Ruby。

Java 是一个事业成功的女人。很多在她手下做过事的人都感觉她的能力跟她的地位并不般配,她更多的是通过技巧打动了中层管理人员。你也许会认为她是一个很有智慧的人,并且愿意跟随她,但你要做好在数年里不断地听到"你用错了接口,你遗漏了一个分号"这样的责备的准备。

C++ 是 Java 的表姐。她在很多地方跟 Java 类似,不同的是,她成长于一个天真的年代,不认为需要使用"保护措施"。当然,"保护措施"是指自动内存管理。

C 是 C++的妈妈。对一些头发花白的老程序员说起这个名称,会让他们眼前一亮,产生无限回忆。

Objective C 是 C 语言家族的另外一个成员。她加入了一个奇怪的教会,不愿意和任何教会之外的人约会。

以上只是娱乐,或许存在争议,权当参考吧。

严肃地说,Python 值得拥有。

在正式开始学习 Python 之前,首先要告诉大家 Python 的要诀。

0.1.4 《Python 之禅》

《Python 之禅》(The Zen of Python)包含了 Python 的特点说明和使用方法,当然,第一遍读到它可能没有什么感觉,但当你阅读完本书之后再读一读它,会对其中的每句话都有不一样的理解。它就是 Python 秘籍。

> Beautiful is better than ugly.
>
> Explicit is better than implicit.
>
> Simple is better than complex.
>
> Complex is better than complicated.
>
> Flat is better than nested.
>
> Sparse is better than dense.
>
> Readability counts.
>
> Special cases aren't special enough to break the rules.
>
> Although practicality beats purity.
>
> Errors should never pass silently.
>
> Unless explicitly silenced.
>
> In the face of ambiguity, refuse the temptation to guess.
>
> There should be one-- and preferably only one --obvious way to do it.
>
> Although that way may not be obvious at first unless you're Dutch.
>
> Now is better than never.
>
> Although never is often better than right now.
>
> If the implementation is hard to explain, it's a bad idea.
>
> If the implementation is easy to explain, it may be a good idea.
>
> Namespaces are one honking great idea -- let's do more of those!

"吃水不忘挖井人"，对于创造了 Python 的人，我们一定要感恩并崇拜。

0.1.5 感谢 Guido van Rossum

Guido van Rossum 是值得所有 Pythoner 感谢和尊重的，因为他发明了这个优雅的编程语言。他发明 Python 的过程是那么的让人称赞和惊叹，显示出牛人的风采。

Python 已经让人心动了。除了心动之外，还要行动；只有行动，才能"从小工到专家"。

0.2 从小工到专家

这是每个程序员的梦想。

有一本书的名字就是《程序员修炼之道：从小工到专家》，在这里向读者推荐此书，并借用该书标题。

本书或许能够成为你专家路上的一块铺路石，如果真能如此，笔者感到荣幸之至。祝所有读者都能成为专家。

0.2.1 Python 的版本

关于 Python 的版本问题，是必须要交代的。

不管出于什么原因，笔者认为 Python 给自己搞了两个版本，是败笔，但为了对某些比较底层的东西进行修改，这个败笔也是无奈之举，是值得的。

虽然如此，但幸亏两个版本并非天壤之别，绝大部分是一样的。所以，学习者可以选择任何一个版本进行学习，然后在具体应用的时候，用到什么版本，只要稍加注意，或者到网上搜索一下即可。

推荐阅读一篇参考文章《Python 2.7.x 和 3.x 版本的重要区别》（https://github.com/qiwsir/StarterLearningPython/blob/master/n005.md），供读者了解这两个版本之间的差异。

但是，总有不放心的初学者。

笔者曾被无数次地拷问：是学习 Python 2 还是 Python 3？

以前的版本是 Python 2，但是，总要与时俱进，本书则为 **Python 3**。

不管是 Python 2 还是 Python 3，总要从零开始学习，这意味着不需要基础。

0.2.2 学习 Python 是否需要基础

这是很多初学者都会问的一个问题。诚然，在计算机方面的基础越好，对学习任何一门新的编程语言越有利。如果你在编程语言的学习上属于零基础，那么也不用担心，不管用哪门语言作为学习编程的入门语言，总要有一个开始。

就笔者个人来看，Python 作为学习编程的入门语言是非常适合的。凡是在大学计算机专业学习过 C 语言的同学，都会体会到 C 语言不是很好的入门语言（换个角度，也许可以作为入门语言），因为很多曾经立志学习编程的人学了 C 语言之后，就决心不再学习编程了。难道是用 C 语言来筛选这个行业的从业者吗（从这个角度看就可以用 C 语言来入门了）？

但是，如果你要学习 Python，就不用担心所谓的基础问题。

特别是本书，就是强调"零基础"，这算是本书的特色之一。

不仅笔者这么认为，目前也有高校开始用 Python 作为软件专业甚至是非软件专业的大学生入门编程语言。某大学的教师（笔者的一名未曾谋面的网友）已经在教授经济学院的学生学习 Python 了。

最后的结论是：学习 Python，零基础足够。

本书的目标就是要跟你一起从零基础开始学习 Python，直到高手境界——不是笔者夸口，而是你要有信心。

所以，尽管放胆来学，不用犹豫、不要惧怕。还有一个原因，是因为她优雅。

0.2.3 从小工到专家

有不少学习 Python 的朋友询问："书已经看了，书上的代码也运行过了，但是还不知如何开发一个真正的应用程序，不知从何处下手。"也遇到过一些大学毕业生，虽然相关专业的考试分数不错，但是一讨论到专业问题，常常让人大跌眼镜，特别是当他面对真实的工作对象时，所表现出来的能力要比成绩单上的数字差太多。

笔者一般会武断地下一个结论：练得少。

(《卖油翁》) 乃取一葫芦置于地，以钱覆其口，徐以杓酌油沥之，自钱孔入，而钱不湿。因曰："我亦无他，惟手熟尔。"

因此，从小工到专家，就要多练。当然不是盲目地练习，如果找不到方向，那么可以从阅读代码开始。

1. 阅读代码

有句话说得好："读书破万卷，下笔如有神"。这也适用于编程。必须阅读别人的代码，通过阅读，"站在巨人的肩膀上"，让自己眼界开阔、思维充实。

阅读代码最好的地方就是：www.github.com。

GitHub is a web-based Git repository hosting service. It offers all of the distributed revision control and source code management (SCM) functionality of Git as well as adding its own features. (《维基百科》)

如果还没有账号，请尽快注册，它可以是你作为一个优秀程序员的起点。当然，不要忘记来 follow 笔者，笔者的账号是：qiwsir。

阅读代码的一个方法是一边阅读，一边进行必要的注释，这是在梳理自己对别人代码的认识。然后，可以 run 那个程序——就是"运行"程序，在很多编辑器的菜单中，这个命令的名字就是 run——看看效果。当然，还可以按照自己的设想进行必要的修改，然后再 run。这样你就将别人的代码消化吸收了。

2. 编写程序

要自己动手写程序。

"一万小时定律"在编程领域也是成立的，除非你是天才，否则，只有遵从"一万小时定律"才能成为天才。

"拳不离手，曲不离口"，小工只有通过勤奋地敲代码才能成为专家。

在写程序、调试程序的时候，一定会遇到很多问题。怎么办？

办法就是应用网络，看看类似的问题别人是如何解决的，不要仅仅局限于自己的思维范围。

利用网络就少不了搜索引擎。笔者特别向那些想成为专家的小工们说：只有 Google 能够帮助你成为专家，其他的搜索引擎，或许让你成为"砖家"，乃至于"砖工"。所以，请用：**google.com**。

还有一个网站，专门针对编程答疑解惑：http://stackoverflow.com/。

Developers trust Stack Overflow to help solve coding problems and use Stack Overflow Careers to find job opportunities.（stackoverflow 官方网站说明）

千里之行，始于足下。要学习 Python，就要有学习的环境。

0.3 安装 Python

不论是谁，只要用 Python，就必须配置 Python 的开发和运行环境。

这环境是什么？它就是若干个软件程序。

不仅是 Python，任何高级语言都需要有一个自己的编程环境，就好比写字一样，需要有纸和笔。在计算机上写东西，也需要有文字处理软件，如各种名称的 Office 类软件。笔和纸及 Office 软件，就是写东西的硬件或软件。总之，那些文字只能写在相应的硬件或软件上，才能最后成为一篇文章。那么编程也一样，要有个程序之类的东西，把代码写到上面，才能形成最后类似文章的文件——自己编的程序。

无论读者是零基础，还是非零基础，都不要希望在这里学到很多高深的 Python 语言技巧，因为这里充满了水分。

为什么这么说？

水是生命的源泉，一个好的教程，如果没有水分，仅仅是一些干瘪的知识，那么就是一个指令速查手册，阅读起来能让你兴趣盎然吗？

在本书中，笔者将重点向读者展现学习方法，比如给大家推荐的"上网 Google 一下"，就是非常好的学习方法。在学习过程中，哪怕是遇到一点点疑问，也不要放过，思考一下、尝试一下之后，不管有没有结果，都要用 Google 搜索一下。

欲练神功，挥刀自宫。可见，练神功是有前提的。

学习 Python 的前提是，需要安装些东西才能用。

Python 所需要安装的东西都在这个页面里面：www.python.org/downloads/。

www.python.org 是 Python 的官方网站，如果你的英语够好，那么可以在这里阅读，会获得非常多的收获。

在 Python 的下载页面里面，显示出 Python 目前有两大类，一类是 Python 3.x.x，另一类是 Python 2.7.x。理论上讲选哪一类都行，但是本书所有内容都使用 Python 3，所以读者要根据这个信息来确定版本。

下面就一步一步地来进行安装。如果不是零基础的读者，则可以略过。

0.3.1 在 Ubuntu 系统中安装 Python

首先要清楚自己的计算机所用的操作系统，笔者用 Ubuntu。Ubuntu 是一个以桌面应用为主的 Linux 操作系统。本书的所有程序都是在 Ubuntu 下调试的，笔者没有时间和精力再单独搞其他操作系统，还敬请读者谅解。

只要安装了 Ubuntu 这个操作系统，默认就已经把 Python 安装好了。最新的 Ubuntu 中可能已经预装了 Python 的两个版本，读者可以选择使用。前面已经做了声明，本书中使用 Python 3。

在 Ubuntu 的终端（通常用"Ctrl+Alt+T"组合键打开 shell）中输入 python 指令，显示如下：

```
qiwsir@ubuntu:~$ python
Python 2.7.6 (default, Jun 22 2015, 17:58:13)
[GCC 4.8.2] on linux2
```

```
Type "help", "copyright", "credits" or "license" for more information.
>>>
```

这说明 python 这个指令打开的是 Python 2.7.6 版本，而不是 Python 3。只有执行 python 3，才能如下面演示的那样打开 Python 3。

```
qiwsir@ubuntu:~$ python3
Python 3.4.3 (default, Oct 14 2015, 20:28:29)
[GCC 4.8.4] on linux
Type "help", "copyright", "credits" or "license" for more information.
>>>
```

之所以会这样，是由于历史造成的。早期的 Ubuntu 中，只有 Python 2，现在 Python 3 越来越得到广泛应用，并且性能上有了很好的提升，但是还要照顾历史，所以 Ubuntu 做了如上设置。但是，这是可以修改的。

```
qiwsir@ubuntu:~$ sudo unlink /usr/bin/python
qiwsir@ubuntu:~$ sudo ln -s /usr/bin/python3.4 /usr/bin/python
qiwsir@ubuntu:~$ python
Python 3.4.3 (default, Oct 14 2015, 20:28:29)
[GCC 4.8.4] on linux
Type "help", "copyright", "credits" or "license" for more information.
>>>
```

以上是通过修改软链接实现 python 指令启动 Python 3。以后我们就用这种方式来使用 Python 3，并且从此以后，本书中所提到的 Python，如果不特别说明，就是指 Python 3。

通过执行 python 指令，进入到了一种具有 ">>>" 的交互环境，被称为 Python 的交互模式。"交互模式"，这是一个非常有用的东西，从后面的学习中你就能体会到，这里是学习 Python 的主战场。

在 Ubuntu 中，无须安装就能使用 Python。

如果非要安装，那么可以到官方网站下载源码，操作流程如下（注意：下面的操作仅仅是示例，其中的版本号要根据自己的情况进行修改）。

- 到官方网站 www.python.org 下载源码：

wget https://www.python.org/ftp/python/3.5.2/Python-3.5.2.tgz

- 解压源码包：

tar -zxvf Python-3.5.2.tgz

- 编译：

```
cd Python-3.5.2
./configure --prefix=/usr/local
```

"--prefix=/usr/local" 指定了安装目录，如果不指定，则不需要输入此内容，即使用默认的安装目录。

make&&sudo make install

安装好之后，还是进入到终端（terminal），输入 python 指令，会看到跟前述效果类似的界面（Python 版本号不同）。

0.3.2 在 Windows 系统中安装 Python

到官方网站的下载页面里面（https://www.python.org/downloads/）找到你喜欢的版本（本书是 Python 3，貌似你要必须喜欢 Python 3 的某个版本了），然后下载相应的安装包。

安装方法同其他的 Windows 软件安装方法，连续单击"下一步"。

特别注意，安装完成后，需要检查一下，在环境变量是否有 Python。

如果还不知道什么是 Windows 环境变量，以及如何设置，不用担心，请用 Google 搜索一下，搜索"Windows 环境变量"就能找到如何设置了。

以上完成后，在 cmd 中输入 python，如果得到跟上面类似的结果，就说明已经安装好了。

从开始菜单中，还能找到 Python IDLE（见下图），打开之后也是一个交互模式，并且还是一个简单的编辑器。

选择执行 IDLE，呈现如下图所示的界面，这也是 Python 的交互模式。

当然，如果前面所说的环境变量做好了，则还可以通过 cmd 来运行 Python 交互模式，如下图所示。

除了 Linux 和 Windows 这两种操作系统之外，还有一种代表高端电脑的操作系统——OS X 操作系统，用这种电脑的人都很厉害和富有。

0.3.3 在 OS X 系统中安装 Python

其实根本就不用再介绍在 OS X 系统中安装 Python 了，因为用 OS X 系统的朋友，肯定是高手中的高手，至少笔者一直很敬佩那些用 OS X 系统并坚持没有更换为 Windows 系统的人。所以麻烦用 OS X 系统的朋友自己上网搜吧，跟 Ubuntu 系统差不多。另外一个没有写出详细安装流程的原因是笔者没有苹果电脑。

按照以上方法，如果顺利安装成功，则只能说明幸运，无它。如果没有安装成功，那么这是提高自己的绝佳机会，因为只有遇到问题才能解决问题，才能知道更深刻的道理。不要怕，有 Google，它能帮助你解决所有问题。

重复声明，本书是 Python 3 了，如果要阅读 Python 2，推荐阅读《跟老齐学 Python：从入门到精通》。

不要再为选择 Python 2 还是 Python 3 浪费时间了，坚定地选择 Python3 吧，据遥远的预言，它会统治世界。但要选择适合自己的开发工具。

0.4 开发工具

安装好 Python 之后，就可以进行开发了。按照惯例，第一行代码总是：Hello, World，这是所有编程语言的惯例。

0.4.1 Hello，world

不管你使用的是什么操作系统，肯定能够找到一个地方执行 python，进入到交互模式。

- Ubuntu：打开终端，如同前面操作的那样，直接输入 python，即可进入到 Python 的交互模式中。
- windows：从开始菜单中找到 IDLE 或者在 cmd 中执行 python 进入到交互模式。
- OS X：这里不对高手做指点。

交互模式将在后面长期使用，会伴随你 Python 的代码生涯。

在 ">>>" 的后面输入 print("Hello, World")，并按回车键。这就是见证奇迹的时刻。

```
>>> print("Hello, World")
Hello, World
```

如果你从来不懂编程，那么从这一刻起，就跨入了程序员行列；如果你已经是程序员，那么就温习一下当初的惊喜吧！

"Hello, World" 是你用代码在向这个世界打招呼。每个程序员都曾经历过这个伟大时刻。为了纪念这个伟大时刻，理解其"伟大"之所在，下面将其内部行为逐一解说。

（1）看到 ">>>" 符号，表示 Python 做好了准备，等待你向它发出指令。这是交互模式的标志。

（2）print() 是一个函数，这个函数的功能就是将括号里面的内容在终端打印出来。

（3）"Hello,World" 是打印的内容，注意双引号，是英文状态下的。引号不是打印内容，它相当于一个包裹，把打印的内容包起来，统一交给 Python。

（4）Python 接收到你要求它所做的事情：打印 Hello,World，于是它就开始执行这个命令，丝毫不走样。

"交互模式"是非常有用并且简单的研习 Python 的环境，是我们进行各种学习和有关探索的好方式。随着学习的深入，你将更加觉得它魅力四射。

有一个程序员，感觉自己书法太烂了，于是立志继承光荣文化传统，购买了笔墨纸砚。在某天，开始练字。将纸铺好，拿起笔蘸足墨水，挥毫在纸上写下了：Hello, World。

虽然进入了程序员行列，但是，如果程序员用这个工具仅仅是打印"Hello, World"，又怎能改变世界呢？

况且，这个工具也太简陋了，你看美工用的是 Photoshop，行政用的是 Word，出纳用是的 Excel，公司老板用的是 PPT，难道我们伟大的程序员就用这么简陋的工具写出旷世代码吗？

当然不是。软件是谁开发的？程序员。所以程序员肯定会先为自己打造好所需的工具，这也叫作"近水楼台先得月"。

0.4.2 集成开发环境

集成开发环境（Integrated Development Environment，IDE，也称为 Integration Design Environment、Integration Debugging Environment），在中国台湾叫作整合开发环境，它是一种辅助程序员开发用的应用软件。

《维基百科》是这样对 IDE 定义的：

IDE 通常包括程序语言编辑器、自动建立工具，还包括除错器。有些 IDE 包含编译程序／直译器，如微软的 Microsoft Visual Studio，有些则不包含，如 Eclipse、SharpDevelop 等，这些 IDE 是通过调用第三方编译器来实现代码的编译工作的。有时 IDE 还会包含版本控制系统和一些可以设计图形用户界面的工具。许多支持面向对象的现代化 IDE 还包括了类别浏览器、对象查看器、对象结构图。虽然目前有一些 IDE 支持多种程序语言（如 Eclipse、NetBeans、Microsoft Visual Studio），但是一般而言，IDE 主要还是针对特定的程序语言而量身打造（如 Visual Basic）。

程序员所使用的 IDE 可谓是多种多样，例如用 C#进行编程的程序员大多使用微软提供的名字叫作 Microsoft Visual Studio 的 IDE；在苹果电脑中有一款叫作 XCode 的 IDE。

要想了解更多 IDE 的信息，推荐在《维基百科》中搜索如下词条进行阅读。

- 英文词条：Integrated Development Environment。
- 中文词条：集成开发环境。

0.4.3 Python 的 IDE

用 Google 搜索一下 Python IDE，会发现能够进行 Python 编程的 IDE 还真不少。东西一多就容易无所适从，所以有不少人问用哪个 IDE 好。大家可以看看 stackoverflow 网站上的提问：What IDE to use for Python?网址为：http://stackoverflow.com/questions/81584/what-ide-to-use-for-python。

那么作为零基础的学习者，用哪个 IDE 好呢？既然是零基础，那么就别折腾了，就用 Python 自带的 IDLE。原因是：简单。

前面已经演示了在 Windows 操作系统中如何启动 IDLE，以及启动之后的图示。其他操作系统的用户也都能找到 IDLE 这个程序，启动之后，界面都是类似的。

除了这个自带的 IDE，还有很多其他的工具可供选择，下面列出来几个，供喜欢折腾的朋友参考。

- PythonWin：是 Python Win32 Extensions（半官方性质的 Python for Win32 增强包）的一部分，也包含在 ActivePython 的 Windows 发行版中。如其名字所言，只针对 Win32 平台。
- MacPython IDE：是 Python 的 Mac OS X 发行版内置的 IDE，可以看作 PythonWin 的 Mac 对应版本，由 Guido 的"哥哥" Just van Rossum 编写。
- Emacs 和 Vim：Emacs 和 Vim 号称这个星球上最强大（以及第二强大）的文本编辑器，虽然围绕它们的争论不断，但依然是程序员的首选。
- Eclipse + PyDev：Eclipse 是新一代的优秀泛用型 IDE，虽然是基于 Java 技术开发的，但出色的架构使其具有不逊于 Emacs 和 Vim 的可扩展性，现在已经成为许多程序员最爱的"瑞士军刀"。

如果到网上进行搜索，还能找到更多编写 Python 程序的工具，比如笔者在 QQ 群里曾经讨论过的 PyCharm、Notepad++等；笔者在 Ubuntu 上还安装了 Atom（这是一个很酷炫的编辑器）。编写 Python 程序的工具很多，但不要眼花缭乱，选一个你认定的工具。

选工具后，要花点时间去熟悉它，因为后面我们在编程中要经常用。所以，"工欲善其事，必先利其器"。工具有了，伟大的程序员就要开始从事伟大的编程工作了。

那么从哪里开始呢？从计算机的原始功能开始，即计算。

第1章

基本对象类型

在 Python 中，万物皆对象，或许你还不理解这句话的含义，但是从现在开始，我们即将接触的就是 Python 的对象。对象有类型，Python 默认了一些对象类型，这些类型是我们在编程中使用频率最高的；另外，也能根据需要自定义对象类型，这是后面要学到的技能。

1.1 数和四则运算

计算机原本是用来计算的，现在更多的人称其为电脑，这两个词都是指 Computer。提到它，人们普遍都会想到它能够比较快速地做加减乘除，甚至乘方、开方等各种数学运算。

有一篇名为《计算机前世》的文章（http://www.flickering.cn），在这里引用其中的部分内容，来简述 Computer 的身世。

还是先来看看"计算机"（Computer）这个词是怎么来的。英文学得好的小伙伴看到 Computer，第一反应好像是："compute-er"，应该是个什么样的人吧，是的，就是"做计算的人"。恭喜你答对了。最先被命名为 Computer 的确实是人。也就是说，电子计算机（与早期的机械计算机）被给予这个名字是因为其执行的是此前被分配到人的工作。"计算机"原来是工作岗位，它被用来定义一个工种，其任务是执行计算，诸如导航表、潮汐图表、天文历书和行星的位置等要求的重复计算。从事这个工作的人就是 Computer，而且大多是女神。

原文还附有如下所示的图片。

所以，以后要用第三人称来称呼 Computer，请用 She（她）。现在你明白为什么程序员中那么多"他"了吧，因为 Computer 是"她"。

1.1.1 数

在 Python 中，对数的规定比较简单，基本上达到小学数学水平即可理解。

那么，作为零基础学习者，也就从计算小学数学题目开始吧。因为从这里开始，数学的基础知识肯定过关了。

进入到 Python 交互模式中，输入以下内容：

```
>>> 3
3
>>> 3333333333333333333333333333333333333333
3333333333333333333333333333333333333333
>>> 3.222222
3.222222
```

在交互模式下，如果输入 3，就会显示 3，这样的数称为整数，英文符号用 int 表示。这个称呼和小学数学一样。

如果输入一个比较大的数，比如第二个，很多个 3 组成的一个整数，它是一个大整数，也依然被 Python 准确地认定是一个整数。再阅读一遍这句话，有弦外之音。

弦外之音之一是在历史上，很大的整数会被认为是另外一种类型，叫作长整数。现在已经没有这种类型了，不管整数有多大，统一称为整数。

弦外之音之二是 Python 能自动处理大整数问题，不用担心溢出。什么是"溢出"？随后说明，或者读者现在打开浏览器去搜索一下。

示例中的第三个数，在数学里面称为小数，在这里你依然可以这么称呼，不过就像很多编程语言一样，习惯称之为"浮点数"，英文符号用 float 表示。

注意，把小数笼统地称之为"浮点数"，不是一种很准确的叫法。为此，知乎网上有专门的解释，这里只摘录了一部分，请阅读（原文地址：http://www.zhihu.com/question/19848808/answer/22219209）：

并不是说小数作浮点数。准确地来说，"浮点数"是一种表示数字的标准，整数也可以用浮点数的格式来存储。

当代大部分计算机和程序在处理浮点数时所遵循的标准是由 IEEE 和 ANSI 制定的。比如，单精度的浮点数以 4 个字节来表示，这 4 个字节可以分为三个部分：1 位为符号位（0 代表正数，1 代表负数）；8 位用作指数；最后的 23 位表示有效数字。

"浮点数"的定义是相对于"定点数"来说的，它们是两种表示小数的方式。

所谓"定点"是指小数点的位置总是在数的某个特定位置。比如在银行系统中，小数点的位置总是在两位小数之前（这两位小数用来表示角和分）。其可以使用 BCD 码来对小数进行编码。

浮点格式则基于科学计数法，它是存储极大或极小数的理想方式。但使用浮点数来表示数据的时候，由于其标准制定方面的原因可能会带来一些问题，例如，某两个不同的整数在单精度浮点数的表示方法下很可能无法区分。

上述举例中，可以说都是无符号（或者说是非负数），如果要表示负数，则与数学中的表示方法一样，前面填上负号即可。

值得注意的是，我们在这里说的都是十进制的数。除了十进制之外，还有二进制、八进制、十六进制，都是在编程中可能用到的，当然用六十进制的时候就比较少了（其实时间记录方式就是典型的六十进制）。进制问题在此处不是重点，建议读者自行查找资料阅读。

在 Python 中，每个数字都是真实存在的，相对于我们人类来讲，它就是对象（Object）。对象是一个深刻的术语，此"对象"非彼"对象"，但是学习 Python 或许在帮助你解决彼"对象"的问题上有所帮助。

比如整数 3，就是一个对象，可以理解为物体、物件，它存在于这个世界，就要占据一定的空间。

每个对象，在内存中都有自己的一个地址，这就是它的身份。

```
>>> id(3)
10105888
>>> id(4)
10105920
>>> id(3.0)
139668326928504
```

id()是一个函数。函数是我们在编程语言中要经常用到的东西，后面会专门来阐述函数的有关知识。一般我们使用的函数形式都是"函数名字"+"()"，有时候括号内有参数。

这里用到的 id()函数，是 Python 的内建函数，它的作用是查看每个对象的内存地址。

内建函数（built-in Function），就是 Python 中已经定义好的内部函数。

如果要查看这个函数的功能，则可以在交互模式中使用这样的方式：

```
>>> help(id)
Help on built-in function id in module builtins:

id(...)
    id(object) -> integer
    
    Return the identity of an object.  This is guaranteed to be unique among
    simultaneously existing objects.  (Hint: it's the object's memory address.)
```

help(id)中的 help()也是一个内建函数，这个函数的作用就是可以查看其他函数的文档，或者称为帮助信息。通过查看文档，我们能够了解到该函数的功能和使用方法。

再来审视一番 id()函数所产生的结果。id(3)和 id(4)返回了不同结果，说明整数 3 和整数 4 在内存中不是同一个地址，或者说它们是两个不同的对象；再看 id(3.0)的返回结果，也不同于 id(3)的结果，则说明两者也不是同一个对象。虽然在数学上整数 3 和小数 3.0 被认为是相等的，但是在 Python 中，整数 3 和浮点数 3.0 还是有区别的。

用 id()得到的内存地址是只读的，不能修改。

了解了"身份"，再来看"类型"，也有一个内建函数供使用，即 type()。

```
>>> type(3)
<class 'int'>
>>> type(3.0)
<class 'float'>
>>> type(3.222222)
<class 'float'>
```

用内建函数 type() 能够查看对象的类型：

- <class 'int'>，说明 3 是整数类型（Interger）。
- <class 'float'>，告诉我们该对象是浮点数型（Floating Point Real Number）。

与 id() 的结果类似，type() 得到的结果也是只读的。

至于对象的值，在这里就是对象本身。

1.1.2 变量

仅仅写出 3、4、5 是远远不够的，在编程语言中，经常要用到"变量"和"数"（在 Python 中严格来讲是对象）来建立对应关系。例如：

```
>>> x = 5
>>> x
5
>>> x = 6
>>> x
6
```

在这个例子中，"x = 5"就是在变量 x 和数 5 之间建立了对应关系，接着又建立了 x 与 6 之间的对应关系。我们可以看到，x 先"是"5，后来"是"6。

在 Python 中，有这样一句话是非常重要的：**对象有类型，变量无类型**。怎么理解呢？

首先，5、6 都是整数，在 Python 中为它们取了一个名字，叫作**整数类型的对象**（或数据），也可以说对象（或数据）类型是整数型，用 int 表示。

当我们在 Python 交互模式中写入 5、6 时，Python 解释器就自动在 Computer 内存中的某个地方为我们建立这两个对象，就好比建造了两个雕塑，一个形状似 5，一个形状似 6，这两个对象的类型就是整数（int）。

那个 x 就好比一个标签，当 x=5 时，就是将 x 这个标签贴在了 5 上，通过这个 x，就顺延看到了 5，于是在交互模式中，">>> x"输出的结果就是 5，给人的感觉似乎是 x 就是 5，而事实是 x 这个标签贴在了 5 上面。同样的道理，当 x=6 时，x 这个标签从 5 上被揭下来，贴到了 6 上面。

所以，作为标签的变量 x 没有类型之说，它不仅可以贴在整数类型的对象上，还能贴在其他类型的对象上，比如后面会介绍到的 str（字符串）类型的对象等。

这是 Python 的一个重要特征——**对象有类型，变量无类型**。

上面的知识，可以用来计算。

1.1.3 四则运算

按照下面的要求，在交互模式中运行，看看得到的结果和用小学数学知识运算之后得到的结果是否一致？

```
>>> 2 + 5
7
>>> 5 - 2
3
>>> 10 / 2
5.0
>>> 10 / 5 + 1
3.0
>>> 2 * 3 - 4
2
```

在这些运算中，分别涉及四个运算符号：加（+）、减（−）、乘（*）、除（/）。另外，相信读者已经发现了一个重要的公理：**在计算机中，四则运算和数学中学习过的四则运算规则是一样的。**

下面计算 3 道算术题，看看结果是什么：

- 4 + 2
- 4.0 + 2
- 4.0 + 2.0

有的读者可能愤怒了，认为这么简单的题目还"劳驾"计算机太浪费了。别着急，还是要运算一下，然后看看结果是否相同，大家要仔细观察。

```
>>> 4 + 2
6
>>> 4.0 + 2
6.0
>>> 4.0 + 2.0
6.0
```

不一样的地方是：第一个式子结果是 6，这是一个整数；后面两个式子的结果是 6.0，这是浮点数。这意味着什么？

你还可以继续试验，看看能不能总结出这样的规律——运算符两侧只要有一个是浮点数，结果就是浮点数，否则就是整数。

规律都是从有限的实践或实验中总结出来的，至于规律是否正确，就要在以后的实践和实验中检验，如果依然成立，则正确。比如，在古代的时候，如果气候干旱，就拜龙王祈雨，拜之后不久就下雨了。如果每次拜了之后都下雨，这就建立起了一个规律。如果某次拜了之后依然干旱，则该规律就开始被怀疑了，直到被打破。

计算机做一些四则运算是不在话下的，但是，有一个问题请务必注意：在数学中，整数可以无限大，但在计算机中，整数不能无限大。

如果读者对计算机如何存储数字问题感到有疑惑，也应该有疑惑，请马上到 Google 上搜索一下相关知识，或者找一找有关专业书籍。这是一种学习的重要方法，即不要放过自己的疑问，"学问"是学习中最重要的——学会提问。

因此，就会有某种情况出现，即参与运算的数或运算结果超过了计算机中最大的数，这种问题称之为"整数溢出问题"。

1.1.4 大整数

这里有一篇专门讨论大整数问题的文章，推荐读者阅读《整数溢出》（http://zhaoweizhuanshuo.blog.163.com/blog/static/14805526220109315143974 2/）。

对于其他编程语言，整数溢出是必须正视的，但是在 Python 里面就无须忧愁了，因为 Python 为我们解决了这个问题。

两个大整数相乘，除了用小学数学中的方法外，还有其他实现方法，推荐阅读《大整数相乘》（https://github.com/qiwsir/algorithm/blob/master/big_int.md）这篇文章。

下面在交互模式中，直接进行大整数相乘，注意观察计算结果。

```
>>> 12345678987098765432112234344556767889009 8876 * 12334556677899900998765433323876654433455661522784771935275628700443525875762772775623283620324443390 19158937017801601677976183816
```

Python 自动帮我们解决了大整数问题，这是 Python 跟很多其他编程语言大不一样的地方。也就是说，在 Python 中，整数的长度是不受限制的（当然，这句话说得有点绝对了）。

刚开始学习 Python，有两个符号需要牢记（虽然说通过网络可以减轻记忆的负担，但是还是建议读者要有意识地记忆某些东西，这是很有必要的）：

- 整数，用 int 表示，来自单词：integer。
- 浮点数，用 float 表示，即单词：float。

1.1.5 浮点数

对于浮点数，通常情况下没有什么特别的地方，不过，有时候会遇到非常大或者非常小的浮点数，这时通常会使用一种叫作"科学记数法"的方式来表示。

```
>>> 9.8 ** -7.2
7.297468937055047e-08
```

在这个例子中，e-08 表示 10 的 -8 次方，这就是科学记数法。当然，也可以直接使用这种方法写数字。

```
>>> a = 2e3
>>> a
2000.0
```

Python 帮我们解决了前面所说到的大整数问题，但是浮点数跟整数不同，它存在上限和下限，如果超出了上下限的范围，就会出现溢出问题。也就是说，如果计算的结果太大或者太小，乃至于已经不在 Python 的浮点数范围之内，就会有溢出错误。

```
>>> 500.0 ** 100000
Traceback (most recent call last):
  File "<stdin>", line 1, in <module>
OverflowError: (34, 'Numerical result out of range')
```

请注意看刚才报错的信息，"OverflowError: (34, 'Numerical result out of range')"，就是结果太大了，超出了范围，以致于出现溢出错误。所以，在计算中，如果遇到了浮点数，就要小心行事了。对于这种溢出错误，需要你在编写程序的时候进行处理，并承担相应的责任。

遇到浮点数总要小心，它会 out of range，更要学会阅读程序中的报错信息，因为后面还会用到，比如除法。

1.2 除法

之所以用单独一节来讲除法，是因为它经常会带来麻烦，不仅在 Python 中会这样，在很多高级编程语言中也是如此。更何况，在 Python 2 和 Python 3 中除法也不一样，当然，这里还是使用 Python 3。

1.2.1 整数除以整数

进入 Python 交互模式之后，练习下面的运算：

```
>>> 2 / 5
0.4
>>> 2.0 / 5
0.4
>>> 2 / 5.0
0.4
>>> 2.0 / 5.0
0.4
```

还记得前面总结的那条规律吗？"运算符两侧只要有一个是浮点数，结果就是浮点数，否则就是整数"，但这条规律在这里被打破了。"2 / 5"两边都是整数，但结果却是浮点数。

这就是 Python3 中的规定，虽然是充满着争论的规定。读者如果再搜索一下其他语言中关于除法的规定，就会大开眼界，如跟 Python 3 最有血缘关系的 Python 2 对除法的规定就与此不同。

这就是规则，人为规定的，使用者只有顺从，就如同足球比赛的规则一样。

在 Python 3 中还可以这么做：

```
>>> 5 // 2
2
```

"//"的操作结果是取得两个数相除的商，"商"肯定是一个整数，并且这个整数不是"/"操作之后得到的结果进行四舍五入（2.5 四舍五入后结果是 3），通俗地说是"取整"。

1.2.2 异常的计算

在 Python 3 中，毋庸置疑，除法运算的结果都是浮点数。但下面的计算又让人迷茫了：

```
>>> 10.0 / 3
3.3333333333333335
```

这个结果是不是有点奇怪呢？按照数学知识，计算结果应该是 3.33333...，后面是 3 的循环。那么计算机就停不下来了，满屏幕都是 3。为了避免出现这样的情况，Python 武断终结了循环，但是，可悲的是没有按照"四舍五入"的原则终止。这种解释也太牵强了。

还有更奇葩的计算结果出现：

```
>>> 0.1 + 0.2
0.30000000000000004
>>> 0.1 + 0.1 - 0.2
0.0
>>> 0.1 + 0.1 + 0.1 - 0.3
5.551115123125783e-17
>>> 0.1 + 0.1 + 0.1 - 0.2
0.10000000000000003
```

读者可能越来越糊涂了，为什么在计算这么简单的问题上，计算机会出现这样的情况呢？原因在于十进制数和二进制数的转换，计算机用二进制数进行计算，但在上面的例子中，我们输入的是十进制数，所以计算机需要把十进制的数转化为二进制数，然后再进行计算。但是，在将类似 0.1 这样的浮点数转化为二进制数时，就出现问题了。

将 0.1 转化为二进制是：0.0001100110011001100110011001100110011001100110011...

也就是说，0.1 转化为二进制数后，不会精确等于十进制数的 0.1。同时，计算机存储的位数是有限制的，所以，就出现了上述现象。

这种问题不仅在 Python 中会遇到，在所有支持浮点数运算的编程语言中都会遇到，它不是 Python 的 Bug。

明白了这种问题产生的原因后，那么该怎么解决呢？就 Python 的浮点数运算而言，大多数计算机每次计算误差不超过 2 的 53 次方分之一。对于大多数任务来说这已经足够了，但是要谨记这不是十进制算法，每个浮点数计算可能会带来一个新的舍入错误。

一般情况下，只要简单地将最终显示的结果"四舍五入"到所期望的十进制位数，就会得到满意的最终结果。

对于需要非常精确的情况，可以使用 decimal 模块，它实现的十进制数运算适合会计方面的应用和高精度要求的应用。

另外，fractions 模块支持另外一种形式的运算，它实现的运算基于有理数（因此像 1/3 这样的数字可以精确地表示）。还可以使用 NumPy 包和其他用于数学和统计学的包。列出这些东西，仅仅是为了让读者明白，解决问题的方式很多，不必担心。

关于无限循环小数问题，请阅读《维基百科》的词条：0.999...（https://zh.wikipedia.org/wiki/0.999%E2%80%A6）。

补充一个资料，供有兴趣的朋友阅读《浮点数算法：争议和限制》（https://docs.python.org/2/tutorial/floatingpoint.html#tut-fp-issues）。

Python 总会提供多种解决问题的方案，这是其风格，并且常常有现成的"轮子"可使用。

1.2.3 引用模块解决除法问题

Python 之所以受人欢迎，一个很重要的原因就是"轮子"多。当然，这是比喻，就好比你要跑得快，怎么办？光天天练习跑步是不行的，还要用轮子。找一辆自行车就会快很多，还可以再换电瓶车、汽车、高铁等。但是，这些让你跑得快的东西，多数不是你自己制造的，而是别人制造好了你来用。甚至两条腿也要感谢父母恩赐。正是因为轮子多、选择多，所以能享受各种不同的速度。

轮子是人类伟大的发明。

Python 就是这样，有各种"轮子"供我们选用。那些"轮子"在 Python 中叫"模块"或者"库"，有人承接其他语言的名称，叫作"类库"。

怎么用？可以通过以下两种形式。

- 形式 1：import module-name。import 后面跟空格，然后是模块名称，如 import os，os 就是一个模块名称。
- 形式 2：from module1 import module11。module1 是一个大模块（可以称之为"库"），里面还有子模块 module11，只想用 module11，就这么写。

请看如下实验：

```
>>> import decimal
>>> a = decimal.Decimal("10.0")
>>> b = decimal.Decimal("3")
>>> a / b
Decimal('3.3333333333333333333333333333')
```

同样是计算无限不循环的除法，这里使用了 decimal 模块，创建了一个 Decimal 对象，这样我们就得到了一个比前面计算更友好的结果。

或许对这个结果还不满意，那么可以用另外一个模块。

```
>>> from fractions import Fraction
>>> Fraction(10, 3)        #表示10除以3，得到的结果是分数10/3
Fraction(10, 3)
>>> Fraction(10, 8)
Fraction(5, 4)
>>> Fraction(10, 6)
Fraction(5, 3)
```

这次我们使用 fractions 模块解决的是两个数相除，结果等于分数的问题。

这就是"轮子"的力量。

除法的组成有除数、被除数、商和余数，余数也可以单独计算。

1.2.4 余数

计算"5 除以 2"，商是 2，余数是 1。

余数怎么得到？在 Python 中（其实大多数语言也如此），用"%"符号来取得两个数相除的余数。操作如下：

```
>>> 5 % 2
1
>>> 6 % 4
2
```

```
>>> 5.0 % 2
1.0
```

利用"%"符号,可以得到两个数(可以是整数,也可以是浮点数)相除的余数。

除了使用"%"符号之外,还可以使用内建函数 divmod(),返回的是商和余数。

在使用这个函数之前,请读者先查看一下它的文档。在读者来看,掌握阅读文档的方法,是阅读本书的读者最应该学会的。

```
>>> help(divmod)
Help on built-in function divmod in module builtins:

divmod(...)
    divmod(x, y) -> (div, mod)
    
    Return the tuple ((x-x%y)/y, x%y).  Invariant: div*y + mod == x.
```

看完文档,再看操作举例。

```
>>> divmod(5, 2)        #表示5除以2,返回了商和余数
(2, 1)
>>> divmod(9, 2)
(4, 1)
>>> divmod(5.0, 2)
(2.0, 1.0)
```

1.2.5 四舍五入

要实现四舍五入,方法很简单,就是使用内建函数:round()。

```
>>> round(1.234567, 2)
1.23
>>> round(1.234567, 3)
1.235
>>> round(10.0/3, 4)
3.3333
```

如何理解 round()内建函数的使用?这里依然强调要养成一个好习惯,并且掌握这个好方法——使用 help()。

```
>>> help(round)
Help on built-in function round in module builtins:

round(...)
    round(number[, ndigits]) -> number
    
    Round a number to a given precision in decimal digits (default 0 digits).
    This returns an int when called with one argument, otherwise the
    same type as the number.  ndigits may be negative.
```

虽然很简单,但越简单的时候,越要小心。当遇到下面的情况时,就有点怀疑人生了:

```
>>> round(1.2345, 3)
1.234              #应该是:1.235
>>> round(2.235, 2)
2.23               #应该是:2.24
```

这里发现了 Python 的一个 Bug，太激动了。

先别那么激动，如果真的是 Bug，还这么明显，那么是轮不到我的。为什么？具体解释如下，下面摘录官方文档中的一段话：

Note: The behavior of round() for floats can be surprising: for example, round(2.675, 2) gives 2.67 instead of the expected 2.68. This is not a bug: it's a result of the fact that most decimal fractions can't be represented exactly as a float. See Floating Point Arithmetic: Issues and Limitations for more information.

原来真的轮不到我。归根结底还是浮点数中的十进制转化为二进制惹的祸。

似乎除法的问题到此就要结束了，其实远远没有，不过，做为初学者，至此即可。还留下了很多话题，比如如何处理循环小数问题，笔者肯定不会让有探索精神的朋友失望，在 GitHub 中有这样一个"轮子"，如果想深入研究，可以来这里尝试（网址：https://github.com/qiwsir/algorithm/blob/master/divide.py）。

对于计算，远不止这些，还有一个更好用的工具——math。

1.3 常用数学函数和运算优先级

数学运算，除了加减乘除四则运算之外，还有其他更多的运算，如乘方、开方、对数运算等，为了能便利地实现这些运算，可以使用 Python 中的一个模块：math。

模块（Module）是 Python 中非常重要的东西，可以把它理解为 Python 的扩展工具。有一些模块，是 Python 被安装到计算机中就随之而存在的，这些被称之为标准库。还有一些需要我们单独安装，被称为第三方库。不管是"库"还是"模块"，目前可以理解成类似的东西，就是包含了很多工具。安装之后，就可以使用这些工具，而不用再去单独编写程序制造这些工具。简单理解，就是实践"拿来主义"。

1.3.1 使用 math

math 是标准库之一，所以不用安装，可以直接使用。使用方法如下。

```
>>> import math
```

用 import 将 math 引入到当前环境，即可使用它提供的工具。比如，要得到圆周率：

```
>>> math.pi
3.141592653589793
```

如何知道有 math.pi 这个工具呢？因为模块中的方法都是透明的，可以使用 dir() 来查看 math 中的所有东西。

```
>>> dir(math)
['__doc__', '__loader__', '__name__', '__package__', '__spec__', 'acos', 'acosh', 'asin',
'asinh', 'atan', 'atan2', 'atanh', 'ceil', 'copysign', 'cos', 'cosh', 'degrees', 'e',
'erf', 'erfc', 'exp', 'expm1', 'fabs', 'factorial', 'floor', 'fmod', 'frexp', 'fsum',
'gamma', 'hypot', 'isfinite', 'isinf', 'isnan', 'ldexp', 'lgamma', 'log', 'log10',
'log1p', 'log2', 'modf', 'pi', 'pow', 'radians', 'sin', 'sinh', 'sqrt', 'tan', 'tanh',
'trunc']
```

dir()也是一个内建函数，同样可以使用 help()来了解这个内建函数的特点。

```
>>> help(dir)
Help on built-in function dir in module builtins:

dir(...)
    dir([object]) -> list of strings

    If called without an argument, return the names in the current scope.
    Else, return an alphabetized list of names comprising (some of) the attributesof the
given object, and of attributes reachable from it.
    If the object supplies a method named __dir__, it will be used; otherwisethe default
dir() logic is used and returns:
·    for a module object: the module's attributes.
·    for a class object:  its attributes, and recursively the attributesof its bases.
·    for any other object: its attributes, its class's attributes, andrecursively the
attributes of its class's base classes.
```

阅读文档的能力，将成为能不能学好某种语言，乃至于能不能成为一个合格的程序员的关键。所以，要耐心把文档读完。

从 dir(math)的结果中可以看出，在 math 模块中，有不少我们熟悉的函数名称，如 sin、cos、sqrt 等，通过名称就能知道它们的用途。

但怎么知道每个函数如何使用呢？

大家是否记得，help()是一个好帮手。

```
>>> help(math.pow)
```

在交互模式下输入上面的指令，然后按回车键，会看到下面的信息：

```
Help on built-in function pow in module math:

pow(...)
    pow(x, y)

    Return x**y (x to the power of y).
```

这里展示了 math 中的 pow()函数的使用方法和相关说明。

- pow(x, y)：表示这个函数的参数有两个，也是函数的调用方式。
- Return x**y (x to the power of y)：是对函数的说明，返回 x**y 的结果，并且在后面解释了 x**y 的含义（x 的 y 次方）。

从上面可以得到一个额外信息，即 pow()函数和 x**y 是等效的，都是计算 x 的 y 次方。

```
>>> 4 ** 2
16
>>> math.pow(4, 2)
16.0
>>> 4 * 2
8
```

特别注意，4**2 和 4*2 是有很大区别的。

用类似的方法可以查看 math 中的任何一个函数的文档，从而知晓其如何使用。

下面是几个常用函数举例，大家可以结合自己调试的进行比照。

```
>>> math.sqrt(9)
3.0
>>> math.floor(3.14)
3
>>> math.floor(3.92)
3
```

math.floor()返回一个很有意思的整数，它不会大于函数的参数，但不是按照四舍五入原则进行的，所以请读者认真查看一下帮助文档——math.floor()是取整。

```
>>> math.fabs(-2)
2.0
>>> abs(-2)
2
```

这两个都是求绝对值的函数，只不过 abs()是 Python 的内置函数。类似的还有求余数的方法。

```
>>> math.fmod(5, 3)
2.0
>>> 5 % 3
2
```

仔细观察上面两种计算余数的方法，"%"是运算符，返回值的类型跟运算符两侧的数的类型有关。

使用 math 里的函数，已经能完成大多数基础数学的运算了。

在学习数学的时候，有一种将多种运算符和函数混合到一起的运算，称为混合运算。比如：

```
3+6/8*9 - math.floor(9.82)
```

对于这个表达式，按照什么顺序计算呢？数学知识已经告诉我们，不能简单地从左到右，需要有一个顺序。这就是运算优先级。

1.3.2 运算优先级

从小学数学开始，就研究运算优先级的问题，比如四则运算中"先乘除，后加减"说明乘法、除法的优先级要高于加减法。

对于同一级别的运算，就按照"从左到右"的顺序进行计算。

下面列出了 Python 中的各种运算的优先级顺序，如下表所示。

运算符	描述
or	布尔"或"
and	布尔"与"
not x	布尔"非"
in，not in	是否是/不是其中一个成员
is，is not	两个对象是否为同一个
<，<=，>，>=，!=，==	比较

续表

运算符	描述
|	按位或
^	按位异或
&	按位与
<<, >>	移位
+, −	加法与减法
*, /, %	乘法、除法与取余
+x, −x	正负号
~x	按位翻转
**	指数

表格按照优先级**从低到高**的顺序列出了 Python 中的常用运算符。虽然有很多还不知道是怎么回事，不过此处先列出来，等以后用到的时候可以翻回来查看。

不过，就一般情况而言，不需要记忆，完全可以按照数学中的方法去理解，因为人类既然已经发明了数学，那么在计算机中进行的运算就不需要重新编写一套新规范了，只要符合数学中的运算法则即可。

最后，要提及的是运算中的绝杀：括号。只要有括号，就先计算括号里面的。这是数学中的共识，无须解释。并且，恰当使用括号，可以让你的表达式更具有可读性。

在程序中，可读性是非常重要的。

"程序"，接下来就要开始写了。

1.4 一个简单的程序

现在就可以编程。

这不是开玩笑，是真的，虽然只是一个简单的程序。

这里说的"程序"当然不是在交互模式中敲出的几个命令，然后看到结果。那不算编程。

大家也不要担心学习的东西少而不能编程，因为编程没有那么难。只要你有胆量、有毅力，就一定能写出优秀的程序。

稍安勿躁，下面我们就开始编写一个简单的但是真正的程序。

1.4.1 程序

什么是程序？《维基百科》中的"computer program and source code"词条这样解释：

A computer program, or just a program, is a sequence of instructions, written to perform a specified task with a computer. A computer requires programs to function, typically executing the program's instructions in a central processor. The program has an executable form that the computer can use directly to execute the instructions. The same program in its human-readable source code form, from which executable programs are derived (e.g., compiled), enables a programmer to study and develop its algorithms. A collection of computer programs and related data is referred to as the software.

Computer source code is typically written by computer programmers. Source code is written in a programming language that usually follows one of two main paradigms: imperative or declarative programming. Source code may be converted into an executable file (sometimes called an executable program or a binary) by a compiler and later executed by a central processing unit. Alternatively, computer programs may be executed with the aid of an interpreter, or may be embedded directly into hardware.

Computer programs may be ranked along functional lines: system software and application software. Two or more computer programs may run simultaneously on one computer from the perspective of the user, this process being known as multitasking.

《维基百科》上还有一段中文词条解释《计算机程序》：

计算机程序（Computer Program）是指一组指示计算机或其他具有信息处理能力装置每一步动作的指令，通常用某种程序设计语言编写，运行于某种目标体系结构上。打个比方，一个程序就像一个用汉语（程序设计语言）写下的红烧肉菜谱（程序），用于指导懂汉语和烹饪手法的人（体系结构）来做这个菜。

通常，计算机程序要经过编译和链接而成为一种人们不易看清而计算机可解读的格式，然后运行。未经编译就可运行的程序，通常称之为脚本程序（Script）。

简而言之，程序就是指令的集合。

有的程序需要编译，有的则不需要。Python 编写的程序就不需要单独做编译操作（对人而言，不需要执行这个命令），因此有人称之为解释性语言。但是，这种称呼容易产生误解。在有的程序员头脑中，有一种"编译型语言比解释性语言高级"的观念，这是错误的。学完 Python，你就能知晓。

1.4.2　Hello,World

打开已经选定的编写程序的工具，还是从 Hello, World 开始。

Hello,World，是面向世界的标志，写任何程序第一句一定要写这个，因为程序员是面向世界的，绝对不畏缩在某个局域网内。当然，要会用科学的方法上网，这样才能真正与世界 Hello。

直接上代码：

```
print("Hello, World")
```

笔者在 Vim 中写的样式如下图所示，这仅仅是一个样例，读者自己的编辑器可能与此不同。

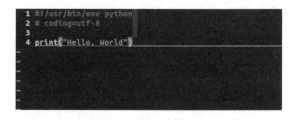

前面说过了，程序就是指令的集合。现在，这个程序里面只有一条指令。一条指令也可以成为集合。

将程序保存之后，运行它。

笔者在 Vim 中安装了插件，按下 F5 就可以执行这个程序。读者也看看自己所使用的编辑器如何执行程序。

还可以在保存之后，关闭程序文件，打开终端，进入到刚才创立的文件所在目录（笔者将文件命名为 helloworld.py），用如下方式执行程序。

```
$ python helloworld.py
Hello, World
```

"Hello, World"已经被打印出来了。程序被完美执行。

需要注意的是，要理性理解"python helloworld.py"。这句话的含义是告诉计算机，运行一个 Python 语言编写的程序，程序文件的名称是 helloworld.py。

1.4.3 解一道题目

请计算：$19 + 2 * 4 - 8 / 2$

代码如下：

```python
#!/usr/bin/env python
#coding:utf-8

"""
请计算：19+2*4-8/2
"""

a = 19 + 2 * 4 - 8 / 2
print(a)
```

提醒初学者，不要复制这段代码，而是要一个字一个字地敲进去，然后保存（笔者保存的文件名是 simplemath.py）。

在终端中，执行 python simplemath.py。

特别说明，本书中讲述到执行程序的时候，会经常使用"python filename.py"的方式表示。如果读者将 python3 指令简化为了 python，即在软链接或者环境变量等做好相关设置，可以直接使用 python filename.py 的形式；否则，可能需要使用 python3 filename.py 的形式，特别是在 Ubuntu 系统中，可能会有两个版本的 Python。请自动根据自己系统中的设置进行调整。

上述程序执行的结果如下：

```
$ python simplemath.py
23.0
```

需要再次提醒读者的是路径。如果所在位置和 simplemath.py 不在同一个目录中，要通过路径能够找到该文件。如下演示的就是通过路径找到文件并执行：

```
qiwsir@ubuntu:~$ 
python ./Documents/StarterLearningPython/1code/simplemath.py
```

```
23.0
```

下面对这个简单的程序进行一一解释。

```
#!/usr/bin/env python
```

在 Linux 操作系统中,这一行是必须写的,它能够引导程序找到 Python 的解析器。也就是说,不管这个文件保存在什么地方,这个程序都能执行,而不用指定 Python 的安装路径。也可以不写,如果不写,系统会按照默认设置寻找。如果是 Windows 操作系统,则不必写。

```
#coding: utf-8
```

这一行是告诉 Python,本程序采用的编码格式是 utf-8。

什么是编码?什么是 utf-8?

这是一个比较复杂且有历史的问题,此处暂不讨论。只有写了上面这句话,后面的程序中才能写汉字,否则就会报错。不管你信还是不信,都应该把程序中的这行删掉,然后运行程序,看看结果如何。

```
"""
请计算:19+2*4-8/2
"""
```

这一行是给人看的,计算机看不懂。在 Python 程序中(其他编程语言也是如此),要写所谓的注释,就是对程序或者某段语句的说明文字,这些文字在计算机执行程序的时候被其忽略。

既然如此,那么注释就是可有可无了?你可以在程序中没有一点儿注释,也有人极端地倡导,所谓"对程序员来说,代码是最好的注释"。这种说法在理论上讲是没有错误的,但是,在项目实践中,如果贯彻这种思想,肯定会有各种意想不到的遭遇,因为不是每个程序员都能对变量进行规范命名,更不是每个人都能写出不用注释的代码。所以,你的队友很重要。

正是考虑到实践中的情况,所以笔者提倡写注释,包括类似上面的程序文档。读者也可以理解为"文档和注释是必不可少的":程序在大多数情况下是给人看的,文档和注释就是帮助人理解程序的。

写注释的方式有两种,一种是单行注释,用"#"开头;另一种是多行注释,用一对 """ 包裹起来,比如前面的情形。

用"#"开头的注释,可以像下面这样写:

```
#请计算:19+2*4-8/2
```

这种注释通常写在程序中的某个位置,比如某个语句的前面或者后面。

而写在程序开头部位的,也叫作程序文档,主要是告诉别人这个程序是用来做什么的。

```
a = 19 + 2 * 4 - 8 / 2
```

这是一条语句。

所谓语句,就是告诉程序要做什么事情。程序就是由各种各样的语句组成的。

这条语句的名字叫作**赋值语句**。

- "19 + 2 * 4 – 8 / 2"是一个表达式,要计算出一个结果,这个结果就是一个对象(一个数值,在 Python 中就是一个对象,请读者逐渐熟悉这个术语)。

- "="在数学中称为等号,但在这里它不是数学中的表示两个数相等的等号,它的作用不是"等于",而是完成赋值语句中"赋值"的功能。
- "a"就是变量,指向了右边表达式计算结果——一个数值对象。

这样就完成了一个赋值过程。

语句和表达式的区别在于:表达式就是某件事,而语句是做某件事。

print(a)

这里的 print()是一个函数,意思是调用这个函数,将 a 所指向的对象传给此函数。

对这个简单程序的分析到此已经结束了。

是不是在为看到自己写的第一个程序而欣慰呢?那么计算机是如何完成计算过程的呢?

1.4.4 编译

在刚才的程序中,那些东西我们可以笼统地称之为源代码,最后那个扩展名是.py 的文件是源代码文件。Python 是如何执行源代码的呢?如下图所示。

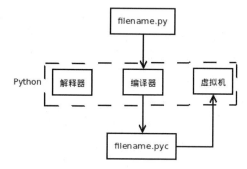

当运行.py 文件的时候,Python 会通过编译器将它编译为.pyc 文件。

Python 中也有编译,只不过它不是你有意识单独来操作的,而是在执行程序的时候自动完成的。

然后这个文件就在一个名为虚拟机的东西上运行,这个所谓的"虚拟机"是专门为 Python 设计的。

为什么要有虚拟机?

因为有了虚拟机,使得 Python 程序可以跨平台执行,也就是说,你写的 Python 程序可以不经过修改而在不同的操作系统上运行。

Java 也是如此。

如果你没有修改.py 文件,那么每次执行这个程序的时候,就直接运行前面已经生成的.pyc 文件,这样执行速度就大大提升了,而不是每次都要重新编译。

有一些不了解或者不愿意了解 Python 的人,总认为 Python 是解释型语言,每次执行程序都要从头到尾一行一行解释执行,这是对 Python 不了解的表现。如果修改了.py 文件,在下次执行程序的时候,则会自动重新编译。

根本不用关心.pyc 文件,Python 会自动完成编译过程。而且,它的代码是给计算机看的,人类也看不懂。不过要注意的是，不要删除它，也不要重命名。

程序搞定，在你感到有所收获的时候，不要忘了，编程的路我们才刚刚开始，后面还有"字符串"。

1.5 字符串

地球上的语言有很多种，如英语、法语、汉语等，这是对自然语言的分类。

笔者还有一种分类方法，固然尚未得到广泛认同，但"真理掌握在少数人的手里"，至少可以让自己成为"民科"。

来自"民科"的分类法：

（1）语言中的两个元素（比如两个字）拼接在一起，出来一个新的元素（比如新的字），这是第一类。

（2）两个元素并排摆放在一起，只是得到这两个元素的并列显示。比如"好"和"人"，两个元素拼接在一起是"好人"，这是第二类。

举例：3 和 5 拼接（整数求和）在一起是 8，这就是第一类；如果是 35，则属于第二类。

只有抽象的原理才是普适的，所以，用符号的方式概括上述分类具体如下。

- 第一类：△ +□ = ○
- 第二类：△ +□ = △□

很放肆地下一个结论：人类的语言，离不开以上两种分类，不是第一类就是第二类。

1.5.1 初步认识字符串

《维基百科》的"字符串"词条早已经有了完整的说明，这个说明是针对一种叫作"字符串"的东西而阐述的：

字符串（String），是由零个或多个字符组成的有限串行，一般记为 s=a[1]a[2]...a[n]。

伟大的维基百科，它已经把我煞费苦心还自鸣得意的分类取了一个形象的名称，叫作字符串，本质上就是一串字符。

根据这个定义，在前面两次让一个程序员感到神奇的"Hello,World"，就是一个字符串。或者说不管是用英文还是中文，写出来的文字都可以作为字符串来对待。当然，里面的特殊符号，也是作为字符串来对待的，如空格等。

严格地说，Python 中的字符串是一种对象类型，这种类型用 str 表示，通常用单引号或者双引号包裹起来（都是半角符号）。

字符串和前面讲过的数字一样，都是对象的类型，或者说都是 Python 数据类型。当然，表示方式还是有区别的。

```
>>> "I love Python."
'I love Python.'
>>> 'I LOVE PYTHON.'
```

```
'I LOVE PYTHON.'
```

无论使用单引号还是双引号，结果都是一样的，都是字符串。

```
>>> type(250)
<class 'int'>
>>> type("250")
<class 'str'>
```

仔细观察，同样是250，一个没有放在引号里面，一个放在了引号里面，用type()函数来检验一下对象类型，发现它们居然是两种不同的对象类型。前者是int类型，后者则是str类型，即字符串类型。所以，务必注意，不是所有的数字都是int（or float）类型，必须要看看它在什么地方，在引号里面，就是字符串。如果搞不清楚是什么类型，就让type()来帮忙搞定。

操练一下字符串吧：

```
>>> print("good good study, day day up")
good good study, day day up
```

在print()函数里面，写了一个字符串，意思是把这个字符串作为参数，然后打印出来。注意，是双引号里面的内容，双引号不是字符串的组成部分，它是在告诉计算机，它里面包裹着的是一个字符串。

虽然已经多次使用过print()函数，但还没有认真研究过，所以要抽空看看它的文档。

```
print(...)
    print(value, ..., sep=' ', end='\n', file=sys.stdout, flush=False)
    
    Prints the values to a stream, or to sys.stdout by default.
    Optional keyword arguments:
    file:  a file-like object (stream); defaults to the current sys.stdout.
    sep:   string inserted between values, default a space.
    end:   string appended after the last value, default a newline.
    flush: whether to forcibly flush the stream.
```

阅读了print()文档后，发现这个函数不仅可以打印"Hello, World"，原来还有很多内涵。不过，现在笔者仅建议读者将上面文档阅读，有一个印象，然后继续字符串。

爱思考，有惊喜；多尝试，有收获。

如果把下面这句话看作一个字符串，应该怎么做？

```
What's your name?
```

这个问题非常好，因为在这句话中有一个单引号，如果直接在交互模式中像上面那样输入，就会出现如下情况：

```
>>> 'What's your name?'
  File "<stdin>", line 1
    'What's your name?'
          ^
SyntaxError: invalid syntax
```

出现了SyntaxError（语法错误）引导的提示，这是在告诉我们这里存在错误，错误的类型就是SyntaxError，后面是对这种错误的解释："invalid syntax"（无效的语法）。

在 Python 中，这一点是非常友好的，如果语句存在错误，就会将错误输出来，供程序员改正参考。当然，错误来源有时候比较复杂，需要根据经验和知识进行修改。还有一种修改错误的好办法，就是将错误提示放到 Google 中搜索。

出现上面错误的原因是什么呢？

仔细观察，发现那句话中事实上有三个单引号，本来一对单引号之间包裹的是一个字符串，现在出现了三个（一对半）单引号，Python 解释器迷茫了，它不知道单引号包裹的到底是谁，于是报错。

解决方法一：双引号包裹单引号

```
>>> "What's your name?"
"What's your name?"
```

用双引号来包裹，双引号里面允许出现单引号。其实，反过来，单引号里面也可以包裹双引号。这可以笼统地称为二者的嵌套。

解决方法二：使用转义符

所谓转义，就是让某个符号不再表示某个含义，而是表示另外一个含义。转义符的作用就是它能够转变符号的含义。在 Python 中，用符号 "\" 作为转义符（其实很多语言，只要有转义符的，都用这个符号）。

```
>>> 'What\'s your name?'
"What's your name?"
```

是不是看到转义符 "\" 的作用了？本来引号表示的是包裹字符串，它不是字符串的一部分，但是如果前面有转义符，那么它就失去了原来的含义，转化为字符串的一部分，相当于一个特殊字符。

变量能不能指向某个字符串？如果可以，则操作会更简单。

1.5.2 变量和字符串

前面已经讲到过，**变量无类型，对象有类型**。比如在数字中：

```
>>> a = 5
>>> a
5
```

其本质含义是变量 a 相当于一个标签，贴在了对象 5 上面。并且我们把这个语句叫作赋值语句。

整数是对象，通过赋值语句可以设置一个变量指向它；字符串是对象，显然也能够通过赋值语句，实现变量指向字符串。所以，也可以用赋值语句来实现字符串对象与某个变量之间的引用关系。

```
>>> b = "hello,world"
>>> b
'hello,world'
>>> print(b)
hello,world
```

检查对象类型的函数 type() 总是在我们需要它的时候被想起来。

```
>>> type(a)
<class 'int'>
>>> type(b)
<class 'str'>
```

有一种说法：a 称之为数字型变量，b 叫作字符（串）型变量。

这种说法，在某些语言中是成立的。在某些语言中，需要提前声明变量，然后变量就成为了一个筐，将值装到这个筐里面。

但是，Python 不是这样的，要注意区别。

1.5.3 连接字符串

对于数字，用"+"号可以得到一个新的数字，如 3+5 可以得到 8。那么对字符串都能进行什么样的操作呢？

```
>>> "py" + "thon"
'python'
```

两个字符串可以"相加"，但与数字"相加"不同，实质上是把两个字符串连接起来。

```
>>> "py" - "thon"
Traceback (most recent call last):
  File "<stdin>", line 1, in <module>
TypeError: unsupported operand type(s) for -: 'str' and 'str'
```

两个字符串"相减"，显然是一个比较疯狂的举动，疯狂的结果是报错，请认真阅读报错信息。

用"+"号实现连接的确比较简单，不过，有时候会遇到这样的问题：

```
>>> a = 1989
>>> b = "free"
>>> a + b
Traceback (most recent call last):
  File "<stdin>", line 1, in <module>
TypeError: unsupported operand type(s) for +: 'int' and 'str'
```

报错了，其错误原因已经打印出来（一定要注意看打印出来的信息）：unsupported operand type(s) for +: 'int' and 'str'。原来 a 引用的对象是一个整数（int）类型的，不能将它和字符串（str）对象连接起来。

怎么办？

用符号"+"所连接的两个对象必须是同一种类型。如果是不同类型的，则会报错。

如果两个对像都是数字，毫无疑问，是正确的，即求和；如果两个对像都是字符串，那么就得到一个新的字符串。

解决上述问题的方法很多，比如：

```
>>> b + str(a)
'free1989'
```

用 str(a) 实现将整数对象转换为字符串对象。虽然 str 是一种对象类型，但是它也能够实现对象类型的转换——str() 是函数。关于函数，后面会详述。比如：

```
>>> a = "250"
>>> type(a)
<class 'str'>
>>> b = int(a)
>>> b
250
>>> type(b)
<class 'int'>
```

如果你对 int() 和 str() 比较好奇，则可以在交互模式中使用 help(int) 和 help(str) 查阅相关的文档资料。

还一种方法：

```
>>> b + repr(a)
'free1989'
```

这里 repr() 是一个函数，作用也是返回一个字符串对象。

两种解决方法，有区别吗？

不用消耗脑细胞，交给 Google，查询到这样的描述：

Almost always use str when creating output for end users.

repr is mainly useful for debugging and exploring. For example, if you suspect a string has non printing characters in it, or a float has a small rounding error, repr will show you; str may not.

repr can also be useful for for generating literals to paste into your source code. It can also be used for persistence (with ast.literal_eval or eval), but this is rarely a good idea--if you want editable persisted values, something like JSON or YAML is much better, and if you don't plan to edit them, use pickle.

In which cases i can use either of them ?

Well, you can use them almost anywhere. You shouldn't generally use them except as described above.

What can str() do which repr() can't ?

Give you output fit for end-user consumption--not always (e.g., str(['spam', 'eggs']) isn't likely to be anything you want to put in a GUI), but more often than repr.

What can repr() do which str() can't ?

Give you output that's useful for debugging--again, not always (the default for instances of user-created classes is rarely helpful), but whenever possible.

And sometimes give you output that's a valid Python literal or other expression--but you rarely want to rely on that except for interactive exploration.

以上英文内容来源：http://stackoverflow.com/questions/19331404/str-vs-repr-functions-in-python-2-7-5。

这段说明尽管是针对 Python 2 回答的，但是，对于现在学习的 Python 3 依然可以参考。

字符串中的问题，不仅仅是上面所述，还有很多，如"转义符"，不少错误可能与此有关。

1.5.4 Python 转义符

转义符，前面已经小试牛刀（What's your name?），便显威力。

在字符串中，总会有一些特殊的符号，这时就需要用转义符。所谓转义，就是不采用符号本来的含义，而采用另外一种含义。下面列出了常用的转义符，如下表所示。

转义字符	描述
\	（在行尾时）续行符，即一行未完，转下一行
\	反斜杠符号
\'	单引号
\"	双引号
\a	响铃
\b	退格（Backspace）
\e	转义
\000	空
\n	换行
\v	纵向制表符
\t	横向制表符
\r	回车
\f	换页
\oyy	八进制数，yy 代表的字符，例如：12 代表换行
\xyy	十六进制数，yy 代表的字符，例如：0a 代表换行
\other	其他的字符以普通格式输出

以上所有转义符，都可以在交互模式下通过 print() 来测试。例如：

```
>>> print("hello.I am qiwsir.\
... My website is 'http://qiwsir.github.io'.")
hello.I am qiwsir.My website is 'http://qiwsir.github.io'.
>>> print("you can connect me by qq\\weibo\\gmail")
you can connect me by qq\weibo\gmail
```

print()解决了显示问题，但是输入怎么办？这时就需要用到 input()。

1.5.5 键盘输入

电脑的智能，一种体现就是可以接受用户通过键盘输入的内容。

通过 Python 能不能实现这个简单的功能呢？当然能，否则 Python 如何横行天下。

不过在写这个功能之前，首先要了解函数 input()。

这是 Python 的内建函数，读者可以在 https://docs.python.org/3.5/library/functions.html 网页中查看到更多的内建函数，并且查看到关于这些内建函数的文档，即使用方法说明。

当然，我们已经多次使用过的方法依然有效。

```
>>> help(input)
Help on built-in function input in module builtins:

input(...)
    input([prompt]) -> string
    
    Read a string from standard input.  The trailing newline is stripped.
    If the user hits EOF (Unix: Ctl-D, Windows: Ctl-Z+Return), raise EOFError.
    On Unix, GNU readline is used if enabled.  The prompt string, if given,is printed
without a trailing newline before reading.
```

从中是不是已经清晰地看到了input()的使用方法？建议读者将上面的英文内容认真阅读一遍。

下面就在交互模式下操练一下这个主管键盘输入的函数：

```
>>> input("input your name:")
input your name:python        #提示输入内容，通过键盘输入python
'python'
```

输入名字之后，就返回了输入的内容。

返回的结果是一个字符串类型的对象，那么就可以用赋值语句，与一个变量关联起来。

```
>>> name = input("input your name:")
input your name:python
>>> name
'python'
>>> type(name)
<class 'str'>
```

如果输入的是数字呢？

```
>>> age = input("How old are you?")
How old are you?10
>>> age
'10'
>>> type(age)
<class 'str'>
```

返回的结果仍然是字符串类型。

有了以上两个准备，接下来就可以写一个能够"对话"的小程序了。

```
#!/usr/bin/env python
# coding=utf-8

name = input("What is your name?")
age = input("How old are you?")

print("Your name is: ", name)
print("You are " + age + " years old.")

after_ten = int(age) + 10
print("You will be " + str(after_ten) + " years old after ten years.")
```

读者是否能独立调试这个程序？

print()函数，除了打印一个值之外，还可以打印多个，或者打印字符串拼接结果（拼接之后还是一个字符串，就是比原来长了）。

print("You are " + age + " years old.")

注意，变量 age 必须指向字符串类型的对象，如最后的语句中：print("You will be " + str(after_ten) + " years old after ten years.")。这句话里面有一个类型转化，将原本是整数型的对象转化成了字符串类型。否则，就会报错。

同样注意，在"after_ten = int(age) + 10"中，因为通过 input()得到的是字符串类型，当 age 和 10 求和的时候，需要先用 int()函数进行类型转化，然后才能和后面的整数 10 相加。

这个小程序基本上已经把学到的东西综合运用了一次。请仔细调试一下，如果没有通过，看报错信息，你能够从中找到修改的方向。

通过键盘输入得到的都是字符串，但也有一些字符串不是通过键盘输入得到的，需要用引号包裹，有时候还要用转义符。但是，有一种方式，能够还原字符串中字符的原始含义。

1.5.6 原始字符串

所谓原始字符串，就是指字符串里面的每个字符都是原始含义，如反斜杠，不会被看作转义符。

在一般字符串中，比如:

```
>>> print("I like \npython")
I like
python
```

这里的反斜杠就不是"反斜杠"的原始符号含义，而是和后面的"n"一起组成了换行符"\n"，即转义了。当然，这似乎没有太大影响，但有的时候可能会出现问题，比如打印 DOS 路径。

```
>>> dos = "c:\news"
>>> dos
'c:\news'          #这里貌似没有什么问题
>>> print(dos)     #当用 print 来打印这个字符串的时候，就出问题了
c:
ews
```

如何避免？用转义符可以解决:

```
>>> dos = "c:\\news"
>>> print(dos)
c:\news
```

此外，还有一种方法，如:

```
>>> dos = r"c:\news"
>>> print(dos)
c:\news
>>> print(r"c:\news\python")
c:\news\python
```

状如 r"c:\news"，由 r 开头引起的字符串就是原始字符串，在里面放任何字符都表示该字符的原始含义。

这种方法在 Web 开发中设置网站目录结构的时候非常有用。使用了原始字符串，就不需要转义了。

一个字符串，一般可以由多个字符构成，那么可以操作每个字符吗？这就需要索引和切片。

1.5.7 索引和切片

例如这样一个字符串"python"，还记得前面对字符串的定义吗？它就是字符：p、y、t、h、o、n，排列起来。这种排列是非常严格的，不仅仅是字符本身，而且还有顺序。换言之，如果某个字符换了，就会变成一个新字符串；如果这些字符顺序发生了变化，也会成为一个新字符串。

在 Python 中，把像字符串这样的对象类型（后面还会出现类似的其他有这种特点的对象类型，如列表），统称为序列。

顾名思义，序列就是"有序排列"。比如水泊梁山的 108 个好汉，就是一个"有序排列"的序列。从老大宋江一直排到第 108 位的金毛犬段景住。在这个序列中，每个人都有编号，编号和个人一一对应。反过来，通过每个人的姓名，也能找出其所对应的编号。

在 Python 中，给这些编号取了一个文雅的名字，叫作**索引**（其他编程语言也这么称呼，不是 Python 独有的）。

再来看 Python 的字符串：

```
>>> lang = "study python"
>>> lang[0]
's'
>>> lang[1]
't'
```

上面这个字符串，要得到第一个字符 s，可以用 lang[0]。当然，如果不愿意让变量 lang 来指向那个字符串，也可以这样做：

```
>>> "study python"[0]
's'
```

效果是一样的，但是方便程度显而易见。

字符串这个序列的排序方法跟梁山好汉有点不同：第一个不是用数字 1 表示，而是用数字 0 表示。不仅仅是 Python，其他很多语言都是从 0 开始排序的。为什么这样做呢？这就是规定。当然，这个规定是有一定优势的。此处不展开叙述，有兴趣的读者可以用 Google 搜索一下，有专门对此进行解释的文章。

如下表所示，将这个字符串从第一个到最后一个进行了编号，即为每个字符建立了索引。特别注意，两个单词中间的那个空格也占用了一个位置。空格也是一个字符。"无"不完全等于"没有"。

0	1	2	3	4	5	6	7	8	9	10	11
s	t	u	d	y		p	y	t	h	o	n

通过索引能够找到该索引所对应的字符，那么反过来，能不能通过字符找到其在字符串中的索引呢？怎么找？

用字符串的一个方法——index()：

```
>>> lang.index("p")
6
```

这是不是已经能够和梁山好汉的例子对上号了？只不过区别在于第一个索引值是 0。

想像某一天，宋大哥站在大石头上，向着各位弟兄大喊："兄弟们，都排好队。"兄弟们排好之后，宋江说："现在给各位没有老婆的兄弟分配女朋友，我这里已经有了名单，我念到的兄弟站出来。不过我是按照序号来念的。第 29 号到第 34 号先出列，到旁边房子等候分配女朋友。"

继续应用前述字符串，lang[1]能够得到字符串的第二个字符 t，就相当于从字符串中把其"切"出来了。不过，我们这么"切"不影响原来字符串的完整性，当然，也可以理解为将字符 t 复制一份拿出来了。

刚才宋江大哥没有一个一个"切"，而是一下将几个兄弟叫出来。在 Python 中也能做类似的事情。

```
>>> lang = 'study python'
>>> lang[2:9]
'udy pyt'
>>> lang
'study python'
```

通过 lang[2:9]要得到多个（不是一个）字符，即从返回的结果中可以看出，我们得到的是序号 2、3、4、5、6、7、8（跟上面的表格对应一下）所对应的字符（包括那个空格）。也就是说，这种获得部分字符的方法中，能够得到从开始序号到结束序号之前的所对应的字符。有点拗口，自己对照上面的表格数一数就知道了。简单来说就是包括开头，但不包括结尾——前包括，后不包括。

"切"出来一部分之后，原来的字符串依然是完整的。

总结一下上述的操作，不管是"切"出来一个字符（比如 lang[0]），还是"切"出来多个字符（比如 lang[2:9]），都是通过索引范围得到字符的过程，称之为获得字符串**切片**。

切片是一个很有意思的东西，可以"切"出很多花样。

```
>>> lang = 'study python'
>>> b = lang[1:]     #得到从 1 号到最末尾的字符，这时最后那个序号不用写
>>> b
'tudy python'
>>> c = lang[:]      #得到所有字符
>>> c
'study python'
>>> d = lang[:10]    #得到从第一个到 10 号之前的字符
>>> d
'study pyth'
```

在获取切片的时候，如果冒号前面不写数字，就表示从字符串的第一个开始（包括第一个）；如果冒号后面的序号不写，就表示到字符串的最末一个字符结束（包括最后一个）。

lang[:10]和lang[0:10]的效果是一样的。

```
>>> e = lang[0:10]
>>> e
'study pyth'
```

那么，lang[1:]和lang[1:11]的效果一样吗？请思考后作答。

```
>>> lang[1:11]
'tudy pytho'
>>> lang[1:]
'tudy python'
```

不一样。原因就是前述所说的，如果冒号后面有数字，所得到的切片不包含该数字所对应的序号（前包括，后不包括）。那么，如果这样呢？lang[1:12]，不包括 12 号（事实上没有 12 号），是不是可以得到 1 号到 11 号所对应的字符？

```
>>> lang[1:12]
'tudy python'
>>> lang[1:13]
'tudy python'
```

结果果然和猜测的一样，并且后面写 13 也能得到同样的结果。

但是，要特别提醒，这种获得切片的做法在编程实践中是不提倡的。特别是如果后面要用到循环的时候，这样做很可能会遇到麻烦。

如果在切片的时候，冒号左右都不写数字，就是前面所操作的 c = lang[:]，其结果是变量 c 的值与原字符串一样，也就是"复制"了一份。注意，这里的"复制"打上了引号，意思是如同复制，是不是真的复制呢？可以用下面的方式检验一下：

```
>>> id(c)
2180854360112
>>> id(lang)
2180854360112
```

id()的作用就是查看该对象的内存中的地址。从上面可以看出，两个内存地址一样，说明 c 和 lang 两个变量指向的是同一个对象。用 c=lang[:]的方式并没有生成一个新的字符串，而是将变量 c 这个标签也贴在了原来的字符串上。

```
>>> lang = "study python"
>>> c = lang
```

如果这样操作，那么变量 c 和 lang 是不是会指向同一个对象呢？或者两者所指向的对象内存地址如何呢？用 id()函数查看便知。

字符串有索引，能得到切片。不仅如此，还有更多操作。

1.5.8 字符串基本操作

字符串是一种序列，所有序列都有如下基本操作，这是序列共有的操作。

- len()：求序列长度。
- +：连接 2 个序列。

- *：重复序列元素。
- in：判断元素是否存在于序列中。
- max()：返回最大值。
- min()：返回最小值。

逐个演示，方能理解。

1. "+"连接序列

```
>>> str1 = "python"
>>> str2 = "lisp"
>>> str1 + str2
'pythonlisp'
>>> str1 + "&" + str2
'python&lisp'
```

针对这种连接两个字符串的方法，前文已经讲过了，不过在这里应该有一个更大的观念，我们现在只学了字符串这一种序列，后面还会遇到列表、元组序列，都能够如此实现连接。

有两个问题请读者思考，在上面的举例中，在做了连接操作之后，原来两个字符串是否有变化？如何检验？

2. 判断元素是否存在于序列中

```
>>> str1 = "python"
>>> str2 = "lisp"
>>> "p" in str1
True
>>> "th" in str1
True
>>> "l" in str2
True
>>> "l" in str1
False
```

in 用来判断某个字符串是不是在另外一个字符串内，或者说判断某个字符串内是否包含另外一个字符串（这个字符串被称为子字符串）。如果包含，就返回 True，否则返回 False。

3. 最值和比较

```
>>> max(str1)
'y'
>>> min(str1)
'h'
```

字符串中的字符也分大小。

在英文字典中，所有的字母都有一个排序，我们称之为字典顺序。

在计算机中，每个字符都通过编码对应着一个数字，它们都会有一定的顺序。min()和 max()就是根据这个顺序获得最小值和最大值，然后对应给出相应的字符。

```
>>> ord("y")
121
```

```
>>> ord("h")
104
```

这里使用了一个内建函数 ord()，可以得到一个字符所对应的数字编码。

反过来，可以使用 chr()函数，实现由数字编码向字符的转化。

```
>>> chr(104)
'h'
```

读者可以用 Google 搜索一下有关字符编码或 ASCII 编码内容，了解一下刚才所说的字符和字符编码的有关知识。

不管怎样，要能够应用 max()和 min()分别找出序列中的最大值和最小值。

既然有了最值，并且每个字符都可以对应数字编码，那么字符之间的大小比较也就顺理成章了。

将两个字符串进行比较，首先将字符串中的符号转化为对应编码的数字，然后再进行比较。如果返回的数值小于零，则说明第一个字符串小于第二个字符串；如果等于 0，则两个字符串相等；如果大于 0，则第一个字符串大于第二个字符串。为了能够明白其所以然，进入下面的分析。

```
>>> ord('a')
97
>>> ord('b')
98
>>> ord(' ')
32
```

于是，就得到如下比较结果：

```
>>> "a" > "b"
False
>>> "a" < "b"
True
>>> "a" == "a"
True
```

除了比较单个字符，还可以进行如下操作：

```
>>> "abc" > "aaa"
True
>>> "abc" < "a c"
False
```

这些字符串是怎么比较的？以"abc" > "aaa"为例，首先看两个字符串的第一个字符，比较谁大谁小，一样大；再看第二个，b>a，就返回比较结果 True。

4．"*"重复序列元素

字符串中"乘法"的含义就是重复那个字符串。

```
>>> a = "hello"
>>> a * 3
'hellohellohello'
```

用"*"可以实现一种偷懒操作,比如要打印一条华丽的分割线,可以进行如下操作:

```
>>> print("-" * 20)
--------------------
```

5. 测量长度

要知道一个字符串有多少个字符,一种方法是从头开始盯着屏幕数一数。这种方法虽然直接,但这不是计算机在干活,而是"键客"在干活。

键客,不是剑客。剑客是以剑为武器的侠客;而键客是以键盘为武器的侠客。

在 Python 中,用 len()函数来获得字符串(序列)长度:

```
>>> a = "hello"
>>> len(a)
5
```

每当遇到一个函数时,都不要忘记用 help()来研读一下文档。

```
>>> help(len)
len(...)
    len(object)

    Return the number of items of a sequence or collection.
```

还可以进一步看看函数 len()返回值的类型。

```
>>> m = len(a)        #把结果返回后赋值给一个变量
>>> m
5
>>> type(m)           #返回值(变量)是一个整数型
<class 'int'>
```

对于字符串,作为序列的一种,除了具有上述几种通用的基本操作之外,还有很多其他方法。

1.5.9 字符串格式化输出

什么是格式化?在《维基百科》中有专门的词条,其是这么说的:

格式化是指对磁盘或磁盘中的分区(Partition)进行初始化的一种操作,这种操作通常会导致现有的磁盘或分区中所有的文件被清除。

显然,此"格式化"并非我们这里所说的"格式化",我们说的是字符串的格式化,或者说成是"格式化字符串",表示的意思如下:

格式化字符串,是 C、C++等程序设计语言 printf 类函数中用于指定输出参数的格式与相对位置的字符串参数。其中的转换说明(Conversion Specification)用于把随后对应的 0 个或多个函数参数转换为相应的格式输出;格式化字符串中转换说明以外的其他字符原样输出。

这也是来自《维基百科》的定义。在这个定义中,是用 C 语言作为例子,并且用了其输出函数来说明。在 Python 中,也有同样的操作——print()函数,此前我们已经了解一二了,此处将详述之。

如果将维基百科的定义再通俗化，所谓字符串格式化，就是要先制定一个模板，在这个模板中某个或者某几个地方留出空位来，然后在那些空位填上字符串，并且在显示结果中，字符串要符合空位置所设定的约束条件。

那么，那些空位需要用一个符号来表示，这个符号通常被叫作占位符（仅仅是占据着那个位置，并不是输出的内容）。

```
>>> "I like %s"
'I like %s'
```

在这个字符串中，有一个符号：%s，就是一个占位符，这个占位符可以被其他的字符串代替。比如：

```
>>> "I like %s" % "python"
'I like python'
>>> "I like %s" % "Pascal"
'I like Pascal'
```

这是曾经较为常用的一种字符串输出方式。注意"曾经"，言下之意是，现在不太提倡了。

的确如此，现在提倡使用字符串的 format() 方法，这是自 Python 2.6 开始引入的。所以，从现在开始，介绍 string.format() 的使用方法，而对用%进行格式化输出的方式不做详细介绍，读者在阅读其他代码的时候，如果遇到使用%的，翻译成 string.format() 即可。

format() 是字符串的一个方法，当然作为字符串对象，不仅仅有这一种方法（或称为函数，暂不对方法和函数做出严格区分，读者在以后的学习和实践中，会逐渐理解其不同），在交互模式中，输入 dir(str)，会看到更多。

```
>>> dir(str)
['__add__', '__class__', '__contains__', '__delattr__', '__dir__', '__doc__', '__eq__',
'__format__', '__ge__', '__getattribute__', '__getitem__', '__getnewargs__', '__gt__',
'__hash__', '__init__', '__iter__', '__le__', '__len__', '__lt__', '__mod__', '__mul__',
'__ne__', '__new__', '__reduce__', '__reduce_ex__', '__repr__', '__rmod__', '__rmul__',
'__setattr__', '__sizeof__', '__str__', '__subclasshook__', 'capitalize', 'casefold',
'center', 'count', 'encode', 'endswith', 'expandtabs', 'find', 'format', 'format_map',
'index', 'isalnum', 'isalpha', 'isdecimal', 'isdigit', 'isidentifier', 'islower',
'isnumeric', 'isprintable', 'isspace', 'istitle', 'isupper', 'join', 'ljust', 'lower',
'lstrip', 'maketrans', 'partition', 'replace', 'rfind', 'rindex', 'rjust', 'rpartition',
'rsplit', 'rstrip', 'split', 'splitlines', 'startswith', 'strip', 'swapcase', 'title',
'translate', 'upper', 'zfill']
```

这里所列出来的，就是字符串的所有属性和方法。

在返回结果中，别的先不看，只看 format，有没有什么发现？

不要离开交互模式，输入：

```
>>> help(str.format)
```

这是要看字符串的 format() 方法的文档。只有通过阅读文档，我们才能了解它是做什么的。

```
Help on method_descriptor:

format(...)
    S.format(*args, **kwargs) -> str
```

    Return a formatted version of S, using substitutions from args and kwargs.
    The substitutions are identified by braces ('{' and '}').

　　还是要提醒读者，阅读文档是重要的，如果读者已经学会阅读文档，那么就可以将本书（乃至其他书）抛弃。

　　在format()的文档中，有这样一种表示：S.format(*args, **kwargs)，括号里面是方法的参数，但是这里的参数形式"*args"和"**kwargs"是首次看到。"*args"表示传入一种状如"("python", "java")"的参数，"**arg"表示传入另外一种状如"(hot = "python", normal = "java")"样式的参数（关于这两种参数类型，后面会详细介绍）。

　　下面用示例来说明使用方法：

```
>>> "I like {0} and {1}".format("python", "canglaoshi")
'I like python and canglaoshi'
```

　　在交互模式中，输入了字符串"I like {0} and {1}"，并且其中用{0}和{1}占据了两个位置，它们就是占位符。然后是一个非常重要的符号——英文的句点"."。

　　这个句点"."非常重要，它是引出对象的属性或方法的工具，就如同汉语中的"的"一样。

　　比如"老齐的爱好"，"老齐"是那个对象，"爱好"就是一个属性，两者中间的那个"的"就相当于一个英文的句点"."，于是可以写成"老齐.爱好"。

　　format("python", "canglaoshi")是字符串格式化输出的方法，传入了两个字符串，它们分别对应着"I like {0} and {1}"里的那两个占位符，而且是按照顺序对应的，即第一个参数传入的"pytohn"对应着{0}，第二个参数传入的"canglaoshi"对应着{1}。

　　你还可以这样试试，理解就更深刻了。

```
>>> "I like {1} and {0}".format("python", "canglaoshi")
'I like canglaoshi and python'
```

　　请仔细观察上述两个字符串格式化，通过找区别理解format()的使用，特别是占位符。

　　这里使用的是"*arg"方式传入参数。

　　format()方法的返回值是一个字符串——'I like python and canglaoshi'。

　　再对照format()的文档看一看，是不是理解文档的含义了呢？

　　一定要阅读文档，这是学习语言的根本。

　　既然是"格式化"，就要指定一些格式，让输出的结果符合指定的样式。

```
>>> "I like {0:10} and {1:>15}".format("python", "canglaoshi")
'I like python     and      canglaoshi'
```

　　现在有格式了。{0:10}表示第一个位置，有10个字符那么长，并且放在这个位置的字符是左对齐；{1:>15}表示第二个位置，有15个字符那么长，并且放在这个位置的字符是右对齐。

```
>>> "I like {0:^10} and {1:^15}".format("python", "canglaoshi")
'I like   python   and   canglaoshi   '
```

　　现在是居中对齐了。

```
>>> "I like {0:.2} and {1:^10.4}".format("python", "canglaoshi")
```

'I like py and   cang   '

这个有点复杂，我们逐个进行解释。

{0:.2}："0"说明是第一个位置，对应传入的第一个字符串。".2"表示对于传入的字符串，截取前两个字符，并放到第一个位置。需要注意的是，在冒号":"后面和句点"."前面，没有任何数字，意思是该位置的长度自动适应即将放到该位置的字符串。

{1:^10.4}："1"说明是第二个位置，对应传入的第二个字符串。"^"表示放到该位置的字符串要居中。"10.4"表示该位置的长度是 10 个字符那么长，但即将放入该位置的字符串应该仅仅有 4 个字符那么长，也就是要从传入的字符串"canglaoshi"中截取前四个字符，即为"cang"。

再看结果，对照上述解释。

向 format()中，除了能够传入字符串外，还可以传入数字（包括整数和浮点数），而且也能有各种花样。

```
>>> "She is {0:d} years old and the breast is {1:f}cm".format(28, 90.1415926)
'She is 28 years old and the breast is 90.141593cm'
```

{0:d}表示在第一个位置放一个整数；{1:f}表示在第二个位置放一个浮点数，那么浮点数的小数位数是默认的。下面在这个基础上，可以再做一些显示格式的优化。

```
>>> "She is {0:4d} years old and the breast is {1:6.2f}cm".format(28, 90.1415926)
'She is   28 years old and the breast is  90.14cm'
```

{0:4d}表示第一个位置的长度是 4 个字符，并且在默认状态下，填充到该位置的整数是右对齐。

{1:6.2f}表示第二个位置的长度是 6 个字符，并且填充到该位置的浮点数要保留两位小数，默认也是右对齐。

```
>>> "She is {0:04d} years old and the breast is {1:06.2f}cm".format(28, 90.1415926)
'She is 0028 years old and the breast is 090.14cm'
```

{0:04d}和{1:06.2f}与前述例子不同的地方在于，在声明位置长度的数字前面多了 0，其含义是在数字前面，如果位数不足，则补 0。

以上的输出方式中，我们只讨论了 format(*args, **kwargs)中的*args 部分，还有另外一种方式，则是与**kwargs 有关的。

```
>>> "I like {lang} and {name}".format(lang="python", name="canglaoshi")
'I like python and canglaoshi'
```

还有一种与"字典"有关的格式化方法，这里仅仅列举一个例子，关于"字典"，本教程后续会有的。

```
>>> data = {"name":"Canglaoshi", "age":28}
>>> "{name} is {age}".format(**data)
'Canglaoshi is 28'
```

用 format()做字符串格式化输出，真的很简洁，堪称优雅。但 format()毕竟只是字符串的方法之一，还有更多方法等待研究。

1.5.10 常用的字符串方法

字符串的方法很多，前面已经通过 dir(str)查看过了。

那么多种方法，这里不会一一介绍，要了解某个具体的含义和使用方法，最好使用 help() 函数查看。这里仅仅列举几个常用的。

1. 判断是否全是字母

美国人接触计算机比较早，所以很多地方都要兼顾英语的特点，比如 isalpha()，专门用来判断字符串是不是全是字母组成的。

```
>>> help(str.isalpha)

Help on method_descriptor:

isalpha(...)
    S.isalpha() -> bool

    Return True if all characters in S are alphabetic and there is at least one character in S, False otherwise.
```

按照这里的说明，就可以在交互模式下进行实验。

```
>>> "python".isalpha()       #字符串全是字母，应该返回 True
True
>>> "2python".isalpha()      #字符串含非字母，返回 False
False
```

2. 根据分隔符分割字符串

字符串的 split() 方法是根据某个分割符分割字符串。

```
>>> a = "I LOVE PYTHON"
>>> a.split(" ")
['I', 'LOVE', 'PYTHON']
```

这是用空格作为分割，得到了一个名字叫做作列表（List）的返回值。关于列表的内容，后续会介绍。还能用别的分隔吗？

```
>>> b = "www.itdiffer.com"
>>> b.split(".")
['www', 'itdiffer', 'com']
```

简单了解之后，就要阅读文档，从中能看到更多信息。

```
>>> help(str.split)
Help on method_descriptor:

split(...)
    S.split(sep=None, maxsplit=-1) -> list of strings

Return a list of the words in S, using sep as thedelimiter string.If maxsplit is given, at most maxsplitsplits are done. If sep is not specified or is None, anywhitespace string is a separator and empty strings areremoved from the result.
```

请读者务必认真阅读文档，特别是理解"If sep is not specified or is None, anywhitespace string is a separator and empty strings areremoved from the result."如果要实验一下，就是：

```
>>> "The life is short. You need Python.".split()
```

```
['The', 'life', 'is', 'short.', 'You', 'need', 'Python.']
>>> "The life is short. You need Python.".split(" ")
['The', 'life', 'is', 'short.', 'You', 'need', 'Python.']
>>> "The life is short. You need Python.".split("")
Traceback (most recent call last):
  File "<stdin>", line 1, in <module>
ValueError: empty separator
```

请读者注意比较上面三种不同的情况。

3. 去掉字符串两头的空格

有的朋友喜欢输入结束的时候敲击空格，或者在输入前先加空格，这其实不是好习惯。当然，也有别的情况，比如在使用 split() 方法的某种情况下，可能会导致某个字符串前后有空格。

这些空格有时候是没用的，Python 会帮助程序员把这些空格去掉，方法如下。

- S.strip()：去掉字符串的左右空格。
- S.lstrip()：去掉字符串的左边空格。
- S.rstrip()：去掉字符串的右边空格。

例如：

```
>>> b = " hello "    #两边有空格
>>> b.strip()
'hello'
>>> b
' hello '
```

特别注意，原来的值没有变化，而是新返回了一个新的结果。

```
>>> b.lstrip()    #去掉左边的空格
'hello '
>>> b.rstrip()    #去掉右边的空格
' hello'
```

4. 字符大小写的转换

对于英文，有时候要用到大小写转换。比如在驼峰命名里面就有一些大写和小写的混合。推荐读者阅读《自动将字符串转化为驼峰命名形式的方法》（https://github.com/qiwsir/algorithm/blob/master/string_to_hump.md）。

在 Python 中有下面一些字符串的方法，用来实现各种类型的大小写转化。

- S.upper()：S 中的字母转化为大写。
- S.lower()：S 中的字母转化为小写。
- S.capitalize()：将首字母转化为大写。
- S.isupper()：判断 S 中的字母是否全是大写。
- S.islower()：判断 S 中的字母是否全是小写。
- S.istitle()：判断 S 是否是标题模式，即字符串中所有的单词拼写首字母为大写，且其他字母为小写。

看例子：

```
>>> a = "qiwsir, python"
>>> b = a.upper()         #将小写字母完全变成大写字母
>>> b
'QIWSIR,PYTHON'
>>> a                     #原对象并没有改变
'qiwsir,python'
>>> c = b.lower()         #将所有的字母变成小写字母
>>> c
'qiwsir,python'
>>> a.capitalize()        #把字符串的第一个字母变成大写
'Qiwsir,python'
```

对于字符串的 upper()、lower()和 capitalize()方法，都是生成一个新的字符串，并没有修改原来的字符串。

```
>>> a
'qiwsir,python'
```

还有几个以 is 开头的方法，从命名中就知道它们应该是判断什么的，并且返回 True 或者 False。

```
>>> a = "qiwsir,github"
>>> a.istitle()
False
>>> a = "QIWSIR"          #当全是大写的时候，返回 False
>>> a.istitle()
False
>>> a = "qIWSIR"
>>> a.istitle()
False
>>> a = "Qiwsir,github"   #如果这样，也返回 False
>>> a.istitle()
False
>>> a = "Qiwsir"          #这样是 True
>>> a.istitle()
True
>>> a = 'Qiwsir,Github'   #这样也是 True
>>> a.istitle()
True
```

所以，要理解什么 title，那就是每个单词首字母都要大写。汉字能行吗？

```
>>> t = "人民日报"
>>> t.istitle()
False
```

"人民日报"这么大的标题，此函数居然不认为是标题。看来其只认识英文带有字母的标题。

```
>>> q = "阿 Q"
>>> q.istitle()
True
```

阿 Q 胜利了。继续操作有 Q 的字符串：

```
>>> a = "Qiwsir"
>>> a.isupper()
False
>>> a.upper().isupper()
True
>>> a.islower()
False
>>> a.lower().islower()
True
```

再探究一下,可以这么做:

```
>>> a = "This is a Book"
>>> a.istitle()
False
>>> b = a.title()      #这样就把所有单词的第一个字母转化为大写
>>> b
'This Is A Book'
>>> b.istitle()        #判断每个单词的第一个字母是否为大写
True
```

5. 用 join() 拼接字符串

用"+"能够连接字符串,此外还有其他方法。

"+"不是什么情况下都能够如愿的。比如,将列表(关于列表,后续会详细介绍,它是另外一种类型)中的每个字符(串)元素拼接成一个字符串,并且用某个符号连接,如果用"+",就比较麻烦了。

用字符串的 join() 方法拼接字符串,是一个好选择。

```
>>> b = 'www.itdiffer.com'
>>> c = b.split(".")
>>> c
['www', 'itdiffer', 'com']
>>> ".".join(c)
'www.itdiffer.com'
>>> "*".join(c)
'www*itdiffer*com'
```

这种拼接,是不是更简单呢?

不过,还要提醒读者,join() 是字符串的方法,不是那个列表(如['www', 'itdiffer', 'com'])的方法,具体讲是连接字符串符号(也是字符串)的方法,而列表是它的参数。

字符串的方法不仅仅是这些,这里不能把所有方法穷尽,但读者完全可以仿照上述流程研究其他方法。

字符串的问题还要继续,因为中文和英文还有很大区别。

1.6 字符编码

在实践中,字符编码是一个"坑"。但是,字符编码也很重要,因为它不仅仅是计算机的一个基础，而且还是一个有历史过程的事情。

要从编码开始谈起。

1.6.1 编码

什么是编码？这是一个比较难以回答的问题，也不好下一个普通定义。笔者看到有的教材中有关于编码的定义，不敢说其定义不对，但至少可以说不容易理解。

古代打仗，击鼓进攻、鸣金收兵，这就是编码。把要传达给士兵的命令对应为一定的其他形式，比如命令"进攻"，经过如此的信息传递，如下图所示。

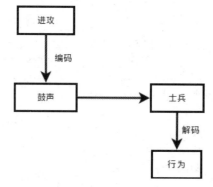

（1）长官下达进攻命令，传令员将这个命令编码为"鼓声"。

（2）鼓声在空气中传播，比传令员的嗓子吼出来的声音传播得更远，士兵听到后也不会引起歧义，一般不会有士兵把鼓声当作打呼噜的声音。这就是"进攻"命令被编码成"鼓声"之后的优势所在。

（3）士兵听到鼓声，就是接收到信息之后，如果接受过训练或者有人告诉过他们，他们就知道这是进攻命令。这个过程就是解码。所以，编码方案要有两套，一套在信息发出者那里，另外一套在信息接收者这里。经过解码之后，士兵明白了才行动。

以上过程比较简单。其实，真实的编码和解码过程比这复杂得多。不过，原理都差不多。

举一个似乎遥远，其实不久前人们都在使用的东西做例子：电报（以下词条内容来自《维基百科》）。

电报是通信业务的一种，发明于19世纪初，是最早使用电进行通信的方法。电报大为加快了消息的流通，是工业社会中的一项重要发明。早期的电报只能在陆地上通信，后来使用了海底电缆，开展了越洋服务。到了20世纪初，开始使用无线电拨发电报，电报业务基本上已能抵达地球上大部分地区。电报主要用作传递文字讯息，使用电报技术用作传送图片称为传真。

中国出现首条电报线路是1871年，由英国、俄国及丹麦敷设，从中国香港经上海至日本长崎，且是海底电缆。由于清政府的反对，电缆被禁止在上海登录。后来丹麦公司不理清政府的禁令，将线路引至上海公共租界，并在6月3日起开始收发电报。至于首条自主敷设的线路，是由福建巡抚丁日昌在中国台湾所建，1877年10月完工，连接台南及高雄。1879年，北洋大臣李鸿章在天津、大沽及北塘之间架设电报线信，用作军事通信。1880年，李鸿章奏准开办电报总局，由盛宣怀任总办。并在1881年12月开通天津至上海的电报服务。李鸿章说："5年来，我国创设沿江沿海各省电线，总计一万多里，国家所费无多，巨款来自民间。当时正值法人挑衅，将帅报告军情，朝廷传达指示，均相机而动，无丝毫阻碍。中国自古用兵，从未如此神速。出使大臣往来问答，朝发夕至，相隔万里好似同居庭院。举设电报一举三得，既防止外敌侵略，又加强国防，亦有利于商务。"天津官电局于庚子遭乱全毁。1887 年，台湾巡抚刘铭传敷设了福州至台湾的海底电缆，是中国首条海底电缆。1884 年，北京电报开始建设，采用"安设双线，由通州展至京城，以一端引入署中，专递官信，以一端择地安置用便商民"，同年 8 月 5 日，电报线路开始建设，所有电线杆一律漆成红色。8 月 22 日，位于北京崇文门外大街西的喜鹊胡同的外城商用电报局开业。同年 8 月 30 日，位于崇文门内泡子和以西的吕公堂开局，专门收发官方电报。

为了传达汉字，电报部门准备由 4 位数字或 3 位罗马字构成的代码，即中文电码，采用发送前将汉字改写成电码发出，收电报后再将电码改写成汉字的方法。

注意，这里出现了电报中用的"中文电码"，这就是一种编码，将汉字对应成阿拉伯数字，从而能够用电报发送汉字。

1873 年，法国驻华人员威基杰参照《康熙字典》的部首排列方法，挑选了常用汉字 6800 多个，编成了第一部汉字电码本《电报新书》。

电报中的编码被称为摩尔斯电码，英文是 Morse Code。

摩尔斯电码（Morse Code）是一种时通时断的信号代码，通过不同的排列顺序来表达不同的英文字母、数字和标点符号。摩尔斯电码由美国人萨缪尔·摩尔斯在 1836 年发明。

1.6.2　计算机中的字符编码

先阅读一段《维基百科》对"字符编码"的解释：

字符编码（Character Encoding），也称为字集码，是把字符集中的字符编码为指定集合中某一对象（例如，比特模式、自然数串行、8 位组或者电脉冲），以便文本在计算机中存储和通过通信网络传递。常见的例子包括将拉丁字母表编码成摩尔斯电码和 ASCII。其中，ASCII 将字母、数字和其他符号编号，并用 7 比特的二进制来表示这个整数。通常会额外使用一个扩充的比特，以便于以 1 个字节的方式存储。

但计算机的字符编码不是一蹴而就的，而是有一个发展过程。

1. ASCII 码

计算机采用二进制，这是毋庸置疑的。

20 世纪 60 年代，是计算机发展的早期，那时候美国是计算机领域的老大，于是其制定了一套字符编码，解决了英语字符与二进制位之间的对应关系，被称为 ASCII 码。

ASCII（American Standard Code for Information Interchange，美国信息交换标准代码）是基于拉丁字母的一套电脑编码系统。它主要用于显示现代英语，而其扩展版本 EASCII 则可以部分支持其他西欧语言，并等同于国际标准 ISO/IEC 646。由于万维网使得 ASCII 广为通用，直到 2007 年 12 月，才逐渐被 Unicode 取代。

英语用 128 个符号编码就够了，但计算机不仅仅用于英语，如果用来表示其他语言，128 个符号是不够的。于是很多其他国家，都在 ASCII 码的基础上，发明了很多别的编码，比如汉语里面有了简体中文编码方式 GB2312，使用两个字节表示一个汉字。

2. Unicode

在编码方式上,由于有很多种,于是就出现了"乱码"。比如电子邮件,如果发信人和收信人使用的编码方式不一样,那么收信人就只能看乱码了。

于是 Unicode 应运而生,看它的名字也应该知道,就是要统一符号的编码。

Unicode(万国码、国际码、统一码、单一码)是计算机科学领域里的一项业界标准。它对世界上大部分的文字系统进行了整理、编码,使得电脑可以用更为简单的方式来呈现和处理文字。

Unicode 伴随着通用字符集的标准而发展,同时也以书本的形式对外发表。Unicode 至今仍在不断增修,每个新版本都加入更多新的字符。Unicode 涵盖的数据除了视觉上的字形、编码方法、标准的字符编码外,还包含了字符特性,如大小写字母。

但 Unicode 也不是完美的,仍需继续改进,请具体查阅《字符编码笔记:ASCII,Unicode 和 UTF-8》(http://www.ruanyifeng.com/blog/2007/10/ascii_unicode_and_utf-8.html)。

3. UTF-8

Unicode 的实现方式称为 Unicode 转换格式(Unicode Transformation Format,UTF)——UTF 的含义。

UTF-8 是在互联网上使用最广的一种 Unicode 的实现方式。虽然它仅仅是 Unicode 的实现方式之一,但它几乎一统江湖了。

UTF-8(8-bit Unicode Transformation Format)是一种针对 Unicode 的可变长度字符编码,也是一种前缀码。它可以用来表示 Unicode 标准中的任何字符,且其编码中的第一个字节仍与 ASCII 兼容,这使得原来处理 ASCII 字符的软件无需或只需做少部分修改即可继续使用。因此,它逐渐成为电子邮件、网页及其他存储或发送文字的应用中优先采用的编码。

所以,我们在以后 Python 的程序开发中,都要使用 UTF-8 编码。

除了 UTF-8 之外,或许还会遇到 gbk 和 gb2312,特别是用 Windows 的朋友。

看完了一些关于编码的基本知识,再来看 Python 中的编码问题。

1.6.3 Python 字符编码

前面学习过字符串,在 Python3 中所有的字符串都是 Unicode 字符串。

可以用下面的方式来查看当前环境的编码格式。

```
>>> import sys
>>> sys.getdefaultencoding()
'utf-8'
```

还记得能够实现字符和编码数字转换的函数吗?

```
>>> ord("Q")
81
>>> chr(81)
'Q'
```

对于汉字:

```
>>> ord("齐")
40784
>>> chr(40784)
'齐'
```

因为 Python3 支持的是 Unicode，所以每个汉字都对应一个编码数字。如果在 Python 2 中，汉字就无法通过 ord()得到其编码数字了。

在 Python 3 中，字符串有一个 encode 方法，查看帮助信息如下：

```
>>> help(str.encode)
Help on method_descriptor:

encode(...)
    S.encode(encoding='utf-8', errors='strict') -> bytes

    Encode S using the codec registered for encoding. Default encoding is 'utf-8'. errors
    may be given to set a different error handling scheme. Default is 'strict' meaning that
    encoding errors raise a UnicodeEncodeError. Other possible values are 'ignore', 'replace'
    and 'xmlcharrefreplace' as well as any other name registered with codecs.register_error
    that can handle UnicodeEncodeErrors.
```

使用 encode()能够将 Unicode 编码的字符串转化为其他编码，默认是 UTF-8。在这里特别向读者推荐一个项目，是专门解决多语言编码问题的：https://github.com/coodoing/py-unicode。这个项目来自 github.com 网站，它是一个挖掘不完的宝藏。

关于编码问题，就讲到这里吧。在编程实践中，如果遇到问题，可以用 Google 去搜索。

在以后的编程中，我们通常要声明 coding:utf-8。

关于字符串差不多要告一段落了，但是，Python 的对象类型还要继续。接下来"苦力"即将登场。

1.7 列表

我们已经知道了数字和字符串，用 type()可以得到具体某个对象的类型。数字和字符串是两种很基本的对象，由它们可以组成其他的对象。

从现在开始学习一种新的对象——列表（list）。**列表在 Python 中具有非常强大的功能——**这不是妄言。

1.7.1 定义

在 Python 中，用方括号表示一个列表——[ ]。

在方括号里面，可以是数字（整数、浮点数），也可以是字符串，还可以是 True/False 这种布尔值（不用计较这个名词），或其他类型的对象，甚至是多种不同类型的对象。

先来定义一个空列表：

```
>>> a = []          #定义了一个空列表，并把它赋值给变量a
>>> type(a)
```

```
<class 'list'>          #type()查看变量a所指向对象的类型
>>> bool(a)
False
>>> print(a)
[]
```

bool()是一个布尔函数，它的作用是用来判断一个对象是"真"还是"空"（假）。如果像以上例子那样，列表中什么也没有，就是空的，用bool()函数来判断，返回False。

再来看一个非空列表：

```
>>> a = ['2', 3, 'qiwsir.github.io']
>>> a
['2', 3, 'qiwsir.github.io']
>>> type(a)
<class 'list'>
>>> bool(a)
True
>>> print(a)
['2', 3, 'qiwsir.github.io']
```

用上述方法，定义一个列表类型的对象。

从刚才的例子中，读者是否注意到，列表里面的元素可以是不同类型的对象，不仅如此，它的元素个数还可以无限大，也就是说里面所能容纳的元素数量无限，当然这是在硬件设备理想的情况下。

如果以后或者已经了解了其他语言，比如比较常见的Java，就会发现其里面有一个跟Python列表相似的数据类型——数组，但是两者还是有区别的。在Java中，数组的元素必须是同一种数据类型，要么都是整数类型，要么都是字符类型等，不能一个数组中既有整数类型又有字符类型。这是因为Java中的数组需要提前声明，声明的时候就确定了里面元素的类型。但是Python中的列表，尽管跟Java中的数组有类似的地方，但列表中的元素是任意类型的。所以，有一句话说：列表是Python中的"苦力"，什么都可以干。

列表是个筐，什么都能往里装，甚至还能装另外一个列表（承接前面的操作）：

```
>>> b = ["hello", a]
>>> b
['hello', ['2', 3, 'qiwsir.github.io']]
```

1.7.2 索引和切片

还记得在字符串中的"索引"和"切片"吗？先来简单复习一下。

```
>>> url = "qiwsir.github.io"
>>> url[2]
'w'
>>> url[:4]
'qiws'
>>> url[3:9]
'sir.gi'
```

列表和字符串一样，都是序列，它里面的元素也是有顺序的。所以，也有索引和切片。

看例子就明白了：
```
>>> a = ['2', 3, 'qiwsir.github.io']
>>> a[0]
'2'
```
列表的索引也是从 0 开始的。
```
>>> a[1]
3
>>> [2]
[2]
>>> a[:2]
['2', 3]
>>> a[1:]
[3, 'qiwsir.github.io']
>>> a[1:2]
[3]
>>> a[2][7:13]      #可以对列表元素做 2 次切片
'github'
```
列表中的索引和切片，与字符串是一致的，读者可以将对字符串中的相关理解搬过来。
```
>>> lang = "python"
>>> lang.index("y")
1
>>> lst = ['python','java','c++']
>>> lst.index('java')
1
```
注意，笔者在这里命名的变量名称是 lst，不是 list。读者在进行变量命名的时候要小心了，要避讳，例如不要跟 Python 中的类型名称一样。

我们已经知道，在 Python 中所有的索引都是从左边开始编号的，第一个是 0，然后依次增加 1。此外，还有一种编号方式，就是从右边开始，右边第一个可以编号为负号，然后向左依次是：–2、–3……依次类推下来。这对字符串、列表等各种序列类型都适用。
```
>>> lang = 'python'
>>> lang[-1]
'n'
>>> lst = ['python', 'java', 'c++']
>>> lst[-1]
'c++'
```
从右边开始编号，第–1 号是右边第一个。但是，如果要切片的话，应该注意了。
```
>>> lang[-1:-3]
''
>>> lang[-3:-1]
'ho'
>>> lst[-3:-1]
['python', 'java']
```
序列的切片，lang[-1:-3]实质是 lang[(6-1):(6-3)]=lang[5:3]，序列都是从左向右读取，此处却是要从右向左读，所以它返回的是空值。

```
>>> alst = [1, 2, 3, 4, 5, 6]
>>> alst[:]
[1, 2, 3, 4, 5, 6]
>>> alst[::2]
[1, 3, 5]
>>> alst[::1]
[1, 2, 3, 4, 5, 6]
```

对于序列切片，完整的写法是 seq[start:end:step]，start 是开始的索引，如果空，就是从第一个元素开始；end 是结束的索引，如果空，就是到末尾；step 是步长，如果空，就是 step=1。

按照这个规则理解一下上述操作。

1.7.3 反转

这所以将这个功能作为一个独立的项目提出来，是因为在编程中常常会用到。所谓反转，就是将[1, 2, 3]变成[3, 2, 1]。还是通过举例来演示反转的方法：

```
>>> alst = [1, 2, 3, 4, 5, 6]
>>> alst[ : : -1]    #反转
[6, 5, 4, 3, 2, 1]
>>> alst
[1, 2, 3, 4, 5, 6]
```

对于字符串也可以：

```
>>> lang = 'python'
>>> lang[::-1]
'nohtyp'
>>> lang
'python'
```

大家是否注意到，不管是字符串还是列表，反转之后，都没有影响原来的对象。

alst[: : -1]的本质是从右边（负号，表示反方向）看这个列表，然后按照步长为 1 取列表中的元素，并生成新的列表。如果将−1 换成 1，就是从左边看这个列表，结果就是前面的操作，得到一个同样的列表。延伸一下，还可以：

```
>>> alst[ : : -2]
[6, 4, 2]
```

我们在这里进行的反转，不是在"原地"把原来的值倒过来，而是新生成了一个值，那个值跟原来的值相比，是倒过来了。

这是一种非常简单的方法，虽然笔者在写程序的时候常常使用，但并不是十分推荐，因为有时候这种方法让人感觉迷茫。Python 还有另外一种方法可以让列表反转，是比较容易理解和阅读的，特别推荐之：

```
>>> list(reversed(alst))
[6, 5, 4, 3, 2, 1]
```

顺便给出 reversed()函数的详细说明：

```
>>> help(reversed)
Help on class reversed in module __builtin__:
```

```
class reversed(object)
 |  reversed(sequence) -> reverse iterator over values of the sequence
 |
 |  Return a reverse iterator
```

它 Return a reverse iterator，返回一个可以迭代的对象（关于迭代的问题，后续会详述），不过已经将原来的序列对象反转了。为了将内容显示出来，又使用了 list() 函数，将迭代对象转化为列表显示。对字符串也可以使用，比如：

```
>>> list(reversed("abcd"))
['d', 'c', 'b', 'a']
```

1.7.4 操作列表

刚刚提到过，列表是序列。所有的序列，都有几种基本操作（在讲字符串时总结的几种操作），列表也是如此。另外，列表跟字符串也有不同，因此其也有自己独特的方法。

1. 基本操作

因为列表的基本操作和字符串一样，所以这里以复习的方式一带而过。

1）len()

在交互模式中操作：

```
>>> lst = ['python', 'java', 'c++']
>>> len(lst)
3
```

2）"+" 连接两个序列

承接前面的操作：

```
>>> lst=['python', 'java', 'c++']
>>> alst=[1, 2, 3, 4, 5, 6]
>>> lst + alst
['python', 'java', 'c++', 1, 2, 3, 4, 5, 6]
```

3）"*" 重复序列元素

在交互模式中操作：

```
>>> lst=['python', 'java', 'c++']
>>> lst * 3
['python', 'java', 'c++', 'python', 'java', 'c++', 'python', 'java', 'c++']
```

4）in

还是前面的列表：

```
>>> "python" in lst
True
>>> "c#" in lst
False
```

5）max()和 min()

按照元素的字典顺序进行比较：

```
>>> alst=[1, 2, 3, 4, 5, 6]
>>> max(alst)
6
>>> min(alst)
1
>>> max(lst)
'python'
>>> min(lst)
'c++'
```

2. 修改列表元素

列表跟字符串相比，有一个很大的不同，就是列表可以修改，而字符串不能修改。

```
>>> cities = ["nanjing", "zhenjiang"]
>>> cities[1] = "suzhou"
>>> cities
['nanjing', 'suzhou']
```

列表 cities 中有两个元素，利用 cities[1] = "suzhou"将第二个元素的值修改了。这种方式不能使用在字符串中。

```
>>> city = "suzhou"
>>> city[0] = "h"
Traceback (most recent call last):
  File "<stdin>", line 1, in <module>
TypeError: 'str' object does not support item assignment
```

除了可以修改列表中的已有元素之外，还可以给列表继续增加元素。

cities 列表中有两个元素，索引是 0、1，那么再增加一个，用 cities[2]行吗？

```
>>> cities
['nanjing', 'suzhou']
>>> cities[2] = "shanghai"
Traceback (most recent call last):
  File "<stdin>", line 1, in <module>
IndexError: list assignment index out of range
```

看来不行。报错信息中告诉我们，如果用 cities[2]，则索引数值超过了列表的范围。所以不能这样增加元素。可以使用列表的一个方法 append()向列表中追加元素。顾名思义，追加就是向一个已有的列表中增加元素。

```
>>> cities.append("shanghai")
>>> cities
['nanjing', 'suzhou', 'shanghai']
```

此时顺利向列表中追加了元素，这都是 append()的功劳，所以要了解它。

```
>>> help(list.append)
Help on method_descriptor:

append(...)
```

```
L.append(object) -> None -- append object to end
```

在 Python 网站的文档说明中，有一段描述说 append()方法 equivalent to a[len(a):] = [x]，意思是 list.append(x)等效于 a[len(a):]=[x]。也就是说，我们还可以使用 a[len(a):]=[x]的方法追加元素。

```
>>> cities=['nanjing', 'suzhou', 'shanghai']
>>> cities[len(cities):] = ["wuxi"]
>>> cities
['nanjing', 'suzhou', 'shanghai', 'wuxi']
```

这种方法貌似不容易理解，读者可以研究一下，权当练习脑细胞。不过，在实际编程中是不用这种方法的，只需要 append()就足够了，而且也很明确。

到这里，才仅仅是列表这座冰山的一角，既然它是"苦力"，那么可以干的活还有很多。

1.7.5 常用的列表函数

列表是 Python 的"苦力"，那么它或者对它能做什么呢？当然是老调重弹，使用我们很熟悉的 dir()。

```
>>> dir(list)
['__add__', '__class__', '__contains__', '__delattr__', '__delitem__', '__dir__',
'__doc__', '__eq__', '__format__', '__ge__', '__getattribute__', '__getitem__', '__gt__',
'__hash__', '__iadd__', '__imul__', '__init__', '__iter__', '__le__', '__len__',
'__lt__', '__mul__', '__ne__', '__new__', '__reduce__', '__reduce_ex__', '__repr__',
'__reversed__', '__rmul__', '__setattr__', '__setitem__', '__sizeof__', '__str__',
'__subclasshook__', 'append', 'clear', 'copy', 'count', 'extend', 'index', 'insert',
'pop', 'remove', 'reverse', 'sort']
```

在上面的结果中，以双下画线开始和结尾的暂时不管，如__add__（以后会管的），那么就剩下以下几个了：

'append', 'count', 'extend', 'index', 'insert', 'pop', 'remove', 'reverse', 'sort'

这几个都是在编程实践中常常要用到的。

1. append 和 extend

前面已经说明了向列表中追加元素的方法 list.append(x)，它的执行结果是将某个元素 x 加入到已知的一个列表的最右边。

除了将元素追加到列表中外，还能够将两个列表合并，那就是 extend()方法。首先看文档中对这个方法的描述：

```
extend(...)
    L.extend(iterable) -> None -- extend list by appending elements from the iterable
```

翻译成为汉语为：从可迭代对象那里获取元素，将它们追加到已知列表中，达到扩充列表的目的。

直接看例子更明白：

```
>>> la = [1, 2, 3]
>>> lb = ['qiwsir', 'python']
>>> la.extend(lb)
>>> la
```

```
[1, 2, 3, 'qiwsir', 'python']
>>> lb
['qiwsir', 'python']
```

变量 la 指向一个列表对象；变量 lb 也指向一个列表对象。为了简单，就说成 la 和 lb 两个列表。

L.extend()的效果是将 lb 中的所有元素加入到 la 中，即让 la 扩容。

学程序一定要有好奇心，笔者在交互环境中经常实验自己的想法，有时候甚至是比较愚蠢的想法。

```
>>> la = [1,2,3]
>>> b = "abc"
>>> la.extend(b)
>>> la
[1, 2, 3, 'a', 'b', 'c']
>>> c = 5
>>> la.extend(c)
Traceback (most recent call last):
  File "<stdin>", line 1, in <module>
TypeError: 'int' object is not iterable
```

仔细观察，能看出什么吗？原来，操作 extend(str)的时候，字符串被以字符为单位拆开（变成了列表），然后追加到 la 里面。

如果 extend()的参数是数值型，则报错。

在前述文档中，我们看到 extend()的参数必须是 iterable 类型对象，而整数类型的对象不是 iterable 的。

什么是 iterable？前面就已经遇到了，后面还会经常遇到，所以要搞清楚。

iterable，中文含义是"可迭代的"。在 Python 中，还有一个词，就是 iterator，这个叫作"迭代器"。这两者有着区别和联系。不过，这里暂且不说那么多，说多了容易糊涂。

为了解释 iterable（可迭代的），又引入了一个词"迭代"，什么是迭代呢？

尽管 Python 很多文档是用英文写的，但是，如果你能充分利用汉语来理解某些名词，将是非常有帮助的。因为在汉语中，不仅仅表音，而且能从词语组合中体会到该术语的含义。比如"激光"，这是汉语。英语是从"light amplification by stimulated emission of radiation"简化出来的"laser"，它是一个造出来的词。因为此前人们不知道那种条件下发出来的是什么。但是汉语不然，用一个"光"就可以概括了，只不过这个"光"不是传统概念中的"光"，而是由于"受激"辐射得到的光，故名"激光"。

"迭"在汉语中的意思是"屡次，反复"，如高潮迭起。那么跟"代"组合，就可以理解为"反复'代'"，是不是有点"子子孙孙"的意思了？"结婚—生子—子成长—结婚—生子—子成长……"你是不是也在这个"迭代"的过程中呢？

给一个稍微严格的定义，来自《维基百科》："迭代是重复反馈过程的活动，其目的通常是为了接近并到达所需的目标或结果。"

某些类型的对象是"可迭代"（iterable）的，如何判断一个对象是不是可迭代的？下面演示一种方法（事实上还有其他方式）：

```
>>> astr = "python"
>>> hasattr(astr, '__iter__')
True
```

这里用内建函数 hasattr() 判断一个字符串是否是可迭代的，返回了 True。用同样的方式可以判断：

```
>>> alst = [1, 2]
>>> hasattr(alst, '__iter__')
True
>>> hasattr(3, '__iter__')
False
```

hasattr() 的判断本质就是看类型中是否有 __iter__() 这个特殊方法。读者可以用 dir() 找一找，在数字、字符串、列表中，谁有 __iter__()。同样，还可找一找 dict（字典）和 tuple（元组）这两种类型对象是否含有这个方法（这是后面要学习的两种对象）。

以上穿插了一个新的概念 "iterable"（可迭代的），现在回到 extend() 上。这个函数需要的参数就是 iterable 类型的对象。

对于 extend()，也有类似 append() 那样的一种利用切片扩展的等效方法：

```
>>> la = [1, 2, 3, 'a', 'b', 'c']
>>> lb = ['qiwsir', 'python']
>>> la[len(la):]=lb
>>> la
[1, 2, 3, 'a', 'b', 'c', 'qiwsir', 'python']
```

list.extend(L) 等效于 list[len(list):] = L，L 是待并入的列表。

可以联想和对比 list.append()。

读者不妨再认真看一看 append() 和 extend() 的文档，发现都有对其返回值的说明，即 "L.append(object) -> None" 和 "L.extend(iterable) -> None"，其意是两个方法在被执行之后，返回值是 None，或者说没有返回值。

```
>>> new = [1, 2, 3]
>>> lst = ['python', 'qiwsir']
>>> lst.extend(new)
```

在执行了 "lst.extend(new)" 后没有显示任何结果，即没有返回值。虽然如此，但 lst 所引用的列表的内容的确变化了，而 new 引用的列表则没有变化。

```
>>> lst
['python', 'qiwsir', 1, 2, 3]
>>> new
[1, 2, 3]
```

对于这类没有返回值的方法，就不要使用赋值语句了。

```
>>> new = [1, 2, 3]
>>> lst = ["python", "qiwsir"]
>>> r = lst.extend(new)
>>> r
```

```
>>> print(r)
None
```

假如使用了赋值语句，返回结果是 None，也没有什么用途。

再来关注列表 lst 的变化。lst 经过 extend 函数操作之后，变成了一个貌似"新"的列表。这句话有点别扭，之所以这么说，是因为对"新"的意思可能有不同的理解。不妨深挖一下。

```
>>> new = [1, 2, 3]
>>> id(new)
140122988809096
>>> lst = ["python", "qiwsir"]
>>> id(lst)
140123035856392
```

用 id() 能够看到两个列表分别在内存中的编号。

```
>>> lst.extend(new)
>>> lst
['python', 'qiwsir', 1, 2, 3]
>>> id(lst)
140123035856392
```

虽然 lst 经过 extend() 方法之后，比原来扩容了，但是并没有离开原来的"窝"，也就是在内存中，还是"旧"的，只不过里面的内容增多了。

这就是列表的一个重要特征：列表是可以修改的。这种修改，不是复制一个新的，而是在原地进行修改。执行原地修改的方法没有返回值。

其实，append() 对列表实施的也是原地修改。读者不妨自己按照前面的方式检验一番。

这里讲述的两个让列表扩容的方法 append() 和 extend()，它们的共同点是"都能原地修改列表"。

对于"原地修改"还应该增加一个理解——没有返回值。

append() 和 extend() 有什么区别呢？看下面的例子：

```
>>> lst = [1,2,3]
>>> lst.append(["qiwsir","github"])
>>> lst
[1, 2, 3, ['qiwsir', 'github']]      #append 的结果
>>> len(lst)
4

>>> lst2 = [1,2,3]
>>> lst2.extend(["qiwsir","github"])
>>> lst2
[1, 2, 3, 'qiwsir', 'github']        #extend 的结果
>>> len(lst2)
5
```

可以总结一个简单原则：append() 是整建制地追加，extend() 是个体化扩编。

2. count

count()是一个帮我们弄清楚列表中的元素重复出现的次数的方法。Python 官方网站上的文档是这么说的:

```
list.count(x)
Return the number of times x appears in the list.
```

而如果在交互模式中使用 help()查看文档,则是:

```
>>> help(list.count)
Help on method_descriptor:
count(...)
    L.count(value) -> integer -- return number of occurrences of value
```

比较一下,其实没有什么差别,虽然具体表述不完全相同,但说的是同一个意思。所以,不管是看 Python 网站上的文档,还是使用 help()查看方法说明,都是一样的。

一定要不断实验,才能理解文档中精炼的表达。

```
>>> la = [1,2,1,1,3]
>>> la.count(1)
3
>>> la.append('a')
>>> la.append('a')
>>> la
[1, 2, 1, 1, 3, 'a', 'a']
>>> la.count('a')
2
>>> la.count(2)
1
>>> la.count(5)     #la 中没有 5,但是如果用这种方法找不报错,则返回的是数字 0
0
```

3. index

这是一个已经提到过的方法,这里权当复习吧。

```
>>> la = [1, 2, 3, 'a', 'b', 'c', 'qiwsir', 'python']
>>> la.index(3)
2
>>> la.index('qi')       #如果不存在,就报错
Traceback (most recent call last):
  File "<stdin>", line 1, in <module>
ValueError: 'qi' is not in list
>>> la.index('qiwsir')
6
```

x 是列表中的一个元素,list.index(x)能够检索到该元素在列表中第一次出现的位置。这才是真正的索引。

这里依然是上一条官方网站上的解释:

```
list.index(x)
Return the index in the list of the first item whose value is x. It is an error if there is no such item.
```

是不是说得非常清楚了?

4．insert

append()或者 extend()都是向列表中追加元素，"追加"时且只能将新元素添加在 list 的最后。如：

```
>>> all_users = ["qiwsir","github"]
>>> all_users.append("io")
>>> all_users
['qiwsir', 'github', 'io']
```

与 list.append(x)类似，list.insert(i,x)也是对 list 元素进行追加。只不过区别在于，其可以在任何位置增加一个元素。

Python 官方网站的说明文档如下：

```
list.insert(i, x)
Insert an item at a given position. The first argument is the index of the element before
which to insert, so a.insert(0, x) inserts at the front of the list, and a.insert(len(a),
x) is equivalent to a.append(x).
```

根据上述说明，我们做下面的实验：

```
>>> all_users = ['qiwsir', 'github', 'io']
>>> all_users.insert("python")
Traceback (most recent call last):
  File "<stdin>", line 1, in <module>
TypeError: insert() takes exactly 2 arguments (1 given)
```

请注意看报错的提示信息，insert()应该供给两个参数，但是这里只给了一个，所以会报错。如果认真看文档，就能最大限度地避免上面的错误了。

```
>>> all_users.insert(0, "python")
>>> all_users
['python', 'qiwsir', 'github', 'io']

>>> all_users.insert(1, "http://")
>>> all_users
['python', 'http://', 'qiwsir', 'github', 'io']
```

list.insert(i, x)中的 i 是将元素 x 插入到列表中的位置，即将 x 插入到索引是 i 的元素前面。注意，索引是从 0 开始的。

有一种操作挺有意思的，如下：

```
>>> length = len(all_users)
>>> length
5
>>> all_users.insert(length, "algorithm")
>>> all_users
['python', 'http://', 'qiwsir', 'github', 'io', 'algorithm']
```

在 all_users 中，最大索引值是 4。如果要 all_users.insert(5, "algorithm")，则表示将"algorithm"插入到索引值是 5 的前面，但是没有。换个说法，5 前面就是 4 的后面。所以，就是追加了。

其实，还可以这样：
```
>>> a = [1, 2, 3]
>>> a.insert(9, 777)
>>> a
[1, 2, 3, 777]
```

也就是说，如果遇到的 i 已经超过了最大索引值，则会自动将所要插入的元素放到列表的尾部，即追加。

最后，还要关注，insert()也是对列表原地修改，没有返回值，或者说返回值是 None。

5. remove 和 pop

列表中的元素，不仅能增加，还能被删除。删除列表元素的方法有两个，一个是 remove()，另外一个是 pop()。

```
list.remove(x)
Remove the first item from the list whose value is x. It is an error if there is no such item.
list.pop([i])
Remove the item at the given position in the list, and return it. If no index is specified, a.pop() removes and returns the last item in the list. (The square brackets around the i in the method signature denote that the parameter is optional, not that you should type square brackets at that position. You will see this notation frequently in the Python Library Reference.)
```

读者如果一直跟着我的节奏在学习，那么应该体会到我们这里所用的一种学习方法了——先看文档，再实验，最后总结。

认真阅读上面来自官网的说明文档。list.remove(x)是一个能够删除列表元素的方法，同时上面说明告诉我们，如果 x 没有在 list 中，则会报错。

然后进行实验：
```
>>> all_users = ['python', 'http://', 'qiwsir', 'github', 'io', 'algorithm']
>>> all_users.remove("http://")
>>> all_users                    #的确是把"http://"删除了
['python', 'qiwsir', 'github', 'io', 'algorithm']
```

在 all_users 所指向的列表中删除一个元素，一切都符合文档说明的要求，所以很顺利地完成了。

```
>>> all_users.remove("tianchao")      #原 list 中没有 "tianchao"，如果要删除，就会报错
Traceback (most recent call last):
  File "<stdin>", line 1, in <module>
ValueError: list.remove(x): x not in list
```

如果列表中没有想要删除的那个元素，那么肯定会报错，而且报错信息非常明确地指出 x not in list。这在文档中已经陈述过了。

```
>>> lst = ["python","java","python","c"]
>>> lst.remove("python")
>>> lst
['java', 'python', 'c']
```

仔细观察，这是重复提醒了。变量的名字是 lst，而不是 list。最好不要用 list 作为变量名字，因为它是 Python 中内置的对象类型的名字，用它做变量名字很可能会引起后续的麻烦。

再仔细观察，在这个列表中有两个"python"字符串（同时也要注意，列表中的元素是允许重复的），当删除后，发现结果只删除了第一个"python"字符串，而第二个还在。请仔细看前面的文档说明。

所以，对 remove()总结两点：

- 如果正确删除，则删除第一个符合条件的对象，不会有任何反馈，它是对列表进行原地修改。
- 如果所删除的内容不在列表中，就会报错。注意阅读报错信息：x not in list。

对于删除，能不能更友好一些？在删除之前，先判断一下这个元素是不是在列表中，如果在，就删除，否则不进行删除操作。

这的确是一个很不错的想法，而 Python 也支持我们这么做：

```
>>> all_users = ['python', 'qiwsir', 'github', 'io', 'algorithm']
>>> "python" in all_users        #用 in 来判断一个元素是否在 list 中
True
>>> if "python" in all_users:
...     all_users.remove("python")
...     print(all_users)
... else:
...     print("'python' is not in all_users")
...
['qiwsir', 'github', 'io', 'algorithm']    #删除了"python"元素

>>> if "python" in all_users:
...     all_users.remove("python")
...     print(all_users)
... else:
...     print("'python' is not in all_users")
...
'python' is not in all_users        #因为已经删除了，所以就没有了
```

上述代码就是两段小程序，笔者是在交互模式中运行的，相当于小实验。这里其实用了一个后面才会讲到的知识点：if ... else 语句。不过，即使还没有学习，读者也一定能看懂，因为它非常接近自然语言——这也正是 Python 语言的特点之一。

接着看另外一个能够删除列表元素的方法——list.pop([i])，还是看文档，做实验。

```
>>> all_users = ['qiwsir', 'github', 'io', 'algorithm']
>>> all_users.pop()
'algorithm'
>>> all_users
['qiwsir', 'github', 'io']
```

list.pop([i])，圆括号里面是[i]，表示这个参数是可选的。如果不写，也就是圆括号为空，默认删除最后一个，并且将删除的元素作为结果返回。提醒读者注意，它有返回值。

如果参数不为空，可以删除指定索引的元素，并将该元素作为返回值。

```
>>> all_users.pop(1)          #指定删除编号为 1 的元素"github"
'github'

>>> all_users
['qiwsir', 'io']
>>> all_users.pop()
'io'

>>> all_users                 #只有一个元素了，该元素编号是 0
['qiwsir']
>>> all_users.pop(1)          #非要删除编号为 1 的元素，则结果报错。注意看报错信息
Traceback (most recent call last):
  File "<stdin>", line 1, in <module>
IndexError: pop index out of range      #删除索引超出范围
```

简单总结一下：

- list.remove(x)中的参数是列表中的元素，即删除某个元素，且对列表原地修改，无返回值。
- list.pop([i])中的 i 是列表中元素的索引值，可选。为空则删除列表最后一个，否则删除索引为 i 的元素，并且将删除元素作为返回值。

给读者留下一个思考题，能不能事先判断一下要删除的元素的索引是不是在列表的长度范围（用 len(list)获取长度）以内，然后再进行删除或者不删除操作？

6. reverse

reverse()比较简单，就是把列表的元素顺序反过来。

```
>>> a = [3,5,1,6]
>>> a.reverse()
>>> a
[6, 1, 5, 3]
```

注意，是原地反过来，而不是另外生成一个新的列表。所以，它没有返回值。

跟此方法类似的还有一个内建函数 reversed()，两者效果相当，但是有区别。

```
>>> a = [1, 2, 3, 4, 5]
>>> b = reversed(a)
>>> b
<list_reverseiterator object at 0x7f70edd31eb8>
>>> list(b)
[5, 4, 3, 2, 1]
>>> a
[1, 2, 3, 4, 5]
>>> a.reverse()
>>> a
[5, 4, 3, 2, 1]
```

因为 list.reverse()不返回值，所以不能实现对列表的反向迭代，如果要这么做，则可以使用 reversed()函数。

7. sort

sort()是对列表进行排序的方法。输入 help(list.sort)调用帮助文档，可以得到如下内容。

```
>>> help(list.sort)
Help on method_descriptor:

sort(...)
    L.sort(key=None, reverse=False) -> None -- stable sort *IN PLACE*
```

看文档，收获多。

```
>>> a = [6, 1, 5, 3]
>>> a.sort()
>>> a
[1, 3, 5, 6]
```

list.sort()也是让列表进行原地修改，没有返回值。在默认情况下，如上面的操作，实现的是从小到大的排序。

```
>>> a.sort(reverse=True)
>>> a
[6, 5, 3, 1]
```

这样做，就实现了从大到小的排序。

在前面的文档说明中，还有一个参数 key，怎么用呢？不知道读者是否用过电子表格，其能够设置按照某个关键字进行排序。这里也是如此。

```
>>> lst = ["python","java","c","pascal","basic"]
>>> lst.sort(key=len)
>>> lst
['c', 'java', 'basic', 'python', 'pascal']
```

这是以字符串的长度为关键词进行排序。

对于排序，也有一个更为常用的内建函数 sorted()，大家可以去探究一下其用法，并弄清楚 sorted()和 L.sort()的区别。

顺便指出，排序是一个非常有研究价值的话题，有兴趣的读者可以去网上搜索一下排序的相关知识。

补充说明一个问题，前文一再提醒，不要使变量名字与 Python 中的类型名相同，要避讳。所避的"讳"就是 Python 中的"保留字"。

什么是保留字？在 Python 中（其他语言中也是如此），某些词语或者拼写是不能被用户拿来做变量、函数、类等命名的，因为它们已经被语言本身先占用了。这些就是所谓的保留字。

用下面的方式查看 Python 中的保留字：

```
>>> import keyword
>>> keyword.kwlist
['False', 'None', 'True', 'and', 'as', 'assert', 'break', 'class', 'continue', 'def', 'del', 'elif', 'else', 'except', 'finally', 'for', 'from', 'global', 'if', 'import', 'in', 'is', 'lambda', 'nonlocal', 'not', 'or', 'pass', 'raise', 'return', 'try', 'while', 'with', 'yield']
>>> len(keyword.kwlist)
33
```

1.7.6 比较列表和字符串

列表和字符串这两种类型的对象有不少相似的地方，但也有很大的区别。这里对它们做一个简单比较，同时也是对前面有关两者的知识的复习，所谓"温故而知新"。

1. 相同点

两者都属于序列类型。不管是组成列表的元素，还是组成字符串的字符，都可以从左向右，依次用 0,1,2,...（从右向左就是-1,-2,-3,...）这样的方式建立索引。而要得到一个或多个元素，可以使用切片。

关于序列的基本操作，对两者都适用。例如：

```
>>> welcome_str = "Welcome you"
>>> welcome_str[0]
'W'
>>> welcome_str[len(welcome_str)-1]
'u'
>>> welcome_str[:4]
'Welc'

>>> a = "python"
>>> a * 3
'pythonpythonpython'

>>> git_list = ["qiwsir","github","io"]
>>> git_list[0]
'qiwsir'
>>> git_list[len(git_list)-1]
'io'
>>> git_list[0:2]
['qiwsir', 'github']

>>> b = ['qiwsir']
>>> b * 7
['qiwsir', 'qiwsir', 'qiwsir', 'qiwsir', 'qiwsir', 'qiwsir', 'qiwsir']
```

对于此类数据，下面一些操作是类似的：

```
>>> first = "hello,world"
>>> welcome_str
'Welcome you'
>>> first+","+welcome_str    #用+号连接str
'hello,world,Welcome you'
>>> welcome_str              #原来的str没有受到影响
'Welcome you'
>>> first
'hello,world'

>>> language = ['python']
>>> git_list
```

```
['qiwsir', 'github', 'io']
>>> language + git_list              #用+号连接list，得到一个新的list
['python', 'qiwsir', 'github', 'io']
>>> git_list
['qiwsir', 'github', 'io']
>>> language
['python']

>>> len(welcome_str)     #得到字符数
11
>>> len(git_list)        #得到元素数
3
```

2. 区别

列表和字符串的最大区别是：列表是可以改变的，而字符串不可变。怎么理解呢？

首先看对列表的这些操作，其根源在于列表可以进行修改，即列表是可变的：

```
>>> git_list = ['qiwsir', 'github', 'io']
>>> git_list.append("python")
>>> git_list
['qiwsir', 'github', 'io', 'python']

>>> git_list[1]
'github'
>>> git_list[1] = 'github.com'
>>> git_list
['qiwsir', 'github.com', 'io', 'python']

>>> git_list.insert(1, "algorithm")
>>> git_list
['qiwsir', 'algorithm', 'github.com', 'io', 'python']

>>> git_list.pop()
'python'

>>> del git_list[1]
>>> git_list
['qiwsir', 'github.com', 'io']
```

以上这些操作，如果用在字符串上，则都会报错。比如：

```
>>> welcome_str
'Welcome you'

>>> welcome_str[1]='E'
Traceback (most recent call last):
File "<stdin>", line 1, in <module>
TypeError: 'str' object does not support item assignment

>>> del welcome_str[1]
Traceback (most recent call last):
File "<stdin>", line 1, in <module>
```

```
TypeError: 'str' object doesn't support item deletion

>>> welcome_str.append("E")
Traceback (most recent call last):
File "<stdin>", line 1, in <module>
AttributeError: 'str' object has no attribute 'append'
```

如果要修改一个字符串，不得不这样操作：

```
>>> welcome_str = 'Welcome you'
>>> welcome_str[0]+"E"+welcome_str[2:]   #新生成一个 str
'WElcome you'
>>> welcome_str                          #对原来的没有任何影响
'Welcome you'
```

其实，在这种做法中，相当于重新生成了一个字符串。

3．多维列表

这也应该算是两者的区别，虽然有点牵强。

在字符串里面的每个元素只能是字符；在列表中，元素可以是任何类型的数据。前面见到的大多是数字或者字符，其实还可以这样：

```
>>> matrix = [[1, 2, 3], [4, 5, 6], [7, 8, 9]]
```

这个列表的元素是另外三个列表，这样的列表称之为多维列表。如果读者学习过行列式，这里就会比较容易理解。

```
>>> matrix[0][1]
2
```

当然，列表也可以是这样的：

```
>>> mult = [[1,2,3],['a','b','c'],'d','e']
>>> mult
[[1, 2, 3], ['a', 'b', 'c'], 'd', 'e']
>>> mult[1][1]
'b'
>>> mult[2]
'd'
```

在多维的情况下，里面的列表被当成一个元素来对待。

1.7.7 列表和字符串转化

在符合某些条件的情况下，可以实现列表和字符串之间的转化。这里会使用到 split()和 join()，相信大家对这两个方法已经不陌生了，在前面字符串部分已经见过。

1．str.split()

split()能够根据某个分隔符将字符串转换为列表。前文已经呈现过它的文档信息，请读者自行在交互模式下再次阅读该文档。

```
>>> line = "Hello.I am qiwsir.Welcome you."
```

```
>>> line.split(".")      #以英文的句点为分隔符,得到 list
['Hello', 'I am qiwsir', 'Welcome you', '']

>>> line.split(".", 1)
['Hello', 'I am qiwsir.Welcome you.']
#If maxsplit is given, at most maxsplit splits are done.这是文档中的说明

>>> name = "Albert Ainstain"     #也有可能用空格来作为分隔符
>>> name.split(" ")
['Albert', 'Ainstain']
```

下面的例子会让你更惊奇:

```
>>> s = "I am, writing\npython\tbook on line"
#这个字符串中有空格、逗号、换行\n、tab 缩进\t 符号
>>> print(s)
I am, writing
python   book on line
>>> s.split()         #用 split(),但是括号中不输入任何参数
['I', 'am,', 'writing', 'python', 'book', 'on', 'line']
```

如果 split()不输入任何参数,那么就是帮助文档中所说的 "If sep is not specified or is None, any whitespace string is a separator and empty strings are removed from the result."

2. "[sep]".join(list)

Join()可以说是 split()的逆运算,承接前面的操作:

```
>>> name
['Albert', 'Ainstain']
>>> "".join(name)        #将 list 中的元素连接起来,但是没有连接符,表示一个一个紧邻着
'AlbertAinstain'
>>> ".".join(name)       #以英文的句点作为连接分隔符
'Albert.Ainstain'
>>> " ".join(name)       #以空格作为连接分隔符
'Albert Ainstain'
```

回到上面那个惊奇的例子中,可以这么使用 join:

```
>>> s = "I am, writing\npython\tbook on line"
>>> print(s)
I am, writing
python   book on line
>>> s.split()
['I', 'am,', 'writing', 'python', 'book', 'on', 'line']
>>> " ".join(s.split())        #重新连接,不过有一点遗憾,am 后面的逗号还是有的,怎么去掉
'I am, writing python book on line'
```

对于 join()函数,其格式是"sep".join(list),需不是 list.join(sep)。其实正如前文所提及,join()是字符串的方法,不是列表的方法。

```
>>> help(str.join)
Help on method_descriptor:

join(...)
```

```
S.join(iterable) -> str

Return a string which is the concatenation of the strings in the
iterable. The separator between elements is S.
```

不过，能传入 join() 的对象，或者说参数的值，也是有条件的。下面的就不行。

```
>>> a = [1,2,3,'a','b','c']
>>> "+".join(a)
Traceback (most recent call last):
  File "<pyshell#24>", line 1, in <module>
    "+".join(a)
TypeError: sequence item 0: expected str instance, int found
```

列表是"苦力"，但是暂且让它先干这么多，因为更多类型的对象将依次登场。

1.8 元组

元组是 Python 中的一种对象类型，它与之前的列表、字符串、整数、浮点数等并列。因为它跟列表接近，所以容易被忽略；又因为其特殊性，在应用中容易犯错误。

1.8.1 定义

先看一个例子：

```
>>> s = "abc"
>>> s
'abc'
```

这是一个简单的赋值，如果这样做：

```
>>> t = 123, 'abc', ["come","here"]
>>> t
(123, 'abc', ['come', 'here'])
```

不仅没有报错，也没有"最后一个有效"，而是将对象放到了一个圆括号里面。这就是 Python 的与众不同之处。

这个带有圆括号的对象，就是一种新的对象（或数据）类型：tuple（元组）。

```
>>> type(t)
<class 'tuple'>
```

元组是用圆括号括起来的，其中的元素之间用逗号（英文半角）隔开。元组中的元素是任意类型的 Python 对象（包括以后自定义的对象）。

仅从前面的例子就能显而易见地得出，元组是序列，这跟列表和字符串类似。但元组中的元素不能更改，这跟列表不同，倒是跟字符串类似；它的元素又可以是任何类型的数据，这跟列表相同，但不同于字符串。

```
>>> t = 1,"23",[123,"abc"],("python","learn")   #元素多样性，近 list
>>> t
(1, '23', [123, 'abc'], ('python', 'learn'))
```

```
>>> t[0] = 8                              #不能修改，近 str
Traceback (most recent call last):
  File "<stdin>", line 1, in <module>
TypeError: 'tuple' object does not support item assignment

>>> t.append("no")
Traceback (most recent call last):
  File "<stdin>", line 1, in <module>
AttributeError: 'tuple' object has no attribute 'append'
```

从上面的简单比较似乎可以认为，元组就是一个融合了部分列表和部分字符串属性的杂交产物。

1.8.2 索引和切片

元组是序列，因此，元组的基本操作和列表、字符串相仿。例如每个元素都对应着自己的索引，并可以切片。

```
>>> t = (1, '23', [123, 'abc'], ('python', 'learn'))
>>> t[2]
[123, 'abc']
>>> t[1:]
('23', [123, 'abc'], ('python', 'learn'))

>>> t[2][0]        #还能这样呀，list 中也能这样
123
>>> t[3][1]
'learn'
```

关于序列的基本操作在元组上的表现这里就不再一一展示了，读者可以自己去试一试。

特别提醒，当一个元组中只有一个元素时，应该在该元素后面加一个半角的英文逗号。

```
>>> a = (3)
>>> type(a)
<class 'int'>

>>> b = (3,)
>>> type(b)
<class 'tuple'>
```

上面的例子说明，如果不加那个逗号，就不是元组，加了才是。这也是为了避免让 Python 误解你要表达的内容。

所有在列表中可以修改列表的方法，在元组中都失效，元组不可修改。虽然如此，但列表和元组还是可以互通的，因为用 list()和 tuple()能够实现列表和元组之间的转化。

```
>>> t = (1, '23', [123, 'abc'], ('python', 'learn'))
>>> tls = list(t)                         #tuple-->list
>>> tls
[1, '23', [123, 'abc'], ('python', 'learn')]

>>> t_tuple = tuple(tls)                  #list-->tuple
>>> t_tuple
```

```
(1, '23', [123, 'abc'], ('python', 'learn'))
```

所以，如果打算修改一个元组，就有途径了，可以先把元组转化为列表，然后再修改。

元组类型的对象有哪些方法呢？

```
>>> dir(tuple)
['__add__', '__class__', '__contains__', '__delattr__', '__dir__', '__doc__', '__eq__',
'__format__', '__ge__', '__getattribute__', '__getitem__', '__getnewargs__', '__gt__',
'__hash__', '__init__', '__iter__', '__le__', '__len__', '__lt__', '__mul__', '__ne__',
'__new__', '__reduce__', '__reduce_ex__', '__repr__', '__rmul__', '__setattr__',
'__sizeof__', '__str__', '__subclasshook__', 'count', 'index']
```

跟列表的方法相比，少多了。但尽管如此，从上面的结果中也还是能看到几个熟悉的身影。__iter__的存在说明元组对象也是可迭代的；count()和index()两个方法是应用于序列的。

1.8.3 元组的用途

既然元组是列表和字符串的杂合，那么它有什么用途呢？不是用列表和字符串就可以了吗？

在很多时候，的确是用列表和字符串就可以了。但是，不要忘记，我们用计算机语言解决的问题不都是简单问题，就如同我们的自然语言一样，虽然有的词汇看似可有可无，用其他词汇也能替换，但是我们依然需要在某些情况下使用它们。

一般认为元组有这些特点，并且也是它使用的情景：

- 元组比列表操作速度快。如果定义了一个值，并且唯一要用它做的是不断地遍历它，那么请使用元组代替列表。
- 如果对不需要修改的数据进行"写保护"，即该数据是常量，那么此时也要使用元组。如果必须要改变这些值，则可以转换为列表修改。
- 元组可以在字典（又一种对象类型，后面要讲述）中被用作key，但是列表不可以。字典的key必须是不可变的。元组本身就是不可改变的，而列表是可变的。

元组很简单，这里不用过多的篇幅加以说明，但是依然建议读者把它作为序列，依次按照序列的操作对元组进行实践。

1.9 字典

随着网络的发展，用印刷版字典的人越来越少，不少人习惯于在网上搜索。笔者上小学的时候曾经用过一本小小的《新华字典》，相信很多朋友也都有同样的记忆。

《新华字典》是中国第一部现代汉语字典，最早的名字叫《伍记小字典》，但未能编纂完成。自1953年开始重编，其凡例完全采用《伍记小字典》。从1953年开始出版，其间经过反复修订，但是以1957年商务印书馆出版的《新华字典》作为第一版。原由新华辞书社编写，1956年并入中科院语言研究所（现中国社科院语言研究所）词典编辑室。新华字典由商务印书馆出版。历经几代上百名专家学者10余次大规模的修订，重印200多次，成为迄今为止世界出版史上最高发行量的字典。

这里讲到字典，不是为了回忆青葱岁月，而是要提醒读者想想如何使用字典：先查索引（不管是拼音还是偏旁查字），然后通过索引找到相应内容。不用从头开始一页一页地找。这种方法能够快捷地找到目标。

正是基于这种需要，Python 中有了一种叫作 dictionary 的对象类型，翻译过来就是"字典"，用 dict 表示。

假设有一种需要，要存储城市和电话区号，苏州的区号是 0512，唐山的区号是 0315，北京的区号是 011，上海的区号是 012。用前面已经学习过的知识，可以这么做：

```
>>> cities = ["suzhou", "tangshan", "beijing", "shanghai"]
>>> city_codes = ["0512", "0315", "011", "012"]
```

用一个列表来存储城市名称，然后用另外一个列表一一对应地保存区号。假如要输出苏州的区号，可以这么做：

```
>>> print("{} : {}".format(cities[0], city_codes[0]))
suzhou : 0512
```

请特别注意，在 city_codes 中，表示区号的元素没有用整数型，而是使用了字符串类型，你知道为什么吗？

如果用整数，就是这样的：

```
>>> suzhou_code = 0512
File "<stdin>", line 1
    a = 0512
           ^
SyntaxError: invalid token
```

怎么会这样？读者能否解释？

这样来看，用两个列表分别来存储城市和区号似乎能够解决问题，但是这不是最好的选择。因为 Python 还提供了另外一种方案，那就是字典（dict）。

1.9.1 创建字典

创建字典有多种方法，可以依次尝试。

方法 1

创建一个空的字典，然后可以向里面加东西。

```
>>> mydict = {}
>>> mydict
{}
```

不要小看"空"，在编程中，"空"很重要。

当然，还可以创建非空的字典：

```
>>> person = {"name":"qiwsir", "site":"qiwsir.github.io", "language":"python"}
>>> person
{'name': 'qiwsir', 'language': 'python', 'site': 'qiwsir.github.io'}
```

"name":"qiwsir"，有一个优雅的名字，叫作"键/值对"。前面的 name 叫作键（key），后面的 qiwsir 是前面的键所对应的值（value）。在一个字典中，键是唯一的，不能重复。而值则是对应于键，可以重复。键值之间用英文的冒号（:）分割，每一对键值对之间用英文的逗号（,）隔开。

向已经建立的字典中增加键值对，可以这样操作：

```
>>> person['name2'] = "qiwsir"
>>> person
{'name2': 'qiwsir', 'name': 'qiwsir', 'language': 'python', 'site': 'qiwsir.github.io'}
```

用这样的方法可以向一个字典类型的对象中增加"键值对"，也可以说是增加数值。

那么，增加了值之后，字典还是原来的字典吗？要同样探讨一下字典是否能原地修改（列表可以，列表是可变的；字符串和元组都不行，它们是不可变的）：

```
>>> ad = {}
>>> id(ad)
140511010375176
>>> ad["name"] = "qiwsir"
>>> id(ad)
140511010375176
```

实验表明，字典可以原地修改，即它是可变的。

方法 2

利用元组建构字典，方法如下：

```
>>> name = (["first", "Google"], ["second", "Yahoo"])
>>> website = dict(name)
>>> website
{'second': 'Yahoo', 'first': 'Google'}
```

或者用这样的方法：

```
>>> ad = dict(name = "qiwsir", age = 42)
>>> ad
{'age': 42, 'name': 'qiwsir'}
```

方法 3

这个方法与上面的方法的不同之处在于使用了 fromkeys()。

```
>>> website = {}.fromkeys(("third", "forth"), "facebook")
>>> website
{'forth': 'facebook', 'third': 'facebook'}
```

需要注意的是，在字典中的"键"必须是不可变的数据类型；"值"可以是任意数据类型。

```
>>> dd = {(1,2):1}
>>> dd
{(1, 2): 1}
>>> dd = {[1,2]:1}
Traceback (most recent call last):
  File "<stdin>", line 1, in <module>
TypeError: unhashable type: 'list'
```

因为元组不可变，所以能用来做字典的键，但列表不能，列表只能做值。注意观察报错信息，有一个词"unhashable"，这是后续要阐述的，有兴趣的读者可以先用 Google 搜索一下。

如果你要成为一个合格的程序员，那么一定要想办法使用 google.com 这个网站，并且尽可能使用英语，一定能让你开阔视野。

1.9.2 访问字典的值

字典类型对象是以键值对的形式存储数据的，所以，只要知道键，就能得到值。这本质上就是一种映射关系。

映射，就好比"物体"和"影子"的关系，"形影相吊"，两者之间是映射关系。此外，映射也是一个严格的数学概念：A 是非空集合，A 到 B 的映射是指，A 中每个元素都对应到 B 中的某个元素。

既然是映射关系，就可以通过字典的"键"找到相应的"值"。

```
>>> person = {'name2': 'qiwsir', 'name': 'qiwsir', 'language': 'python', 'site': 'qiwsir.github.io'}
>>> person['name']
'qiwsir'
>>> person['language']
'python'
```

通过键能够读取到相应的值，还能够增加字典中的值。再有，通过键能够改变字典中的值。

本节开头所讲的城市和区号的关系，也可以用字典来存储和读取：

```
>>> city_code = {"suzhou":"0512", "tangshan":"0315", "beijing":"011", "shanghai":"012"}
>>> city_code["suzhou"]
'0512'
```

既然字典是键值对的映射，那么就不用考虑所谓"排序"问题了，只要通过键就能找到值，至于这个键值对位置在哪里就不用考虑了。比如，刚才建立的 city_code：

```
>>> city_code
{'suzhou': '0512', 'beijing': '011', 'shanghai': '012', 'tangshan': '0315'}
```

虽然这里显示的和刚刚赋值的时候顺序有别，但是不影响读取其中的值。

在列表中，可以通过索引来得到某个元素，那么在字典中有索引吗？当然没有，因为它没有顺序，又怎么会有索引呢？所以，在字典中就不要索引和切片了。

字典中的这类以"键值对"的映射方式存储数据是一种非常高效的方法，比如要读取值的时候，如果用列表，Python 需要从头开始读，直到找到指定的那个索引值。但是，在字典中是通过"键"来得到值的，要高效得多。正是由于这个特点，键值对这样的形式可以用来存储大规模的数据，因为检索快捷，规模越大越明显。所以，mongodb 这种非关系型数据库在大数据方面比较流行。

1.9.3 基本操作

字典虽然跟列表有很大的区别，但是它们都是可变的。

字典的基本操作包括：

- len(d)，返回字典（d）中的键值对的数量。
- d[key]，返回字典（d）中的键（key）的值。
- d[key]=value，将值(value)赋给字典（d）中的键（key）。
- del d[key]，删除字典（d）的键（key）项（将该键值对删除）。
- key in d，检查字典（d）中是否含有键为 key 的项。

下面依次进行演示。

```
>>> city_code={'suzhou': '0512', 'beijing': '011', 'shanghai': '012', 'tangshan': '0315'}
>>> len(city_code)
4
```

以 city_code 为操作对象，len(city_code)的值是 4，表明有四组键值对，也可以说是四项。

向字典中增加一项：

```
>>> city_code["nanjing"] = "025"
>>> city_code
{'suzhou': '0512', 'beijing': '011', 'shanghai': '012', 'tangshan': '0315', 'nanjing': '025'}
```

北京的区号写错了，可以这样修改：

```
>>> city_code["beijing"] = "010"
>>> city_code
{'suzhou': '0512', 'beijing': '010', 'shanghai': '012', 'tangshan': '0315', 'nanjing': '025'}
```

这进一步说明字典的值是可变的。

```
>>> city_code["shanghai"]
'012'
>>> del city_code["shanghai"]
```

通过 city_code["shanghai"]能够查看到该键（key）所对应的值（value），结果发现也错了。干脆删除，用 del 将那一项全部删掉。

```
>>> city_code["shanghai"]
Traceback (most recent call last):
  File "<stdin>", line 1, in <module>
KeyError: 'shanghai'
>>> "shanghai" in city_code
False
```

因为"shanghai"那个键值对已经删除了，所以不能找到，用 in 来看看，返回的是 False。

```
>>> city_code
{'suzhou': '0512', 'beijing': '010', 'tangshan': '0315', 'nanjing': '025'}
```

真的已经删除了，没有了。

1.9.4 字符串格式化输出

这是一个前面已经探讨过的话题，再次提到是因为用字典也可以实现格式化字符串的目的。

```
>>> city_code = {"suzhou":"0512", "tangshan":"0315", "hangzhou":"0571"}
>>> "Suzhou is a beautiful city, its area code is {suzhou}".format(**city_code)
'Suzhou is a beautiful city, its area code is 0512'
```

这种写法非常简洁，而且很有意思。

其实，更有意思的还是下面的模板。

在做网页开发的时候，通常要用到模板，也就是说你只需要写好 HTML 代码，然后将某些部位空出来，等着 Python 后台提供相应的数据即可。

当然，下面所演示的是玩具代码，基本上没有什么实用价值，因为在真实的网站开发中，这样的知识很少用到。但是，它绝非花拳绣腿，所以一定要能够明白其本质，至少了解到一种格式化方法的应用。

```
>>> temp = "<html><head><title>{lang}<title><body><p>My name is {name}.</p></body></head></html>"
>>> my = {"name":"qiwsir", "lang":"python"}
>>> temp.format(**my)
'<html><head><title>python<title><body><p>My name is qiwsir.</p></body></head></html>'
```

temp 所引用的字符串就是所谓的模板，双引号所包裹的实质上是一段 HTML 代码。然后在字典中写好一些数据，按照模板的要求在相应位置显示对应的数据。

1.9.5 字典的方法

跟前面所讲述的其他对象类似，字典类型的对象也有一些方法。通过这些方法，能够实现对字典的操作。

1. copy

拷贝，这个汉语是 copy 的音译，标准汉语翻译是"复制"。

在一般的理解中，copy 就是将原来的东西再复制一份。但是，在 Python 中（乃至于很多编程语言中），copy 可不是那么简单的。

```
>>> a = 5
>>> b = a
>>> b
5
```

这样做，是不是就得到了两个 5 呢？表面上看似乎是，但是不要忘记前面反复提到的：**对象有类型，变量无类型**。变量其实是一个标签。这里不妨请出法宝：id()，专门查看对象在内存中的位置。

```
>>> id(a)
139774080
>>> id(b)
```

```
139774080
```

果然,并没有两个 5,只有一个,只不过是贴了两张标签而已。

这种现象普遍存在于 Python 中,其他的就不演示了,这里仅看看字典类型的对象。

```
>>> ad = {"name":"qiwsir", "lang":"python"}
>>> bd = ad
>>> bd
{'lang': 'python', 'name': 'qiwsir'}
>>> id(ad)
140511043195144
>>> id(bd)
140511043195144
```

的确是一个对象贴了两个标签。这是用赋值的方式实现的所谓"假装拷贝",真实情况是两个变量和同一个对象之间建立了引用的关系。如果用 copy()方法呢?

```
>>> cd = ad.copy()
>>> cd
{'lang': 'python', 'name': 'qiwsir'}
>>> id(cd)
140510996208456
```

果然不同,这次得到的 cd 跟原来的 ad 不同,它在内存中另辟了一个空间。

现在有两个字典类型的对象,虽然它们是一样的,但是在两个"窝"里面,彼此互不相干。如果我们尝试修改 cd,应该对原来的 ad 不会造成任何影响。

```
>>> cd["name"] = "itdiffer.com"
>>> cd
{'lang': 'python', 'name': 'itdiffer.com'}
>>> ad
{'lang': 'python', 'name': 'qiwsir'}
```

结果跟推理一模一样。所以,理解了"变量"是对象的标签,对象有类型,而变量无类型,就能正确推断出 Python 能够提供的结果。

```
>>> bd
{'lang': 'python', 'name': 'qiwsir'}
>>> bd["name"] = "laoqi"
>>> ad
{'lang': 'python', 'name': 'laoqi'}
>>> bd
{'lang': 'python', 'name': 'laoqi'}
```

这是修改了 bd 所对应的字典类型的对象,结果发现 ad 的对象也变了。也就是说,以 bd = ad 方式,得到的结果是两个变量引用了同一个对象。然而,事情没有那么简单,下面看仔细一点,否则就迷茫了。

```
>>> x = {"name":"qiwsir", "lang":["python", "java", "c"]}
>>> y = x.copy()
```

```
>>> y
{'lang': ['python', 'java', 'c'], 'name': 'qiwsir'}
>>> id(x)
140511010423240
>>> id(y)
140511010461192
```

如前所述，y 是从 x 拷贝过来的，x、y 两个变量分别引用了两个对象。

```
>>> y["lang"].remove("c")
```

在 y 所对应的字典类型的对象中，键 "lang" 的值是一个列表，原为['python', 'java', 'c']，现用 remove()方法删除其中的一个元素 "c"。删除之后，这个列表变为：['python', 'java']。

```
>>> y
{'lang': ['python', 'java'], 'name': 'qiwsir'}
```

果然不出所料。那么，在 x 所对应的字典中，这个列表变化了吗？应该没有变化。因为按照前面所讲的，它是另外一个对象，两者互不干扰。

```
>>> x
{'lang': ['python', 'java'], 'name': 'qiwsir'}
```

是不是有点出乎意料呢？大家也可以在交互模式中试一试，看是否能够得到这个结果？为什么？

但是，如果要操作另外一个键值对：

```
>>> y["name"] = "laoqi"
>>> y
{'lang': ['python', 'java'], 'name': 'laoqi'}
>>> x
{'lang': ['python', 'java'], 'name': 'qiwsir'}
```

前面所说的原理是有效的。这是为什么？

要破解这个迷局还得用 id()。

前面已经显示，x、y 对应着两个不同的对象。分别深入这两个字典类型的对象，它们分别是由两个键值对组成的。其中一个键的值是列表。

```
>>> id(x["lang"])
140510996269640
>>> id(y["lang"])
140510996269640
```

原来两个对象中的键值对之一的值——列表是同一个对象。但是，另外一个键值对中的字符串类型的值呢？

```
>>> id(x["name"])
140510996211616
>>> id(y["name"])
140510996211952
```

字符串类型的值是不同的对象。

这个事实说明了为什么修改一个列表，另外一个也跟着修改；而修改一个字符串，另外一个不变的原因。

但是，似乎还没有解开深层的原因。为什么上面键值对中的值是两种不同类型的对象，在同样的 copy() 方法中有不同的结果呢？这跟 Python 存储数据的方式有关，对此方面内容的探究超出了本书的范围，所以这里不再深入讲解。读者只需了解这样一个事实，即当 copy() 的时候，列表这类由字符串、数字等复合而成的对象仍然是复制了引用，没有重新建立一个对象。

所以，在编程语言中，把实现上面那种拷贝的方式称之为"浅拷贝"。顾名思义，没有解决深层次问题。言外之意是，还有能够解决深层次问题的方法。

的确，在 Python 中，有一个"深拷贝"（deep copy）。不过，要用 import 来导入一个模块。

```
>>> import copy
>>> z = copy.deepcopy(x)
>>> z
{'lang': ['python', 'java'], 'name': 'qiwsir'}
```

用 copy.deepcopy() 深拷贝了一个新的副本，用 id() 来勘察一番：

```
>>> id(x["lang"])
140510996269640
>>> id(z["lang"])
140511010233032
```

果然是另外一个"窝"，不是引用了。如果按照这个结果，修改其中一个列表中的元素，应该不会影响到另外一个。

```
>>> x
{'lang': ['python', 'java'], 'name': 'qiwsir'}
>>> x["lang"].remove("java")
>>> x
{'lang': ['python'], 'name': 'qiwsir'}
>>> z
{'lang': ['python', 'java'], 'name': 'qiwsir'}
```

这就是所谓的浅拷贝和深拷贝。

2. clear

在交互模式中，用 help() 是一个很好的习惯。

```
>>> help(dict.clear)

clear(...)
    D.clear() -> None.  Remove all items from D.
```

clear() 的结果是清空字典中所有元素。

```
>>> a = {"name":"qiwsir"}
>>> a.clear()
>>> a
{}
```

这就是 clear() 的含义，将字典清空，得到的是"空"字典，但这个对象依然在内存中。它与 del 有着很大的区别。del 是将字典删除，内存中就没有它了。

```
>>> del a
>>> a
Traceback (most recent call last):
  File "<stdin>", line 1, in <module>
NameError: name 'a' is not defined
```

果然删除了。

另外，将字典清空还可以通过 a = {} 完成，但这不是清除原来的字典，而是将变量 a 重新指向了一个空字典的对象，使得原有的字典对象成为了"垃圾"，被 Python 自动回收了。

最后提醒，clear()没有返回值，对字典实行了原地修改。

3. get 和 setdefault

这是两个跟字典的键值对有关的方法。

get()的含义是：

```
get(...)
    D.get(k[,d]) -> D[k] if k in D, else d.  d defaults to None.
```

注意，在这个说明中，"if k in D"，就返回其值，否则……

```
>>> d = {'lang': 'python'}
>>> d.get("lang")
'python'
```

dict.get()就是要得到字典中某个键的值，只不过它没有那么"严厉"罢了。因为类似获得字典中键的值的方法，如 d['lang']就能得到对应的值"python"，但是如果要获取的键不存在，get()就没有返回值，也不报错。

```
>>> d.get("name")
```

如果使用 d["name"]得到值呢？

```
>>> d["name"]
Traceback (most recent call last):
  File "<stdin>", line 1, in <module>
KeyError: 'name'
```

这就是 dict.get()和 dict['key']的区别。

前面有一个半句话，如果键不在字典中，就会返回 None，这是一种情况。还可以这样：

```
>>> d = {"lang":"python"}
>>> newd = d.get("name",'qiwsir')
>>> newd
'qiwsir'
>>> d
{'lang': 'python'}
```

以 d.get("name",'qiwsir')的方式，如果不能得到键"name"的值，就返回后面指定的值"qiwsir"。这就是文档中的那句话：D[k] if k in D, else d.的含义。这样做并没有影响原来的字典。

另外一个跟 get 在功能上有相似之处的是 D.setdefault(k)，其含义是：

```
setdefault(...)
```

```
D.setdefault(k[,d]) -> D.get(k,d), also set D[k]=d if k not in D
```

首先，它要执行 D.get(k,d)就跟前面一样了；然后，进一步执行另外一个操作，如果键 k 不在字典中，就在字典中增加这个键值对。当然，如果键 K 在字典中，就没有必要执行这一步了。

```
>>> d = {'lang': 'python'}
>>> d.setdefault("lang")
'python'
```

在字典中，有"lang"这个键，那么就返回它的值。

```
>>> d.setdefault("name","qiwsir")
'qiwsir'
>>> d
{'lang': 'python', 'name': 'qiwsir'}
```

在字典中没有"name"这个键，于是返回 d.setdefault("name","qiwsir")指定的值"qiwsir"，并且将键值对 "'name':"qiwsir"" 添加到原来的字典中。

如果这样操作：

```
>>> d.setdefault("web")
```

什么也没有返回吗？不是，返回了，只不过没有显示出来，如果你用 print()就能看到了。因为这里返回的是一个 None，不妨查看一下那个字典：

```
>>> d
{'lang': 'python', 'web': None, 'name': 'qiwsir'}
```

键"web"的值成为了 None。

4. items, keys, values

这个标题中列出的是字典的三个方法，并且它们有相似的地方。在这里详细讲述第一个方法，另外两个方法，凭借读者的聪明智慧肯定是不在话下的。

```
>>> help(dict.items)
Help on method_descriptor:

items(...)
    D.items() -> a set-like object providing a view on D's items
```

这种方法是经常用到的，只要在交互模式中操作一下，就能得到帮助信息。

```
>>> dd = {"name":"qiwsir", "lang":"python", "web":"www.itdiffer.com"}
>>> dd_kv = dd.items()
>>> dd_kv
dict_items([('name', 'qiwsir'), ('lang', 'python'), ('web', 'www.itdiffer.com')])
```

这是 items()的结果，keys()和 values()的含义与其相似，只不过是得到 key 或者 value。下面仅列举一个例子，具体内容，读者可以自行在交互模式中查看文档。

```
>>> dd
{'lang': 'python', 'web': 'www.itdiffer.com', 'name': 'qiwsir'}
>>> dd.keys()
dict_keys(['name', 'lang', 'web'])
>>> dd.values()
dict_values(['qiwsir', 'python', 'www.itdiffer.com'])
```

这里先交代一句，如果要实现对键值对，或者键或值的循环，用迭代器的效率会高一些。对这句话的理解，在后面会给大家进行详细分析。而这里返回的对象就是可迭代的。读者不妨检验一下，用上面的方法得到的结果是不是有__iter__属性，即是否可迭代。

5. pop 和 popitem

在列表中，有关于删除列表中元素的方法有 pop()和 remove()，这两者的区别在于：list.remove(x)用来删除指定的元素；而 list.pop([i])用于删除指定索引的元素，如果不提供索引值，就默认删除最后一个。

在字典中，也有删除键值对的函数，但与列表中的删除区别很大。

```
pop(...)
    D.pop(k[,d]) -> v, remove specified key and return the corresponding value.
    If key is not found, d is returned if given, otherwise KeyError is raised
```

D.pop(k[,d])是以字典的键为参数，删除指定键的键值对。

```
>>> dd = {'lang': 'python', 'web': 'www.itdiffer.com', 'name': 'qiwsir'}
>>> dd.pop("name")
'qiwsir'
```

要删除指定键"name"，返回了其值"qiwsir"。这样，原字典中的"'name':'qiwsi'"键值对就被删除了。

```
>>> dd
{'lang': 'python', 'web': 'www.itdiffer.com'}
```

值得注意的是，pop 函数中的参数是不能省略的，这跟列表中的那个 pop 有所不同。

```
>>> dd.pop()
Traceback (most recent call last):
  File "<stdin>", line 1, in <module>
TypeError: pop expected at least 1 arguments, got 0
```

如果要删除字典中没有的键值对，就会报错。

```
>>> dd.pop("name")
Traceback (most recent call last):
  File "<stdin>", line 1, in <module>
KeyError: 'name'
```

pop()的参数可以是两个，上面的例子中只写了一个。如果写两个，那么就先检查 k 是不是存在于字典中的键，如果是，就返回它所对应的值；如果不是，就返回参数中的第二个。当然，如果不写第二个参数，就会如同上面举例一样报错。

```
>>> dd.pop("name", "no this key: 'name'")
"no this key: 'name'"
```

有意思的是，D.popitem()与 list.pop()有相似之处，不用写参数（list.pop（）可以不写参数），但是，D.popitem()不是删除最后一个，前面已经交代过了，dict 没有顺序，所以也就没有最后和最先，它是随机删除一个，并将所删除的返回。

```
popitem(...)
    D.popitem() -> (k, v), remove and return some (key, value) pair as a 2-tuple; but raise
KeyError if D is empty.
```

读者可以尝试着操作一下，看看有什么结果。

```
>>> dd = {'lang': 'python', 'web': 'www.itdiffer.com'}
>>> dd.popitem()
('lang', 'python')
>>> dd
{'web': 'www.itdiffer.com'}
```

成功地删除了一对，并且返回了删除的内容，返回的数据格式是元组。

```
>>> dd.popitems()
Traceback (most recent call last):
  File "<stdin>", line 1, in <module>
AttributeError: 'dict' object has no attribute 'popitems'
```

错了？注意看提示信息，果然错了，应该是 popitem，不要多了 s，前面的 D.items() 中包含 s，是复数形式，说明它能够返回多个结果（多个元组组成的列表），而在 D.popitem() 中，一次只能随机删除一个键值对，并以一个元组的形式返回。所以，要用单数形式，不能用复数形式。

```
>>> dd.popitem()
('web', 'www.itdiffer.com')
>>> dd
{}
```

都删除后，字典成空的了。如果再删，会怎么样？

```
>>> dd.popitem()
Traceback (most recent call last):
  File "<stdin>", line 1, in <module>
KeyError: 'popitem(): dictionary is empty'
```

报错信息中明确告知，字典已经是空的了，没有其他再供删除的东西了。

6. update

update()，看名字就猜测到一二了，是不是更新字典内容呢？的确是。

```
update(...)
    D.update([E, ]**F) -> None.  Update D from dict/iterable E and F.
    If E present and has a .keys() method, does:     for k in E: D[k] = E[k]
    If E present and lacks .keys() method, does:     for (k, v) in E: D[k] = v
    In either case, this is followed by: for k in F: D[k] = F[k]
```

看样子这个函数有点复杂，不过没关系，我们可以通过实验来慢慢理解。

首先，这个函数没有返回值，或者说返回值是 None，它的作用就是更新字典。其参数可以是字典或者某种可迭代的对象。

```
>>> d1 = {"lang":"python"}
>>> d2 = {"song":"I dreamed a dream"}
>>> d1.update(d2)
>>> d1
{'lang': 'python', 'song': 'I dreamed a dream'}
>>> d2
{'song': 'I dreamed a dream'}
```

这样就把字典 d2 更新纳入了字典 d1，于是 d1 中就多了一些内容，把 d2 的内容包含进来了。当然 d2 还存在，并没有受到影响。

还可以用下面的方法更新：

```
>>> d2
{'song': 'I dreamed a dream'}
>>> d2.update([("name","qiwsir"), ("web","itdiffer.com")])
>>> d2
{'web': 'itdiffer.com', 'name': 'qiwsir', 'song': 'I dreamed a dream'}
```

列表中以元组为元素，每个元组是一个键值对。

1.10 集合

前面已经学习了几种对象类型，大家不要担心记不住，因为它们都可以通过下述方法但不限于这些方法查找到：

- 交互模式下用 dir()或者 help()。
- 用 Google 进行搜索。

还有，如果你经常练习，会发现很多东西自然而然就记住了。

在已经学过的不同类型的对象中：

- 能够索引的，如 list/str，其中的元素可以重复。
- 可变的，如 list/dict，即其中的元素/键值对可以原地修改。
- 不可变的，如 str/int，即不能进行原地修改。
- 无索引序列的，如 dict，即其中的元素（键值对）没有排列顺序。

现在要介绍另外一种类型的数据，英文是 set，翻译过来叫作"集合"。它的特点是：有的可变，有的不可变；元素无次序，不可重复。

1.10.1 创建集合

如果说元组是列表和字符串的某些特征的杂合，那么集合则可以堪称列表和字典的某些特征的杂合。

首先要创建集合，其方法是：

```
>>> s1 = set("qiwsir")
>>> s1
{'q', 'w', 'i', 's', 'r'}
```

把字符串中的字符拆解开，形成集合。

特别注意观察，qiwsir 中有两个 i，但是在集合中，只有一个 i，也就是说集合中的元素不能重复。

```
>>> s2 = set([123,"google","face","book","facebook","book"])
>>> s2
{'google', 123, 'book', 'face', 'facebook'}
```

创建集合的时候，如果发现了重复的元素，就会过滤掉，剩下不重复的——这是一种非常简单高效的元素去重方式。

使用 dir() 来查看集合的属性方法，从下面找一找有没有 index，如果有它，就说明可以索引；否则，集合就没有索引。

```
>>> dir(set)
['__and__', '__class__', '__contains__', '__delattr__', '__dir__', '__doc__', '__eq__',
'__format__', '__ge__', '__getattribute__', '__gt__', '__hash__', '__iand__', '__init__',
'__ior__', '__isub__', '__iter__', '__ixor__', '__le__', '__len__', '__lt__', '__ne__',
'__new__', '__or__', '__rand__', '__reduce__', '__reduce_ex__', '__repr__', '__ror__',
'__rsub__', '__rxor__', '__setattr__', '__sizeof__', '__str__', '__sub__',
'__subclasshook__', '__xor__', 'add', 'clear', 'copy', 'difference', 'difference_update',
'discard', 'intersection', 'intersection_update', 'isdisjoint', 'issubset',
'issuperset', 'pop', 'remove', 'symmetric_difference', 'symmetric_difference_update',
'union', 'update']
```

没有 index。所以，集合没有索引，也就没有顺序可言，它不属于序列。当进行如下操作时，会报错，并明确告诉我们不支持索引：

```
>>> s1 = set(['q', 'i', 's', 'r', 'w'])
>>> s1[1]
Traceback (most recent call last):
  File "<pyshell#10>", line 1, in <module>
    s1[1]
TypeError: 'set' object does not support indexing
```

除了可以用 set() 来创建集合外，还可以使用{}的方式：

```
>>> s3 = {"facebook",123}      #通过{}直接创建
>>> s3
{'facebook', 123}
>>> type(s3)
<class 'set'>
```

但是不提倡使用这种方式，因为我们已经将{}用在字典上了，要避免歧义才好。

看看下面的探讨就会发现问题了：

```
>>> s3 = {"facebook", [1,2,'a'], {"name":"python","lang":"english"}, 123}
Traceback (most recent call last):
  File "<stdin>", line 1, in <module>
TypeError: unhashable type: 'dict'

>>> s3 = {"facebook", [1,2], 123}
Traceback (most recent call last):
  File "<stdin>", line 1, in <module>
TypeError: unhashable type: 'list'
```

认真阅读报错信息，有这样的词汇："unhashabl"，在理解这个词之前，先来看它的反义词"hashable"，翻译为"可哈希"。在网上搜索一下，会发现有不少文章对这个词进行了诠释。如果我们简单点理解，某数据"不可哈希"（unhashable）就是其可变，如列表、字典，都能原地修改，即 unhashable。否则，就是不可变的，类似字符串那样不能原地修改，即 hashable（可哈希）。

对于前面已经提到的字典，其键必须是 hashable 数据，即不可变的。

现在遇到的集合，其元素也要是"可哈希"的。在上面例子中，试图用"{}"建立集合，但因为存在字典、列表等元素，就报错了。而且报错信息中明确告知，列表是"不可哈希"类型，言外之意，里面的元素都应该是"可哈希"类型的。但如果用 set()来创建集合会怎样呢？

```
>>> a = set(["facebook", [1,2,'a'], {"name":"python","lang":"english"}, 123])
Traceback (most recent call last):
  File "<stdin>", line 1, in <module>
TypeError: unhashable type: 'list'
```

亦然。

特别说明，利用 set()建立起来的集合是可变集合，可变集合都是 unhashable 类型的。

1.10.2　set 的方法

从前面的 dir(set)结果中可以看到不少集合的方法，为了看得更清楚，我们把双画线__开始的先删除掉，剩下的就是：

'add', 'clear', 'copy', 'difference', 'difference_update', 'discard', 'intersection', 'intersection_update', 'isdisjoint', 'issubset', 'issuperset', 'pop', 'remove', 'symmetric_difference', 'symmetric_difference_update', 'union', 'update'

然后用 help()可以找到每个函数的具体使用方法。读者完全可以用这种方法自己查看。

下面列举几个例子。

1. add 和 update

```
>>> help(set.add)

Help on method_descriptor:

add(...)
    Add an element to a set.
    This has no effect if the element is already present.
```

在交互模式中，可以看到：

```
>>> a_set = {}           #我想当然地认为这样也可以建立一个 set
>>> a_set.add("qiwsir")  #报错。看看错误信息，居然告诉我 dict 没有 add
                         #我分明建立的是 set
Traceback (most recent call last):
  File "<stdin>", line 1, in <module>
AttributeError: 'dict' object has no attribute 'add'
>>> type(a_set)          #type 之后发现,计算机认为我建立的是一个 dict
<type 'dict'>
```

特别说明一下，{}在字典和集合中都用。但是，如上面的方法建立的是字典，而不是集合。这是 Python 规定的。

要创建空集合，不得不使用 set()：

```
>>> s = set()
>>> type(s)
<class 'set'>
```

当然，非空集合依然可以这样操作：

```
>>> a_set = {'a','i'}         #这回就是 set 了吧
>>> type(a_set)
<class 'set'>
```

然后就开始对这个集合使用 add() 方法，并看效果。

```
>>> a_set.add("qiwsir")       #增加一个元素
```

如果没有报错，就意味着成功。没有返回值，根据经验，这属于"原地修改"。

```
>>> a_set
{'a', 'qiwsir', 'i'}
```

这次成功了，然后继续敲代码：

```
>>> b_set = set("python")
>>> type(b_set)
<class 'set'>
>>> b_set
{'p', 'n', 'h', 't', 'y', 'o'}
>>> b_set.add("qiwsir")
>>> b_set
{'p', 'n', 'h', 't', 'y', 'qiwsir', 'o'}
```

这仅仅是刚才的重复。但重复是必须的，这样是为了加深印象。

仔细观察一下显示的集合，会发现没有按照所谓的字典顺序排列。

```
>>> b_set.add([1,2,3])
Traceback (most recent call last):
  File "<stdin>", line 1, in <module>
TypeError: unhashable type: 'list'
```

出现了报错。遇见错误不要沮丧，认真阅读报错信息：列表是"不可哈希"的，原来忘记了前面强调的："集合中的元素应该是 hashable 类型的"。

这里要一次小聪明吧：

```
>>> b_set.add('[1,2,3]')
>>> b_set
{'p', 'n', 'h', 't', 'y', 'qiwsir', 'o', '[1,2,3]'}
```

为什么这样一操作就可以了呢？仔细观察，这回不是增加列表了，其本质是字符串。

除了上面的增加元素的方法之外，还能够从另外一个集合中合并过来元素，方法是 set.update(s2)。

```
>>> help(set.update)
update(...)
    Update a set with the union of itself and others.

>>> s1 = set(['a', 'b'])
>>> s2 = set(['github', 'qiwsir'])
>>> s1.update(s2)         #把 s2 的元素并入到 s1 中
>>> s1                    #s1 的引用对象修改
{'a', 'b', 'qiwsir', 'github'}
```

```
>>> s2                                  #s2 的引用对象未变
{'qiwsir', 'github'}
```

如果仅仅是这样的操作，容易误以为 update 方法的参数只能是集合。然而并不是这样的。看文档中的描述，这个方法的作用是用原有的集合自身和其他东西构成的新集合来更新原来的集合。这句话有点长，可以多读几遍。分解开来，可以理解为：others 指的是作为参数的不可变对象，将它和原来的集合组成新的集合，用这个新集合替代原来的集合。例如：

```
>>> s2.update("goo")
>>> s2
{'qiwsir', 'o', 'github', 'g'}
>>> s2.update((2,3))
>>> s2
{2, 3, 'qiwsir', 'o', 'github', 'g'}
```

所以，文档的寓意还是比较深刻的。

2. pop, remove, discard, clear

之所以把这几个方法列在一起，是因为它们都跟删除、清理有关，请读者一边阅读一边比较。

```
>>> help(set.pop)
pop(...)
    Remove and return an arbitrary set element.
    Raises KeyError if the set is empty.
```

通过操作理解含义：

```
>>> b_set ={'p', 'n', 'h', 't', 'y', 'qiwsir', 'o', '[1,2,3]'}
>>> b_set.pop()
'p'
>>> b_set.pop()
'n'
>>> b_set.pop()
'h'
>>> b_set
{'t', 'y', 'qiwsir', 'o', '[1,2,3]'}
```

每次删除一个，并且返回删除的结果（因为随机，所以读者操作的结果跟本书的举例可能不同）。那么能不能指定删除某个元素呢？

```
>>> b_set.pop("n")
Traceback (most recent call last):
  File "<stdin>", line 1, in <module>
TypeError: pop() takes no arguments (1 given)
```

报错信息告诉我们，pop()不能有参数，即不能指定删除某个元素。

此外，如果集合已经是空的了，再执行删除操作，也会报错。这是帮助文档告诉我们的，读者可以试一试。

如果要删除指定的元素，该怎么办？

```
>>> help(set.remove)
```

```
remove(...)
    Remove an element from a set; it must be a member.

    If the element is not a member, raise a KeyError.
```
set.remove(obj)中的 obj 必须是 set 中的元素，否则就会报错。试一试：

```
>>> a_set ={'a', 'qiwsir', 'i'}
>>> a_set.remove("i")
>>> a_set
{'a', 'qiwsir'}
>>> a_set.remove("w")
Traceback (most recent call last):
  File "<stdin>", line 1, in <module>
KeyError: 'w'
```

set.remove()也没有返回值，更不会像前面字典中某些删除那样，返回删除对象。如果所删除的指定元素不存在，就会报错。

跟 remove(obj)类似的还有 discard(obj)：

```
>>> help(set.discard)

discard(...)
    Remove an element from a set if it is a member.

    If the element is not a member, do nothing.
```

与 help(set.remove)的信息对比，看看有什么不同？

discard(obj)中的 obj 如果是集合中的元素，就删除；否则不进行任何操作。

新闻要对比着看才更有意思，这里也一样：

```
>>> a_set.discard('a')
>>> a_set
{'qiwsir'}
>>> a_set.discard('b')
>>>
```

在删除上还有一个绝杀，就是 set.clear()，它的功能是：Remove all elements from this set（自己在交互模式下 help(set.clear)）。

```
>>> a_set
set(['qiwsir'])
>>> a_set.clear()
>>> a_set
set()
>>> bool(a_set)      #空了，bool 一下返回 False
False
```

1.10.3　不变的集合

以 set()来创建的集合都是可原地修改的集合，或者说是可变的，即 unhashable 的集合。

还有一种集合不能原地修改，这种集合的创建方法是用 frozenset()，顾名思义，这是一个被冻结的集合，当然是不能修改的，那么这种集合就是 hashable 类型的。

```
>>> f_set = frozenset("qiwsir")
>>> f_set
frozenset({'q', 'w', 'i', 's', 'r'})
>>> f_set.add("python")
Traceback (most recent call last):
  File "<stdin>", line 1, in <module>
AttributeError: 'frozenset' object has no attribute 'add'
```

出现了报错，从报错信息中可知，这种集合不能修改。

下面再来看看这个不可修改的对象有哪些属性和方法：

```
>>> dir(f_set)
['__and__', '__class__', '__contains__', '__delattr__', '__dir__', '__doc__', '__eq__',
'__format__', '__ge__', '__getattribute__', '__gt__', '__hash__', '__init__', '__iter__',
'__le__', '__len__', '__lt__', '__ne__', '__new__', '__or__', '__rand__', '__reduce__',
'__reduce_ex__', '__repr__', '__ror__', '__rsub__', '__rxor__', '__setattr__',
'__sizeof__', '__str__', '__sub__', '__subclasshook__', '__xor__', 'copy', 'difference',
'intersection', 'isdisjoint', 'issubset', 'issuperset', 'symmetric_difference',
'union']
```

从中看不到前面可修改集合的那些实现增加、删除等操作的方法。但是，它和可修改集合一样，都有一些与运算相关的方法。

1.10.4 集合运算

1. 元素与集合的关系

元素与集合只有一种关系，元素要么属于某个集合，要么不属于。

```
>>> a_set = set(['h', 'o', 'n', 'p', 't', 'y'])
>>> "a" in a_set
False
>>> "h" in a_set
True
```

2. 集合与集合的关系

假设有两个集合 A、B：

（1）A 是否等于 B，即两个集合的元素是否完全一样。

在交互模式下实验：

```
>>> a = set(['q', 'i', 's', 'r', 'w'])
>>> b = set(['a', 'q', 'i', 'l', 'o'])
>>> a == b
False
>>> a != b
True
```

（2）A 是否是 B 的子集，或者反过来，B 是否是 A 的超集，即 A 的元素也都是 B 的元素，但是 B 的元素比 A 的元素数量多，如下图所示。

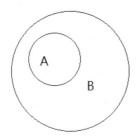

判断集合 A 是否是集合 B 的子集,可以使用 A<B 或者 A.issubset(B),返回 True 则是子集,否则不是。

```
>>> a = set(['q', 'i', 's', 'r', 'w'])
>>> c = set(['q', 'i'])
>>> c < a
True
>>> c.issubset(a)
True
>>> a.issuperset(c)
True
>>> b = set(['a', 'q', 'i', 'l', 'o'])
>>> a < b      #a 不是 b 的子集
False
>>> a.issubset(b)
False
```

(3) A、B 的并集,即 A、B 的所有元素,如下图所示。

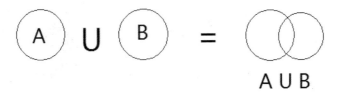

可以使用符号"|",是一个半角状态的竖线,表达式是 A | B。也可以使用函数 A.union(B),得到的结果就是两个集合的并集。注意,这个结果是新生成的一个对象,而不是将集合 A 或者 B 扩充。

```
>>> a = set(['q', 'i', 's', 'r', 'w'])
>>> b = set(['a', 'q', 'i', 'l', 'o'])
>>> c = a | b
>>> c
{'l', 'r', 'a', 'w', 'i', 'q', 'o', 's'}
>>> d = a.union(b)
>>> d
{'l', 'r', 'a', 'w', 'i', 'q', 'o', 's'}
>>> a
{'q', 'w', 'i', 's', 'r'}
>>> b
{'a', 'q', 'o', 'i', 'l'}
```

就算 A∪B 得到了一个新的结果，但原有集合没有任何改变。

（4）A、B 的交集，即 A、B 所公有的元素，如下图所示。

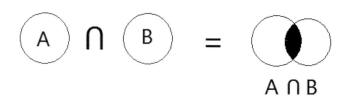

```
>>> a = set(['q', 'i', 's', 'r', 'w'])
>>> b = set(['a', 'q', 'i', 'l', 'o'])
>>> c = a & b
>>> c
{'q', 'i'}
>>> d = a.intersection(b)
>>> d
{'q', 'i'}
```

在进行实验的时候，笔者顺手敲了下面的代码，出现的结果如下，能解释一下这是为什么吗？（思考题）

```
>>> a and b
{'a', 'q', 'o', 'i', 'l'}
```

计算并集，也是生成一个新的结果。

（5）A 相对 B 的差（补），即 A 相对 B 不同的部分元素，如下图所示。

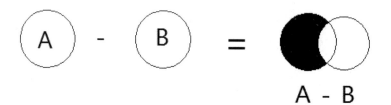

```
>>> a = set(['q', 'i', 's', 'r', 'w'])
>>> b = set(['a', 'q', 'i', 'l', 'o'])
>>> a - b
{'r', 's', 'w'}
>>> a.difference(b)
{'r', 's', 'w'}
```

如果计算 B−A，则结果会不同，因为这是 B 相对 A 的不同部分。

```
>>> b.difference(a)
{'a', 'o', 'l'}
```

同样，上面的运算都是生成新的结果，不影响原来的集合。所以，你也会在不可变集合中看到这些运算方法。

（6）A、B 的对称差集，如下图所示。

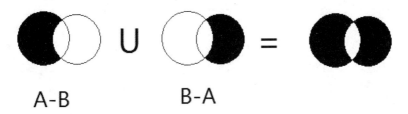

从上图中可以比较好地理解所谓的对称差集,本来通过前面的差集和并集计算能够得到同样的结果,但是考虑到兼并运算,Python 中提供了这样一个方法:

```
>>> a = set(['q', 'i', 's', 'r', 'w'])
>>> b = set(['a', 'q', 'i', 'l', 'o'])
>>> a.symmetric_difference(b)
{'l', 'r', 'a', 'w', 'o', 's'}
```

以上是集合的基本运算。在编程中,如果用到,可以用前面说的方法查找,不用死记硬背。

另外,特别建议使用含有名称的方法,少使用符号,因为运算符号的可读性不高。

第 2 章

语句和文件

在了解了基本对象类型之后，就可以通过语句来使用它们了。语句的作用就在于按照一定的逻辑组合操作某些对象。本章的另一部分内容是文件，在 Python3 中它已经不再是默认对象类型，但依然是一种不可缺少而且使用频繁的对象，并且和即将学到的 for 语句配合密切。

2.1 运算符

编程语言的运算符是比较多的，虽然前文给出了一个各种运算符和其优先级的表格，但是，那时对 Python 的理解还比较肤浅。建议读者先回头看看那个表格，然后再继续下面的内容。

这里将各种运算符总结一下，有复习，也有拓展。

2.1.1 算术运算符

如下表所示，为常用的算术运算符。

运算符	描述	实例
+	两个对象相加	10+20 输出结果 30
−	得到负数或是一个数减去另一个数	10−20 输出结果 -10
*	两个数相乘或是返回一个被重复若干次的字符串	10 * 20 输出结果 200
/	x 除以 y	20/10 输出结果 2.0
%	取余，返回除法的余数	20%10 输出结果 0
**	幂，返回 x 的 y 次幂	10**2 输出结果 100
//	取整，返回商的整数部分	9//2 输出结果 4

可以根据中学数学的知识，想想上面的运算符在混合运算中，应该按照什么顺序计算，并且亲自试试，看是否与中学数学中的规律一致（应该是一致的）。

2.1.2 比较运算符

在计算机高级语言编程中，任何两个同一类型的对象都可以进行比较，比如两个数字、两个字符串等。注意，一定是两个同一类型的对象。

不同类型的量可以比较吗？这种比较没有意义，就好比二两肉和三尺布进行比较，它们谁大呢？所以，在真正的编程中，我们要谨慎对待这种不同类型的量的比较。

对于比较运算符，我们在小学数学中就已经学习了一些：大于、小于、等于、不等于等。没有陌生的东西，Python 里面也是如此，如下表所示。

以下假设 a=10，b=20。

运算符	描述	实例
==	等于，比较对象是否相等	(a == b) 返回 False
!=	不等于，比较两个对象是否不相等	(a != b) 返回 True
>	大于，返回 a 是否大于 b	(a > b) 返回 False
<	小于，返回 a 是否小于 b	(a < b) 返回 True
>=	大于等于，返回 a 是否大于等于 b	(a >= b) 返回 False
<=	小于等于，返回 a 是否小于等于 b	(a <= b) 返回 True

在上面的表格实例中，显示比较的结果就是返回一个 True 或者 False，这是什么意思呢？就是在告诉你，这个比较如果成立，则为真，返回 True；否则返回 False，说明比较不成立。

请按照下面方式进行比较操作，然后再根据自己的想象，把比较操作熟练一番。

```
>>> a=10
>>> b=20
>>> a > b
False
>>> a < b
True
>>> a == b
False
>>> a != b
True
>>> a >= b
False
>>> a <= b
True
```

除了数字之外，还可以对字符串进行比较。字符串是按照"字典顺序"进行比较的。当然，这里说的是英文字典，不是前面说的字典类型的对象。

```
>>> a = "qiwsir"
>>> b = "python"
>>> a > b
True
```

先看第一个字符，按照字典顺序，q 大于 p（在字典中，q 排在 p 的后面），所以就返回结果 True。

在 Python 中，两种不同类型的对象虽然可以进行比较，但笔者不赞成这样操作。

```
>>> a = 5
>>> b = "5"
>>> a > b
```

False

2.1.3 逻辑运算符

首先谈谈什么是逻辑。

逻辑（Logic），又称理则、论理、推理、推论，是有效推论的哲学研究。逻辑被使用在大部分的智能活动中，但主要在哲学、数学、语义学和计算机科学等领域内被视为一门学科。在数学中，逻辑是指研究某个形式语言的有效推论。

1. 布尔类型

在所有的高级语言中，都有这么一类对象，被称之为布尔类型。从这个名称就知道它是用一个人的名字来命名的。

乔治·布尔（George Boole，1815年11月—1864年），英格兰数学家、哲学家。

乔治·布尔是一个皮匠的儿子，生于英格兰的林肯。由于家境贫寒，布尔不得不在协助养家的同时为自己能受教育而奋斗，不管怎么说，他成为了19世纪最重要的数学家之一。尽管他考虑过以牧师为业，但最终还是决定从教，而且不久就开办了自己的学校。

在备课的时候，布尔不满意当时的数学课本，便决定阅读伟大数学家的论文。在阅读伟大的法国数学家拉格朗日的论文时，布尔有了变分法方面的新发现。变分法是数学分析的分支，它处理的是寻求优化某些参数的曲线和曲面。

1848年，布尔出版了 *The Mathematical Analysis of Logic*，这是他对符号逻辑诸多贡献中的第一次。

1849年，布尔被任命为位于爱尔兰科克的皇后学院（今科克大学或UCC）的数学教授。1854年，他出版了 *The Laws of Thought*，这是他最著名的著作。在这本书中，布尔介绍了现在以他的名字命名的布尔代数。布尔撰写了微分方程和差分方程的课本，这些课本在英国一直使用到19世纪末。

由于其在符号逻辑运算中的特殊贡献，很多计算机语言中将逻辑运算称为布尔运算，将其结果称为布尔值。

布尔所创立的这套逻辑被称为布尔代数。其中规定只有两种值，True 和 False，正好对应计算机上二进制数的1和0。所以，布尔代数和计算机是天然吻合的。

所谓布尔类型，就是返回结果为 True、False 的对象。

如何判断表达式的布尔类型返回值？可以使用 bool() 函数，此函数在前文也出现过。

注意一些特殊情形的布尔值。

```
>>> a = " "    #空格，空格是一个字符
>>> bool(a)
True
>>> b = ""#这是空，不是空格
>>> bool(b)
False
```

```
>>> bool("canglaoshi")
True
>>> bool([])#空列表
False
>>> bool({})#空字典
False
```

有 3 种运算符，可以实现布尔类型的对象间的运算。

2. 布尔运算

进行布尔运算的运算符称为逻辑运算符，它们是 and、or 和 not。

1）and

and，翻译为"与"运算，但事实上，这种翻译容易引起望文生义的理解。

先说一下正确的理解。

A and B，含义是：

首先运算 A，如果 A 的值是 True，就计算 B，并将 B 的结果返回做为最终结果。如果 B 的结果是 False，那么 A and B 的最终结果就是 False；如果 B 的结果是 True，那么 A and B 的最终结果就是 True。如果 A 的值是 False，那么就不计算 B 了，直接返回 A and B 的结果为 False。

比如，4>3 and 4<9，首先看 4>3 的值，这个值是 True；再看 4<9 的值，也是 True，那么最终这个表达式的结果为 True。

```
>>> 4>3 and 4<9
True
```

再如，4>3 and 4<2，先看 4>3，返回 True；再看 4<2，返回的是 False，那么最终结果是 False。

```
>>> 4>3 and 4<2
False
```

又如，4<3 and 4<9，先看 4<3，返回 False，就不看后面的了，直接返回这个结果作为最终结果（对这种现象，有一个形象的说法，叫作"短路"）。

```
>>> 4<3 and 4<2
False
```

前面说容易引起望文生义的理解，就是有相当不少的人认为无论什么时候都看 and 两边的值，都是 True 返回 True，有一个是 False 就返回 False。根据这种理解得到的结果，与前述理解得到的结果一样，但是运算量不一样。短路求值，能够减少计算量，提高计算布尔表达式的速度。

把上面的计算过程综合一下，在计算 A and B 时，可以这样表述：

```
if A == False:
    return False
else:
    return bool(B)
```

上面这段算是伪代码。所谓伪代码，不是真正的代码，无法运行。但是，伪代码也有用途，能够以类似代码的方式表达一种计算过程。

读者还记得在集合运算的时候,有一个关于 a and b 的思考题吗?现在你可以回答了。

2)or

or,翻译为"或"运算。在 A or B 中,它是这么运算的:

```
if A==True:
    return True
else:
    return bool(B)
```

是不是能够看懂上面的伪代码呢?下面再增加上每行的注释。这个伪代码跟自然的英语差不多。

```
if A==True:            #如果 A 的值是 True
    return True        #返回 True,表达式最终结果是 True
else:                  #否则,也就是 A 的值不是 True
    return bool(B)     #看 B 的值,然后就返回 B 的值作为最终结果
```

根据上面的运算过程,分析下面的例子,是不是与运算结果一致?

```
>>> 4<3 or 4<9
True
>>> 4<3 or 4>9
False
>>> 4>3 or 4>9
True
```

3)not

not,翻译成"非",即无论面对什么,都要否定它。

```
>>> not(4>3)
False
>>> not(4<3)
True
```

以上是 3 个逻辑运算符,如果把 in 也放入逻辑运算符,那么就有 4 个了。不过,由于 in 在前面已经介绍过了,此处从略。

2.1.4 复杂的布尔表达式

在进行逻辑判断或者条件判断的时候,不一定都是类似上面例子那样简单的表达式,也可能遇到复杂的表达式。如果遇到了复杂的表达式,最好的方法是使用括号。

```
>>> (4<9) and (5>9)
False
>>> not(True and True)
False
```

用括号的方法,意义非常明确。当然,布尔运算也有优先级,但是你不一定能够记住,或者如果使用括号,就根本没有必要记住优先级。

不过,如下表所示,还是以表格形式,按照从高到低的顺序,把布尔运算的优先级列出来了,仅供参考,并且没有必要记忆。

顺　　序	符　　号
1	x == y
2	x != y
3	not x
4	x and y
5	x or y

最后强调，一定要用括号，不必记忆表格内容。

有了各种运算符，再应用已经学过的知识，就可以编程了。编程，从语句开始。

2.2　简单语句

写程序，就好比小学生学习写作一样，先学习词语，然后造句，再写文章。此前仅仅学会了一些词语（各种类型的对象），从现在开始就学习如何造句。在编程语言中，句子被称为语句。

2.2.1　什么是语句

事实上，前面已经用过语句了，最典型的那句：import math 就是语句。

为了能够严谨地阐述这个概念，先来看《维基百科》中的词条"命令式编程"：

命令式编程（Imperative Programming），是一种描述电脑所需做出的行为的编程范型。几乎所有电脑的硬件工作都是指令式的；几乎所有电脑的硬件都是设计来运行机器码，使用指令式的风格来写的。较高级的指令式编程语言使用变量和更复杂的语句，但仍依从相同的范型。

运算语句一般来说都表现了在存储器内的数据进行运算的行为，然后将结果存入存储器中，以便日后使用。高级命令式编程语言更能处理复杂的表达式，可能会产生四则运算和函数计算的结合。

一般高级语言都包含如下语句，Python 也不例外。

- 循环语句：容许一些语句反复运行数次。可依据一个默认的数目来决定运行这些语句的次数；或反复运行它们，直至某些条件改变。
- 条件语句：容许仅当某些条件成立时才运行某个区块。否则，这个区块中的语句会略去，然后按区块后的语句继续运行。
- 无条件分支语句：容许运行顺序转移到程序的其他部分之中，包括跳转（如某些语言中的 Goto）等。

循环、条件和无条件分支都是控制流程。

当然，Python 中的语句还是有其特别之处的（其他语言中，也会有自己的特色），下面就开始娓娓道来。

2.2.2　import

曾经用到过一个 import math，math 能提供很多数学函数，但是这些函数不是 Python 的内建函数，是 math 模块的，所以要用 import 引用这个模块。

这种用 import 引入模块的方法，是 Python 编程经常用到的。引用方法有如下几种：

```
>>> import math
>>> math.pow(3,2)
9.0
```

import math 就是一条语句，这是常用的一种方式，而且非常明确，math.pow(3,2)就明确显示了 pow()函数是 math 模块里的。可以说，这是一种可读性非常好的引用方式，并且不同模块的同名函数不会产生冲突。

```
>>> from math import pow
>>> pow(3,2)
9.0
```

这种方法就有点偷懒了，也不难理解，从字面意思就知道 pow()函数来自于 math 模块。在后续使用的时候，只需要直接使用 pow()即可，不必在前面写上模块名称了。这种引用方法比较适合引入模块较少的时候。如果引入模块多了，可读性就会下降，会不知道哪个函数来自哪个模块。

```
>>> from math import pow as pingfang
>>> pingfang(3,2)
9.0
```

这是在前面那种方式的基础上发展而来的，将从某个模块引入的函数重命名，比如将 pow 重命名为 pingfang，然后使用 pingfang()就相当于在使用 pow()。

如果要引入多个函数，可以这样做：

```
>>> from math import pow, e, pi
>>> pow(e,pi)
23.140692632779263
```

这里引入了 math 模块里面的 pow, e, pi，pow()是一个乘方函数，e 是那个欧拉数，pi 就是 π。

e，作为数学常数，是自然对数函数的底数。有时称它为欧拉数（Euler's number），以瑞士数学家欧拉命名；也有一个较鲜见的名字——纳皮尔常数，以纪念苏格兰数学家约翰·纳皮尔引进对数。它是一个无限不循环小数，e = 2.71828182845904523536（《维基百科》）。

e 的 π 次方，是一个数学常数。与 e 和 π 一样，它是一个超越数。这个常数在希尔伯特第七问题中曾提到过（《维基百科》）。

```
>>> from math import *
>>> pow(3,2)
9.0
>>> sqrt(9)
3.0
```

这种引入方式最贪图省事，一下将 math 中的所有函数都引过来了。不过，这种方式的结果是让可读性更低了，仅适用于模块中的函数比较少的时候，并且在程序中应用比较频繁。

在这里，我们以 math 模块为例，引入其中的函数。事实上，不仅函数可以引入，模块中还可以包括常数等，都可以引入。在编程中，模块中可以包括各种各样的对象，都可以引入。import 发起的语句，是一种简单的语句。

2.2.3 赋值语句

对于赋值语句，大家应该不陌生，在前面已经频繁使用了，如 a = 3，就是将一个整数赋给了变量。

除了那种最简单的赋值之外，还可以这么做：
```
>>> x, y, z = 1, "python", ["hello", "world"]
>>> x
1
>>> y
'python'
>>> z
['hello', 'world']
```

这里就一一对应赋值了。如果把几个值赋给一个，可以吗？
```
>>> a = "itdiffer.com", "python"

>>> a
('itdiffer.com', 'python')
```

其实在学习元组的时候已经遇到过上述现象了，右边的两个值装入了一个元组，然后将元组赋给了变量 a。Python 太聪明了。

在 Python 的赋值语句中，还有更聪明的。

有两个变量，其中 a = 2，b = 9。现在想让这两个变量的值对调，即最终使 a = 9，b = 2。

这是一个简单而经典的题目。在很多编程语言中，是这么处理的：
```
temp = a;
a = b;
b = temp;
```

在这里，变量就如同一个盒子，值就如同放到盒子里面的东西。如果要实现对调，必须再找一个盒子，将 a 盒子中的东西（整数 2）拿到这个盒子（temp）中，这样 a 盒子就空了，然后将 b 盒子中的东西（整数 9）拿到 a 盒子中（a = b），完成这步之后，b 盒子就空了，最后将 temp 盒子中的那个整数 2 拿到 b 盒子中。这就实现了两个变量值的对调。

Python 只要一行即可完成：
```
>>> a = 2
>>> b = 9

>>> a, b = b, a

>>> a
9
>>> b
2
```

a, b = b, a，就这一行就实现了数值对调，多么神奇。

之所以神奇，是因为前面已经数次提到的 Python 中变量和对象的关系。变量相当于贴在对象上的标签，这个操作只不过是将标签换了一个位置，就分别指向了不同的数据对象。

还有一种赋值方式，被称为"链式赋值"。
```
>>> m = n = "I use python"
```

```
>>> print(m, n)
I use python I use python
```

用这种方式实现了一次性对两个变量赋值，并且值相同。

```
>>> id(m)
3072659528L
>>> id(n)
3072659528L
```

用 id() 来检查一下，发现两个变量所指向的是同一个对象。

判断两个变量的值是不是同一个对象，除了使用 id()，还可以使用 is。

首先要明确，"同一个"和"相等"是有差别的。在编程中，"同一个"就是 id() 的结果一样；而"相等"指的是数值一样。

承接前面的操作：

```
>>> m is n
True
```

返回值是 True，这说明 m 和 n 两个变量引用的对象是同一个。

```
>>> a = "I use python"
>>> b = a
>>> a is b
True
```

这跟上面链式赋值等效。但是：

```
>>> a = "I use python"
>>> b = "I use python"
>>> a is b
False
>>> id(a)
139766033295664
>>> id(b)
139766033295984
>>> a == b
True
```

看出其中的端倪了吗？这次 a、b 两个变量虽然相等，但不是指向同一个对象。

在赋值中，还可以看到另外一种奇葩的现象：

```
>>> a = 256
>>> b = 256
>>> id(a), id(b)
(1734348560, 1734348560)
>>> a is b
True
>>> c = 257
>>> d = 257
>>> id(c), id(d)
(1859390937808, 1859392033008)
>>> c is d
False
```

对于上述奇葩现象，建议读者在网上用 Google 搜索一下，找到合理的解释。

还有一种赋值形式，如果从数学的角度来看，是不可思议的，如 x = x + 1，在数学中这个等式是不成立的，因为数学中的"="是"等于"的意思，但是在编程语言中它是成立的，因为"="是"赋值"的意思，即将变量 x 增加 1 之后，再把得到的结果赋值变量 x。

这种变量自己变化之后将结果再赋值给自己的形式，称为"增量赋值"。+、−、*、/、%都可以实现类似这种操作。

为了使这个操作写起来简便，可以写成：x += 1。

```
>>> x = 9
>>> x += 1
>>> x
10
```

除了数字以外，字符串进行增量赋值在实际应用中也很有价值。

```
>>> m = "py"
>>> m += "th"
>>> m
'pyth'
>>> m += "on"
>>> m
'python'
```

本节只是语句的入门，后面还有很多精彩内容。

2.3 条件语句

所谓条件语句，顾名思义，就是依据某个条件，满足这个条件后执行下面的内容。

2.3.1 if

if 翻译为中文是"如果"，它所发起的就是一个条件语句。换言之，if 是构成条件语句的关键词。最简单的方式如下：

```
if bool(conj):
    do something
```

一个非常简单的例子：

```
>>> a = 8
>>> if a == 8:
...     print(a)
...
8
```

简单解释一下上面那个虽然简陋但依然能说明问题的程序。

"if a==8:"，如果条件 a==8 返回的是 True，那么就执行下面的语句。特别注意，冒号是必须有的，另外，下面一行"print(a)"前面要有 4 个空格的缩进。这是 Python 的特点，这行就称之为"语句块"。

引用《维基百科》中的叙述如下：

Python 开发者有意让违反了缩排规则的程序不能通过编译，以此来使程序员养成良好的编程习惯。并且 Python 语言利用缩排表示语句块的开始和结束（Off-side 规则），而非使用花括号或者某种关键词。增加缩排表示语句块的开始，而减少缩排则表示语句块的结束。缩排成为了语法的一部分，如 if 语句。

根据 PEP 的规定，必须使用 4 个空格来表示每级缩排。使用 Tab 字符和其他数目的空格虽然都可以编译通过，但不符合编码规范。支持 Tab 字符和其他数目的空格仅仅是为了兼容很旧的 Python 程序和某些有问题的编辑程序。

从上面的这段话中，提炼出如下几个关键点：

- 必须要通过缩进方式来表示语句块的开始和结束。
- 缩进用 4 个空格（有的人在自己的编辑器中使用 Tab 键来实现缩进，这在自己的编辑器中没有问题，但是能不能在其他编辑器也适用，要看设置的具体情况。所以，比较安全的方法还是敲 4 个空格）。

2.3.2 if ... elif ... else

在进行条件判断的时候，只有 if 往往是不够的，比如下图所示的流程。

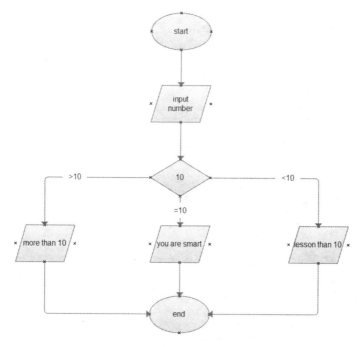

这张图反映的是这样一个问题：

输入一个数字，判断该数字和 10 的大小关系。如果大于 10，则输出大于 10 的提示；如果小于 10，则输出小于 10 的提示；如果等于 10，就输出表扬的一句话。

从图中就已经显示出来了，仅仅用 if 来判断是不足的，还需要其他分支。这就需要引入别的条件判断，所以就有了 if ... elif ... else 语句。

基本样式结构如下:

```
if 条件1:
语句块1
elif 条件2:
语句块2
elif 条件3:
语句块3
...
else:
语句块4
```

elif 和 else 发起的部分都可以省略,那就回归到了只有一个 if 的情况。如果是为了应付多条件判断,则就不能省略。

下面我们就不在交互模式中写代码了。打开你选择的写 Python 代码的编辑器,代码如下:

```
#! /usr/bin/env python
#coding:utf-8

print("请输入任意一个整数数字: ")
number = int(input())

if number == 10:
    print("您输入的数字是: {}".format(number))
    print("You are SMART.")
elif number > 10:
    print("您输入的数字是: {}".format(number))
    print("This number is more than 10.")
else:
    print("您输入的数字是: {}".format(number))
    print("This number is less than 10.")
```

对上述程序,需要说明如下几点:

- #! /usr/bin/env python。因为笔者是在 Ubuntu 操作系统中调试的程序,所以有这个。如果是在 Windows 里面,则可以省略。
- #coding:utf-8。在程序中有中文,也有英文,即便没有中文,也要声明程序的编码格式是 utf-8。
- input()函数是让用户通过键盘输入内容,返回的结果是字符串。因为在程序中,要将输入的数字跟整数 10 进行比较,所以要将该字符串转化为整数,因此使用了 int()函数。

上述程序,依据条件进行判断,不同条件下做不同的事情。

当然,这段程序也不是很完美的,比如程序没有解决如果用户输入的不是纯粹数字,怎么办?按照上面的程序,就会报错。如果用户输入的不是纯粹数字,能不能不让程序报错,而是提醒用户修改?或许还有很多其他需要改进的地方。总之,读者可以根据自己的理解去优化这个程序。

在程序中,书写条件 number == 10 时,为了阅读方便,在"number"和"=="之间最好有一个空格,同理,后面也要有一个空格。这里的 10 是整数类型,number 也是。

把这段程序保存成一个扩展名是.py 的文件，然后运行此程序。下面是笔者执行的结果，仅供参考。

```
$ python judgenumber.py
请输入任意一个整数数字：
12
您输入的数字是：12
This number is more than 10.
```

现在读者是否已经明晰，所谓条件语句中的"条件"，就是各种条件运算表达式或者布尔值，如果是 True，就执行该条件下的语句块。

2.3.3 三元操作符

三元操作，是条件语句中比较简练的一种赋值方式，它的模样是这样的：

```
>>> name = "qiwsir" if 29 > 21 else "github"
>>> name
'qiwsir'
```

从举例中可以看出来，所谓"三元"，就是将前面的条件语句 if … else … 写到一行。因为这种方式比较常用，所以写成上述样子后 Python 解析器也认识。

如果抽象成为一个公式，三元操作符就是这样的：A = Y if X else Z。

- 如果 X 为真，那么就执行 A=Y。
- 如果 X 为假，就执行 A=Z。

如此例：

```
>>> x = 2
>>> y = 8
>>> a = "python" if x > y else "qiwsir"
>>> a
'qiwsir'
>>> b = "python" if x < y else "qiwsir"
>>> b
'python'
```

if 所引起的条件语句使用非常普遍，当然也比较简单。

2.4 for 循环语句

循环，你我都在其中。日月更迭，斗转星移，无不是循环；王朝更迭，子子孙孙，从某个角度看也都是循环。循环是现实生活中常见的现象。编程语言就是要解决现实问题，因此也少不了要循环。

2.4.1 for 循环

在高级编程语言中，大多数都有 for 循环（for loop）。关于这种循环，借用《维基百科》中"for loop"的说明来帮助大家理解。

In computer science a for-loop (or simply for loop) is a programming language control statement for specifying iteration, which allows code to be executed repeatedly. The syntax of a for-loop is based on the heritage of the language and the prior programming languages it borrowed from, so programming languages that are descendants of or offshoots of a language that originally provided an iterator will often use the same keyword to name an iterator, e.g., descendants of ALGOL use "for", while descendants of Fortran use "do." There are other possibilities, for example COBOL which uses "PERFORM VARYING".

如果看上面的英文有点难度，那么可以看下面的翻译。

在计算机科学中，for 循环是编程语言中针对可迭代对象的语句，它允许代码被重复执行。for 循环的语法是在对历史上的编程语言继承和借鉴的基础上形成的，该语言原来有迭代器，则后来的编程语言也用同样的关键词来实现迭代，比如 ALGOL 系的使用"for"，而 Fortan 系的使用"do"。当然，也有例外，如 COBOL 用"PERFORM VARYING"。

for 循环是从 ALGOL 那里继承过来的。ALGOL（ALGOrithmic Language）是最早的高级编程语言（几乎没有之一），后来的不少高级语言都继承了 ALGOL 的某些特性，如 Pascal、Ada、C 语言等，也包括 Python。

《维基百科》上对此有非常清晰的说明：

The name for-loop comes from the English word for, which is used as the keyword in most programming languages to introduce a for-loop. The term in English dates to ALGOL 58 and was popularized in the influential later ALGOL 60; it is the direct translation of the earlier German für, used in Superplan (1949–1951) by Heinz Rutishauser, who also was involved in defining ALGOL 58 and ALGOL 60. The loop body is executed "for" the given values of the loop variable, though this is more explicit in the ALGOL version of the statement, in which a list of possible values and/or increments can be specified.

在 ALGOL 中，循环的关键词就是用 for。所以，Python 要继承这个特点，也用 for 来实现循环。于是有了 for 语句，其基本结构是：

for 循环规则：
    操作语句

从这个基本结构来看，其有着同 if 条件语句类似的地方：都有冒号；语句块都要有 4 个空格的缩进。

2.4.2 从例子中理解 for 循环

下面这个例子似曾相识：

```
>>> hello = "world"
>>> for i in hello:
...     print(i)
...
w
o
```

r
l
d

在这个例子中实现的就是 for 循环。下面具体分析：

（1）hello = "world"，赋值语句，实现变量 hello 和字符串"world"之间的引用关系。

（2）for i in hello:，for 是发起循环的关键词；i in hello 是循环规则，字符串类型的对象是序列类型，能够从左到右一个一个地按照索引读出每个字符，于是变量 i 就按照索引顺序，从第一个字符开始，依次获得该字符的引用。

（3）当 i="w"的时候，执行 print(i)，打印出了字母 w；然后循环第二次，让 i="e"，执行 print(i)，打印出字母 e……如此循环下去，一直到最后一个字符被打印出来，循环自动结束。

因为可以通过使用索引得到序列对象的某个元素，所以，还可以通过下面的循环方式实现同样的效果：

```
>>> for i in range(len(hello)):
...     print(hello[i])
...
w
o
r
l
d
```

其工作方式是：

（1）len(hello)得到 hello 引用的字符串的长度，为 5。

（2）range(len(hello)，就是 range(5)，也就是[0, 1, 2, 3, 4]，对应字符串"world"每个字母索引。这里应用了一个新的函数 range()，关于它的用法，继续阅读本书就能看到了。

（3）for i in range(len(hello))，就相当于 for i in [0,1,2,3,4]，让 i 依次得到列表中的各个值。当 i=0 时，打印 hello[0]，也就是第一个字符。然后按顺序循环下去，直到最后一个 i=4 为止。

到目前为止，我们已经学习过几种序列类型的对象，可以采用类似上面的方式循环。再比如列表：

```
>>> names = ["Newton", "Einstein", "Hertz", "Maxwell", "Bohr", "Cavendish", "Feynman"]
>>> for name in names:
...     print(name, end="-*-")
...
Newton-*-Einstein-*-Hertz-*-Maxwell-*-Bohr-*-Cavendish-*-Feynman-*-
>>> for i in range(len(names)):
...     print(names[i])
...
Newton
Einstein
Hertz
Maxwell
```

Bohr
Cavendish
Feynman

请读者注意，在上面的两种方式中，之所以输出的结果在样式上有所差别，就是因为在第一个输出中是 print(name, end="-*-")。读者可以通过查阅 print()的文档了解参数 end 的含义。本书前面已经显示过可以查阅，或者自行在 Python 交互模式中用 help(print)查看。

print()中默认的 end='\n'，即换行。所以在默认状态下，每个元素都独占一行。

列表和字符串都是序列类型，可以用 for 循环。同为序列类型的元组，当然也可以，只不过这里就不再介绍了，请读者自行尝试。

但是，不是序列的字典，也能用于 for 循环。例如：

```
>>> d = dict([("website", "www.itdiffer.com"), ("lang", "python"), ("author", "laoqi")])
>>> d
{'website': 'www.itdiffer.com', 'lang': 'python', 'author': 'laoqi'}
>>> for k in d:
        print(k)
```

输出结果是：

```
website
lang
author
```

上面的循环，其实是读取了字典的键（key）。在字典中，有一个读取所有键的方法——dict.keys()，得到的是字典的键 key 组成的可迭代对象，于是可以应用于 for 循环。

```
>>> for k in d.keys():
        print(k)
```

```
website
lang
author
```

这种循环方法和上面的循环方法结果是一样的。

如果要获得字典的 value 怎么办？不要忘记 dict.values()方法，读者可以自行测试一番。

除了可以单独获得 key 或者 value 的循环之外，还可以这么做：

```
>>> for k, v in d.items():
        print(k + "-->" + v)
```

```
website-->www.itdiffer.com
lang-->python
author-->laoqi
```

用上面的任何一种方式都可以对字典进行循环。但是，不能用下面的方式：

```
>>> for i in range(len(d)):
...     print(d[i])
```

```
...
Traceback (most recent call last):
  File "<stdin>", line 2, in <module>
KeyError: 0
```

因为字典不是序列，d[i]对字典没有任何意义。

至于对元组的循环，读者自行尝试即可。在本书的后面，会提到对元组循环的优势。

除了上述的对象之外，for 循环还能应用到哪些对象上？能不能用在数字上呢？

```
>>> for i in 321:
...     print(i)
...
Traceback (most recent call last):
  File "<stdin>", line 1, in <module>
TypeError: 'int' object is not iterable
```

出现了报错，这说明对于数字不能使用 for 循环。不过，光知道这个还不行，还要看看报错信息。报错信息中告诉我们，int（整数）对象不是可迭代的。言外之意是什么？那就是 for 循环所应用的对象应该是可迭代的。

那么，怎么判断一个对象是不是可迭代的呢？前文曾经介绍过一种方法，这里使用另外一种方法。

```
>>> import collections
```

引入 collections 这个标准库。要判断数字 321 是不是可迭代的，可以这么做：

```
>>> isinstance(321, collections.Iterable)
False
```

返回了 False，说明 321 这个整数类型的对象是不可迭代的。再判断一个列表对象：

```
>>> isinstance([1,2,3], collections.Iterable)
True
>>> isinstance({"name":"canglaoshi", "work":"php"}, collections.Iterable)
True
```

从返回结果可以知道，列表[1,2,3]是可迭代的，字典{"name":"canglaoshi", "work":"php"}是可迭代的，所以都能被 for 循环。

当然，并不是要你在使用 for 循环之前，非要判断某个对象是否是可迭代的。因为至此，你已经知道了字符串（str）、列表（list）、字典（dict）、元组（tuple）、集合（set）都是可迭代的，那么就直接理直气壮地用 for 循环它们即可。

也可以反过来，如果一个对象能够被 for 循环，那么说明它是可迭代的。

2.4.3 range(start,stop[, step])

非常有必要说明 range()这个内建函数，因为它会经常被使用，一般形式是 range(start, stop[, step])。

要研究清楚一些函数，特别是内建函数的功能，建议首先要明白内建函数名称的含义。因为在 Python 中，名称不是随便取的，代表一定的意义。

- range 的英语解释（以下解释来自《有道词典》）

  n. 范围；幅度；排；山脉

  vi.（在……内）变动；平行，列为一行；延伸；漫游；射程达到

  vt. 漫游；放牧；使并列；归类于；来回走动

如果读者去看这个函数的官方文档（https://docs.python.org/3/library/functions.html#func-range），则会发现这样的叙述：Rather than being a function, range is actually an immutable sequence type, as documented in Ranges and Sequence Types — list, tuple, range.

那就再看看 range 类，官方文档这样描述：The range type represents an immutable sequence of numbers and is commonly used for looping a specific number of times in for loops.（https://docs.python.org/3/library/stdtypes.html#range）

由此可知，通过 range() 得到的结果是一个序列类型，并且这种序列的名字就是 range。

在实验开始之前，先解释 range(start,stop[,step]) 的含义。

- start：开始数值，默认为 0，也就是如果不写这项，则认为 start=0。
- stop：结束的数值，这是必须要写的。
- step：变化的步长，默认是 1，坚决不能为 0。

```
>>> range(0, 9, 2)
range(0, 9, 2)
>>> type(range(0, 9 ,2))
<class 'range'>
```

range(0, 9, 2) 就是一个 Range 类型的对象。如果要看这个对象里面的具体内容，则可以这样看：

```
>>> list(range(0, 9, 2))
[0, 2, 4, 6, 8]
```

对于 range(0, 9, 2)，详细解读如下：

- 如果是从 0 开始，步长为 1，可以写成 range(9) 的样子。但是，如果步长为 2，也写成 range(9, 2) 的样子，那么计算机就有点糊涂了，它会认为 start=9，stop=2。所以，在步长不为 1 的时候，把 start 的值也写上。
- start=0, step=2, stop=9，列表中的第一个值是 start=0，第二个值是 start+1step=2（注意，这里是 1，不是 2，不要忘记，前面已经讲过，无论是列表还是字符串，对元素进行编号的时候，都是从 0 开始的），第 n 个值就是 start+(n-1)step，直到小于 stop 前的那个值。

熟悉了上面的计算过程，来看看下面的返回值会是什么？

```
>>> range(-9)
```

本来期望返回[0, -1, -2, -3, -4, -5, -6, -7, -8]，期望能实现吗？

分析一下，这里 start=0，step=1，stop=-9。

第一个值是 0；第二个是 start+1*step，将上面的数代入，应该是 1，但是最后一个还是-9，显然出现了问题。但是，Python 在这里不报错，它返回的结果是：

```
>>> range(-9)
range(0, -9)
>>> list(range(-9))
[]
```

报错和返回结果是两个含义，虽然返回的不是我们要的结果。应该如何修改呢？

```
>>> range(0, -9, -1)
range(0, -9, -1)
>>> list(range(0, -9, -1))
[0, -1, -2, -3, -4, -5, -6, -7, -8]
```

有了这个内置函数，很多事情都简单了。比如：

```
>>> list(range(0, 100, 2))
[0, 2, 4, 6, 8, 10, 12, 14, 16, 18, 20, 22, 24, 26, 28, 30, 32, 34, 36, 38, 40, 42, 44, 46, 48, 50, 52, 54, 56, 58, 60, 62, 64, 66, 68, 70, 72, 74, 76, 78, 80, 82, 84, 86, 88, 90, 92, 94, 96, 98]
```

100 以内的自然数中的偶数组成的列表，就非常简单地搞定了。

思考一个问题，现在有一个列表，比如是["I","am","a","pythoner","I","am","learning","it","with","qiwsir"]，要得到这个列表的每个元素的索引，并将索引组成一个列表，但是不能一个一个地用手指头来数。怎么办？

请沉思两分钟之后，自己实验一下，然后看下面：

```
>>> pythoner = ['I', 'am', 'a', 'pythoner', 'I', 'am', 'learning', 'it', 'with', 'qiwsir']
>>> py_index = range(len(pythoner))      #以 len(pythoner)为 stop 的值
>>> list(py_index)
[0, 1, 2, 3, 4, 5, 6, 7, 8, 9]
```

再用手指头数一数列表里面的元素，是不是跟结果一样？

例：找出小于 100 的能够被 3 整除的正整数。

分析：这个问题有两个限制条件，第一个是小于 100 的正整数，根据前面所学，可以用 range(1,100)来实现；第二个是要解决被 3 整除的问题，假设某个正整数 n，这个数如果能够被 3 整除，也就是 n％3 == 0。那么如何得到 n 呢？这果就要用 for 循环。

以上只是做了简单分析，要实现流程，还需要细化一下。按照前面曾经讲授过的一种方法，画出解决问题的流程图，如下图所示。

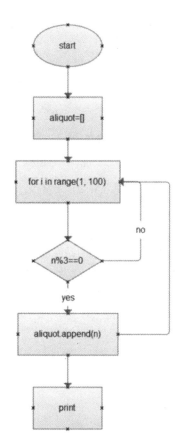

流程图能够帮助我们梳理逻辑过程，之后所写的代码就是"按图索骥"了。参考代码：

```
#! /usr/bin/env python
#coding:utf-8

aliquot = []

for n in range(1,100):
    if n % 3 == 0:
        aliquot.append(n)

print(aliquot)
```

代码运行结果：

[3, 6, 9, 12, 15, 18, 21, 24, 27, 30, 33, 36, 39, 42, 45, 48, 51, 54, 57, 60, 63, 66, 69, 72, 75, 78, 81, 84, 87, 90, 93, 96, 99]

在上面的代码中，将 for 循环和 if 条件判断都用上了。

不过，感觉有点麻烦，其实可以这么做：

```
>>> list(range(3, 100, 3))
```
[3, 6, 9, 12, 15, 18, 21, 24, 27, 30, 33, 36, 39, 42, 45, 48, 51, 54, 57, 60, 63, 66, 69, 72, 75, 78, 81, 84, 87, 90, 93, 96, 99]

for 循环在 Python 中应用广泛，所以，下节还要深入研究这个语句的使用，不要小看它，虽然简单，但内涵深刻。

2.4.4 并行迭代

前文已经多次提到过"可迭代的（iterable）"这个词，并给予了适当解释，这里还要继续提到"迭代"，说明它在 Python 中占有重要的位置。

迭代，在 Python 中的表现就是用 for 循环，从对象中获得一定数量的元素。

在前面一节中，将 for 循环用于列表、字符串、字典的键值对，这就是迭代。

在现实中迭代不都是那么简单的，比如下面这个问题。

问题： 有两个列表，分别是：a = [1, 2, 3, 4, 5]，b = [9, 8, 7, 6, 5]，要计算这两个列表中对应元素的和。

解析：

太简单了，一看就知道结果了。

很好，这是你的方法，如果让 Python 来做，那么应该怎么做呢？

观察发现，两个列表的长度一样，都是 5。那么对应元素求和，就是相同的索引值对应的元素求和，即 a[i]+b[i](i=0,1,2,3,4)，这样一个一个地就把相应元素的和求出来了。当然，要用 for 来做这个事情。

```
>>> a = [1, 2, 3, 4, 5]
>>> b = [9, 8, 7, 6, 5]
>>> c = []
>>> for i in range(len(a)):
...     c.append(a[i] + b[i])
...
>>> c
[10, 10, 10, 10, 10]
```

看来 for 的表现还不错。

这种方法虽然解决了问题，但 Python 总不会局限于一个解决之道，而且，用 Python 编程，还要追求优雅。

于是，zip()——一个内建函数姗姗来迟，它可以让同样的问题有不一样的解决途径。

先要看一看 zip() 的官方文档，以了解它的身世。

```
>>> help(zip)
Help on class zip in module builtins:

class zip(object)
 |  zip(iter1 [,iter2 [...]]) --> zip object
 |
 |  Return a zip object whose .__next__() method returns a tuple where
 |  the i-th element comes from the i-th iterable argument.  The .__next__()
 |  method continues until the shortest iterable in the argument sequence
 |  is exhausted and then it raises StopIteration.
```

zip() 的参数需要是可迭代对象。值得关注的是返回值，返回的是一个 zip 对象。

通过实验来理解上面的文档：

```
>>> a = "qiwsir"
>>> b = "python"
>>> zip(a, b)
<zip object at 0x0000000003521D08>
>>> list(zip(a, b))
[('q', 'p'), ('i', 'y'), ('w', 't'), ('s', 'h'), ('i', 'o'), ('r', 'n')]
```

如果序列长度不同，那么就以"the length of the shortest argument sequence"为准。

```
>>> c = [1, 2, 3]
>>> d = [9, 8, 7, 6]
>>> zip(c,d)
<zip object at 0x000001B0EC674D88>
>>> list(zip(c,d))
[(1, 9), (2, 8), (3, 7)]

>>> m = {"name", "lang"}
>>> n = {"qiwsir", "python"}
>>> list(zip(m, n))
[('lang', 'python'), ('name', 'qiwsir')]
```

m，n 是字典吗？当然不是，下面的才是字典。

```
>>> s = {"name":"qiwsir"}
>>> t = {"lang":"python"}
>>> list(zip(s, t))
[('name', 'lang')]
```

下面是比较特殊的情况，当参数是一个序列对象时所生成的结果：

```
>>> a ='qiwsir'
>>> c = [1, 2, 3]
>>> list(zip(c))
[(1,), (2,), (3,)]
>>> list(zip(a))
[('q',), ('i',), ('w',), ('s',), ('i',), ('r',)]
```

很好的 zip()！那么就用它来解决前面那个两个列表中值对应相加的问题吧。

```
>>> a = [1, 2, 3, 4, 5]
>>> b = [9, 8, 7, 6, 5]
>>> d = []
>>> for x, y in zip(a, b):
...     d.append(x + y)
...
>>> d
[10, 10, 10, 10, 10]
```

比较这个问题的两种解法，似乎第一种解法适用面较窄，比如，如果已知给定的两个列表长度不同，那么第一种解法就出问题了；而第二种解法还可以继续适用。的确如此，不过，第一种解法也不是不能修订。

```
>>> a = [1, 2, 3, 4, 5]
>>> b = ["python","www.itdiffer.com","qiwsir"]
```

如果已知是这样的两个列表，要将对应的元素"加起来"。

```
>>> length = len(a) if len(a)<len(b) else len(b)
>>> length
3
```

首先用这种方法获得两个列表中最短的那个列表的长度。

```
>>> c = []
>>> for i in range(length):
...     c.append(str(a[i]) + ":" + b[i])
...
>>> c
['1:python', '2:www.itdiffer.com', '3:qiwsir']
```

这还是用第一个思路做的，经过修正，也还能用。要注意一个细节，在"加"的时候，不能直接用 a[i]，因为它引用的对象是一个整数类型，不能跟后面的字符串类型相加，必须转化一下。

当然，zip()也解决这个问题。

```
>>> d = []
>>> for x,y in zip(a, b):
...     d.append(x + y)
...
Traceback (most recent call last):
  File "<stdin>", line 2, in <module>
TypeError: unsupported operand type(s) for +: 'int' and 'str'
```

看到错误信息，刚刚提醒的那个问题就冒出来了。所以，应该这么做：

```
>>> for x,y in zip(a, b):
...     d.append(str(x) + ":" + y)
...
>>> d
['1:python', '2:www.itdiffer.com', '3:qiwsir']
```

这才得到了正确结果。

以上两种写法哪种更好呢？

```
>>> result = [(2, 11), (4, 13), (6, 15), (8, 17)]

>>> list(zip(*result))
[(2, 4, 6, 8), (11, 13, 15, 17)]
```

zip()还能这么干，是不是有点意思？

如果读者认真阅读关于zip()的文档，就会发现有这么一种说法："zip object whose .__next__() method"，意思是说返回的那个 zip 对象，包含了一个名字叫作__next__()的方法。这里有什么更深的内涵吗？的确有内涵，不过要留到后面详述。

下面延伸一个问题。

问题：有一个字典 myinfor = {"name":"qiwsir", "site":"qiwsir.github.io", "lang":"python"}，将这个字典变换成：infor = {"qiwsir":"name", "qiwsir.github.io":"site", "python":"lang"}。

解析：

解法一，用 for 循环：

```
>>> myinfor = {"name":"qiwsir", "site":"qiwsir.github.io", "lang":"python"}
>>> infor = {}
>>> for k,v in myinfor.items():
...     infor[v] = k
...
>>> infor
{'python': 'lang', 'qiwsir.github.io': 'site', 'qiwsir': 'name'}
```

解法二，用 zip()：

```
>>> dict(zip(myinfor.values(), myinfor.keys()))
{'python': 'lang', 'qiwsir.github.io': 'site', 'qiwsir': 'name'}
```

这是什么情况？原来 zip() 还能这样用。

为了能够窥探内部的奥秘，我们将那一行分解开来。

```
>>> myinfor.values()
dict_values(['python', 'qiwsir', 'qiwsir.github.io'])
>>> myinfor.keys()
dict_keys(['lang', 'name', 'site'])
>>> temp = zip(myinfor.values(), myinfor.keys())
#压缩成一个列表，每个元素是一个元组，元组中第一个是值，第二个是键
>>> dict(temp)            #这是函数 dict() 的功能，将上述列表转化为字典
{'python': 'lang', 'qiwsir.github.io': 'site', 'qiwsir': 'name'}
```

至此，是不是已经明白了 zip() 和循环的关系了呢？有了它，可以让某些循环简化。

2.4.5 enumerate()

enumerate() 也是内建函数。

本来我们可以通过 for i in range(len(list)) 的方式得到一个列表的每个元素对应的索引，然后再用 list[i] 的方式得到该元素。但是，如果要同时得到元素索引和元素怎么办？

```
>>> week = ['monday', 'sunday', 'friday']
>>> for i in range(len(week)):
...     print(week[i] + ' is ' + str(i))
...
monday is 0
sunday is 1
friday is 2
```

内建函数 enumerate() 能够实现类似的功能，并且简化。

```
>>> for (i, day) in enumerate(week):
...     print(day + ' is ' + str(i))
...
monday is 0
```

```
sunday is 1
friday is 2
```

Python 官方网站上的文档是这么说的：

enumerate(iterable, start=0)
   Return an enumerate object. iterable must be a sequence, an iterator, or some other object which supports iteration. The __next__() method of the iterator returned by enumerate() returns a tuple containing a count (from start which defaults to 0) and the values obtained from iterating over iterable.

顺便抄录几个例子供欣赏，最好实验一下。

```
>>> seasons = ['Spring', 'Summer', 'Fall', 'Winter']
>>> list(enumerate(seasons))
[(0, 'Spring'), (1, 'Summer'), (2, 'Fall'), (3, 'Winter')]

>>> list(enumerate(seasons, start=1))
[(1, 'Spring'), (2, 'Summer'), (3, 'Fall'), (4, 'Winter')]
```

对于这样一个列表：

```
>>> mylist = ["qiwsir",703,"python"]
>>> enumerate(mylist)
<enumerate object at 0xb74a63c4>
>>> list(enumerate(mylist))
[(0, 'qiwsir'), (1, 703), (2, 'python')]
```

再设计一个小问题，练习一下这个函数。

问题：将字符串中的某些字符替换为其他的字符串。原始字符串为"Do you love Canglaoshi? Canglaoshi is a good teacher."，请将"Canglaoshi"替换为"PHP"。

解析：

```
>>> raw = "Do you love Canglaoshi? Canglaoshi is a good teacher."
```

这是所要求的那个字符串，但是，不能直接对这个字符串使用 enumerate()，因为它会变成这样：

```
>>> list(enumerate(raw))
[(0, 'D'), (1, 'o'), (2, ' '), (3, 'y'), (4, 'o'), (5, 'u'), (6, ' '), (7, 'l'), (8, 'o'),
(9, 'v'), (10, 'e'), (11, ' '), (12, 'C'), (13, 'a'), (14, 'n'), (15, 'g'), (16, 'l'),
(17, 'a'), (18, 'o'), (19, 's'), (20, 'h'), (21, 'i'), (22, '?'), (23, ' '), (24, 'C'),
(25, 'a'), (26, 'n'), (27, 'g'), (28, 'l'), (29, 'a'), (30, 'o'), (31, 's'), (32, 'h'),
(33, 'i'), (34, ' '), (35, 'i'), (36, 's'), (37, ' '), (38, 'a'), (39, ' '), (40, 'g'),
(41, 'o'), (42, 'o'), (43, 'd'), (44, ' '), (45, 't'), (46, 'e'), (47, 'a'), (48, 'c'),
(49, 'h'), (50, 'e'), (51, 'r'), (52, '.')]
```

这不是所需要的。所以，先把 raw 转化为列表：

```
>>> raw_lst = raw.split()
```

然后使用 enumerate()：

```
>>> for i, string in enumerate(raw_lst):
...     if string == "Canglaoshi":
...         raw_lst[i] = "PHP"
...
```

没有异常现象，查看一下那个 raw_lst 列表，看看是不是把"Canglaoshi"替换为"PHP"了。

```
>>> raw_lst
['Do', 'you', 'love', 'Canglaoshi?', 'PHP', 'is', 'a', 'good', 'teacher.']
```

只替换了一个，还有一个没有替换。为什么？仔细观察发现，没有替换的那个是'Canglaoshi?'，跟条件判断中的"Canglaoshi"不一样。

修改一下，把条件放宽：

```
>>> for i, string in enumerate(raw_lst):
...     if "Canglaoshi" in string:
...         raw_lst[i] = "PHP"
...
>>> raw_lst
['Do', 'you', 'love', 'PHP', 'PHP', 'is', 'a', 'good', 'teacher.']
```

然后再转化为字符串，留给读者试试。

2.4.6 列表解析

先看下面的例子，这个例子是想得到1~9每个整数的平方，并且将结果放在列表中打印出来。

```
>>> power2 = []
>>> for i in range(1, 10):
...     power2.append(i*i)
...
>>> power2
[1, 4, 9, 16, 25, 36, 49, 64, 81]
```

Python 有一个非常强大的功能，就是列表解析，它这样使用：

```
>>> squares = [x**2 for x in range(1, 10)]
>>> squares
[1, 4, 9, 16, 25, 36, 49, 64, 81]
```

看到这个结果，读者还不惊叹吗？这就是 Python，追求简洁优雅的 Python！

其官方文档中有这样一段描述，道出了列表解析的真谛：

List comprehensions provide a concise way to create lists. Common applications are to make new lists where each element is the result of some operations applied to each member of another sequence or iterable, or to create a subsequence of those elements that satisfy a certain condition.

这就是 Python 有意思的地方，也是计算机高级语言编程有意思的地方，你只要动脑筋，总能找到惊喜。

请看下面的代码，感悟一下列表解析的魅力。

```
>>> mybag = [' glass',' apple','green leaf ']
#有的前面有空格，有的后面有空格
>>> [one.strip() for one in mybag]
```

```
#去掉元素前后的空格
['glass', 'apple', 'green leaf']
```

本节中已经演示过的问题，都能用列表解析来重写，读者不妨试一试。

在很多情况下，列表解析的执行效率高，代码简洁明了，在实际写程序中经常会用到。

现在 Python 的两个版本，在列表解析上还是有一点点差别的，请认真看下面的比较操作。

Python 2 的代码：

```
>>> i = 1
>>> [ i for i in range(9)]
[0, 1, 2, 3, 4, 5, 6, 7, 8]
>>> i
8
```

Python 3 的代码：

```
>>> i = 1
>>> [i for i in range(9)]
[0, 1, 2, 3, 4, 5, 6, 7, 8]
>>> i
1
```

有没有观察到区别？

虽然本书是讲授 Python 3，并且也提倡学习者使用 Python 3，但是了解两个版本的异同还是有好处的，在列表解析中的差别，或许会是程序 Bug 的诱因。

仔细看上面的举例，首先是 i = 1，然后是一个列表解析式。非常巧合的是，列表解析式中也用了变量 i。这种情况在编程中是常常会遇到的，我们通常把 i=1 中的变量 i 称为处于全局命名空间里面（命名空间，是一个新词汇，暂且用起来，后面会讲述）；而列表解析式中的变量 i 是在列表解析内，称为处在局部命名空间。在 Python 3 中，for 循环里的变量不再与全局命名空间的变量有关联。这种改变，窃以为是进步。

对于循环，除了 for 之外，还有一个叫作 while。

2.5 while 循环语句

while，翻译成中文是"当……的时候"，这个单词在英语中，常常用来作为时间状语，while ... someone do somthing，这种类型的说法是有的。

在 Python 中，它也有这个含义，不过不同的是，"当……的时候"这个条件成立在一段范围或者时间间隔内，从而在这段时间间隔内让 Python 做好多事情。就好比这样一段情景：

```
while 年龄大于 60 岁：--------->当年龄大于 60 岁的时候
    退休                --------->凡是符合上述条件就执行的动作
```

展开想象，如果制作一道门，这道门就是用上述的条件调控开关的。假设有很多人经过这个门，报上年龄，只要年龄大于 60 岁，就退休（门打开，人可以出去）。一个接一个地这样循环下去，突然有一个人年龄是 50 岁，那么这个循环就在他这里停止了。也就是说，这时候他不满足条件了。

这就是 while 循环。写一个严肃点的流程，如下图所示。

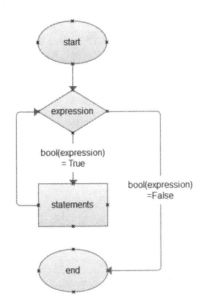

2.5.1 做猜数字游戏

前不久，有一个在校的大学生朋友（李航）给我发邮件，让我看了他做的游戏。这款游戏能够实现多次猜数，直到猜中为止。

现在将他写的程序恭录于此，此代码已经征求过李航同学的同意，感谢他对本书的支持（原代码是 Python 2 的，此处做了适当修改，此处适用于 Python 3）。

```python
#! /usr/bin/env python
#coding:UTF-8

import random

i=0
while i < 4:
    print('*******************************')
    num = input('请您输入 0 到 9 任一个数：')
    xnum = random.randint(0,9)
    x = 3 - i
    if num == xnum:
        print('运气真好，您猜对了！')
        break
    elif num > xnum:
        print('''您猜大了!\n哈哈,正确答案是:%s\n您还有%s 次机会！''' %(xnum,x))
    elif num < xnum:
        print('''您猜小了!\n哈哈,正确答案是:%s\n您还有%s 次机会！''' %(xnum,x))
    print('*****************************')
    i += 1
```

这段程序并不完美，但依然可以作为一个例子来分析。

首先看 while i<4，这是程序中为猜测限制了次数。请注意，在 while 的循环体中的最后一句：i +=1，也就是说每次循环到最后，就给 i 增加 1，当 bool(i<4) 为 False 的时候，就不再循环了。

当 bool(i<4) 为 True 的时候，就执行循环体内的语句。在循环体内，让用户输入一个整数，然后程序随机选择一个整数，最后判断随机生成的数和用户输入的数是否相等，并且用 if 语句判断三种不同情况。

理解了意图，建议读者试着修改一下上述代码。

为了让用户的体验更佳，不妨把输入的整数范围扩大到 1~100。

```
num_input = input("please input one integer that is in 1 to 100:")
```

程序用 num_input 变量接收了输入的内容。但是，请一定要注意，笔者要分享一个多年的编程经验：**任何用户输入的内容都是不可靠的。**

这句话含义深刻，这里暂且不做过多的解释，需要各位在随后的编程生涯中自己体验。

为此，我们要检验用户输入的内容是否符合我们的要求，我们要求用户输入的是 1~100 的整数，那么就要做如下检验：

- 输入的是否是整数。
- 如果是整数，是否在 1~100。

可以这样做：

```
if not num_input.isdigit():
    #str.isdigit()是用来判断字符串是否纯粹由数字组成
    print("Please input interger.")
elif int(num_input)<0 and int(num_input)>=100:
    print("The number should be in 1 to 100.")
else:
    pass
    #这里用 pass，意思是暂时省略，如果满足了前面提出的要求，就该执行此处语句
```

再来看看李航同学的程序，在循环体内产生了一个随机的数字，这样用户每次输入面对的都是一个新的随机数字。这样的猜数字游戏难度太大了。笔者希望程序只产生一个数字，直到猜中，都是这个数字。所以，要把"产生随机数字"这个指令移动到循环之前。

```
import random

number = random.randint(1,100)

while True:            #不限制用户的次数了
    ...
```

观察李航同学的程序，还有一点需要说明，那就是在条件表达式中，两边最好是同种类型的数据。上面的程序中有 num>xnum 样式的条件表达式，而一边是程序生成的整数类型数据，一边是通过输入函数得到的字符串类型数据，这样不好，比较运算符两边的数据类型应该一致。

那么，按照这种思路，把这个猜数字程序重写一下：

```python
#!/usr/bin/env python
#coding:utf-8

import random

number = random.randint(1,100)

guess = 0

while True:

    num_input = input("please input one integer that is in 1 to 100:")
    guess += 1

    if not num_input.isdigit():
        print("Please input interger.")
    elif int(num_input) < 0 or int(num_input) >= 100:
        print("The number should be in 1 to 100.")
    else:
        if number == int(num_input):
            print("OK, you are good.It is only %d, then you successed." % guess)
            break
        elif number > int(num_input):
            print("your number is smaller.")
        elif number < int(num_input):
            print("your number is bigger.")
        else:
            print("There is something bad, I will not work")
```

代码仅供参考，更欢迎读者改进它。

执行上面的程序，看看能够最短多少次猜中数字？有没有一个巧妙的方法猜中？

2.5.2 break 和 continue

break，在上面的例子中已经出现了，其含义就是要在这个地方中断循环，跳出循环体。下面这个简要的例子更明显：

```python
#!/usr/bin/env python
#coding:utf-8

a = 8
while a:
    if a%2 == 0:
        break
    else:
        print("{} is odd number".format(a))
        a -= 1
print("{} is even number".format(a))
```

a=8 的时候，执行循环体中的 break，跳出循环，执行最后的打印语句，得到结果：

8 is even number

如果 a=9，则要执行 else 里面的 print()，然后 a -= 1，即 a = a – 1=8，循环就再执行一次，又 break 了，得到结果：

```
9 is odd number
8 is even number
```

请读者思考，如果 a = 1，会按照什么流程执行上述程序呢？

而 continue 则是要从当前位置（continue 所在的位置）跳到循环体的最后一行的后面（不执行最后一行）。对一个循环体来讲，就如同首尾衔接一样，最后一行的后面是哪里呢？当然是开始了。

```
#!/usr/bin/env python
#coding:utf-8

a = 9
while a:
    if a%2 == 0:
        a -=1
        continue      #如果是偶数，就返回循环的开始
    else:
        print("{} is odd number".format(a))     #如果是奇数，就打印出来
        a -=1
```

其实，对于 break 和 continue，笔者个人在编程中很少用到。笔者有一个固执的观念，尽量将条件在循环之前做足，不要在循环中跳来跳去，因为这样不仅可读性下降了，而且有时候自己也容易糊涂。

2.5.3　while...else

while...else 有点类似于 if...else，只需要一个例子就可以理解。当然，一遇到 else，就意味着已经不在 while 循环内了。

```
#!/usr/bin/env python

count = 0
while count < 5:
    print(count, " is  less than 5")
    count = count + 1
else:
    print(count, " is not less than 5")
```

执行结果：

```
0  is less than 5
1  is less than 5
2  is less than 5
3  is less than 5
4  is less than 5
5  is not less than 5
```

2.5.4 for...else

除了有 while...else 之外，还可以有 for...else。这个循环也通常用于跳出循环之后要做的事情。

```python
#!/usr/bin/env python
# coding=utf-8

from math import sqrt

for n in range(99, 1, -1):
    root = sqrt(n)
    if root == int(root):
        print(n)
        break
else:
    print("Nothing.")
```

请读者分析上述代码的含义。

阅读代码是一个提升自己编程水平的好方法。如何阅读代码？像看网上新闻那样吗？只看自己喜欢的文字，甚至标题看不完就开始发表意见？

绝对不是这样，阅读代码的最好方法是给代码做注释。如果有可能，就给每行代码做注释，这样就能理解代码的含义了。

上面的代码，读者不妨试着做注释，看看它到底在干什么。如果把 for n in range(99, 1, -1) 修改为 for n in range(99, 81, -1)，看看是什么结果？

循环就这么多内容，但它即将迎来一个最大的用处。

2.6 文件

文件，是计算机中非常重要的东西，如在 Linux 操作系统中，所有的东西都被保存到文件中。

在 Python 3 中，没有 file 这个内建类型了（Python 2 中，file 是默认类型），但这并不妨碍我们对文件的研究。

2.6.1 读文件

在某个文件夹下面建立一个文件，名为：130.txt，并且在里面输入如下内容：

```
learn python
http://qiwsir.github.io
qiwsir@gmail.com
```

此文件一共三行。

下图显示了这个文件的存储位置：

```
qw@qw-Latitude-E4300:~/Documents/ITArticles/BasicPython/codes$ ls
105-1.py    106-1.py    111-1.py    129-1.py   130.txt
105.py      109.py      118-1.py    129-2.py
qw@qw-Latitude-E4300:~/Documents/ITArticles/BasicPython/codes$ python
```

在上面的截图中，笔者在当前位置输入了 python，进入到交互模式。在这个交互模式下，这样操作：

```
>>> f = open("130.txt")       #打开已经存在的文件
>>> for line in f:
...     print(line)
...
learn python

http://qiwsir.github.io

qiwsir@gmail.com
```

提醒初学者注意，在那个目录里输入了启动 Python 交互模式的命令，那么，如果按照上面的方法 open("130.txt")打开文件，就意味着这个文件 130.txt 是在当前文件夹内的。如果要打开其他文件夹内的文件，请用相对路径或者绝对路径来表示，从而让 Python 能够找到那个文件。

open()一个文件，也就生成了一个对象，把这个对象赋值给变量 f，这样变量 f 和文件对象之间就建立了引用关系。

接下来，用 for 来读取文件中的内容，把读到的文件中的每行（也看作对象）赋值给变量 line。也可以理解为，用 for 循环一行一行地读取文件内容。每次扫描一行，遇到行结束符号\n 表示本行结束，然后是下一行。

从打印的结果看出，每一行跟前面看到的文件内容中的每一行是一样的，只是行与行之间多了一个空行。前面显示文章内容的时候，没有这个空行。或许这无关紧要，但是，还要深究一下才能豁然。

在原文中，每行结束都有本行结束符号\n，表示换行。print(line)在默认情况下，打印完 line 的对象之后会增加一个\n。这样看来，在每行末尾就有两个\n，即\n\n，于是在打印中就出现了一个空行。

```
>>> f = open('130.txt')
>>> for line in f:
...     print(line, end='')
...
learn python
http://qiwsir.github.io
qiwsir@gmail.com
```

如果读者完成了上述操作，紧接着做下面的操作：

```
>>> for line2 in f:     #在前面通过 for 循环读取了文件内容之后，再次读取
...     print(line2)         #然后打印，但却没有显示任何结果
...
```

这不是错误，是因为前一次已经读取了文件内容，并且到了文件的末尾。再重复操作，就是从末尾开始继续读。当然显示不了什么东西，但是 Python 并不认为这是错误。后面会对此进行讲解。

在这里，如果要再次读取，那就重新 f = open('130.txt')。

注意，如果已经执行了 f = open('130.txt')，就是已经建立了一个文件对象，这时候可以使用 dir() 来查看这个对象的方法和属性。

```
>>> f = open("130.txt")
>>> dir(f)
['_CHUNK_SIZE', '__class__', '__del__', '__delattr__', '__dict__', '__dir__', '__doc__',
'__enter__', '__eq__', '__exit__', '__format__', '__ge__', '__getattribute__',
'__getstate__', '__gt__', '__hash__', '__init__', '__iter__', '__le__', '__lt__',
'__ne__', '__new__', '__next__', '__reduce__', '__reduce_ex__', '__repr__',
'__setattr__', '__sizeof__', '__str__', '__subclasshook__', '_checkClosed',
'_checkReadable', '_checkSeekable', '_checkWritable', '_finalizing', 'buffer', 'close',
'closed', 'detach', 'encoding', 'errors', 'fileno', 'flush', 'isatty', 'line_buffering',
'mode', 'name', 'newlines', 'read', 'readable', 'readline', 'readlines', 'seek',
'seekable', 'tell', 'truncate', 'writable', 'write', 'writelines']
```

在众多属性和方法中，__iter__ 是最吸引我们关注的，这意味着文件对象是可迭代的。所以，可以用 for 循环它。

特别提醒，因为笔者所演示的交互模式是在该文件所在目录启动的，所以，就相当于这个实验室和文件 130.txt 是同一个目录，这时候我们打开文件 130.txt，就认为是在本目录中打开的；如果文件不是在本目录中，需要写清楚路径。

比如，在上一级目录中（~/Documents/ITArticles/BasicPython），假如进入到那个目录中，运行交互模式，然后试图打开 130.txt 文件，如下图所示。

```
~/Documents/ITArticles/BasicPython/codes$ ls
11-1.py   129-1.py   130.txt
18-1.py   129-2.py
~/Documents/ITArticles/BasicPython/codes$ cd ..
~/Documents/ITArticles/BasicPython$ python
```

```
>>> f = open("130.txt")
Traceback (most recent call last):
  File "<stdin>", line 1, in <module>
IOError: [Errno 2] No such file or directory: '130.txt'

>>> f = open("./codes/130.txt")    #必须得写上路径
>>> for line in f:
...     print(line)
...
learn python

http://qiwsir.github.io

qiwsir@gmail.com
```

读文件，只是针对文件的操作之一，还有创建文件。

2.6.2 创建文件

在上面的实验中，打开的是一个已经存在的文件。如何创建一个新文件呢？这里首先进入一个名字叫作 newfiles 的目录中，在这个目录下执行 python 指令，进入到交互界面，然后进行如下操作：

```
>>> nf = open("txtfile.txt", "w")
>>> nf.write("This is a new file")
18
>>> nf.close()
```

nf = open("txtfile.txt", "w")意味着在当前目录中（newfiles）创建一个名为 txtfile.txt 的文件，该文件为"w"打开模式。

nf.write("This is a new file")则是向已建立的文件中写入一句话"This is a new file"，并返回写入字符串的长度。

nf.close()为关闭当前打开的文件，则上述写入的那句话被存入到文件中。

这样就创建了一个文件并写入了文件内容，如下图所示。

创建文件，我们同样是用 open()这个函数，但是多了个"w"，这是在告诉 Python 用什么样的模式打开文件。也就是说，用 open()打开文件，可以有不同的模式，如下表所示。

模式	描述
r	以读方式打开文件，可读取文件信息
w	以写方式打开文件，可向文件写入信息。如文件存在，则清空该文件，再写入新内容
a	以追加模式打开文件（一打开文件，文件指针自动移到文件末尾），如果文件不存在则创建
R+	以读写方式打开文件，可对文件进行读和写操作
w+	消除文件内容，然后以读写方式打开文件
a+	以读写方式打开文件，并把文件指针移到文件末尾
b	以二进制模式打开文件，而不是以文本模式。该模式只对 Windows 或 DOS 有效，类 UNIX 的文件是用二进制模式进行操作的

从表中不难看出，不同模式下打开文件，可以进行相关的读写。那么，如果什么模式都不写，像前面那样呢？则默认为 r 模式，以只读的方式打开文件。

```
>>> f = open("txtfile.txt")
>>> f
<_io.TextIOWrapper name='txtfile.txt' mode='r' encoding='UTF-8'>
>>> f = open("txtfile.txt", "r")
>>> f
<_io.TextIOWrapper name='txtfile.txt' mode='r' encoding='UTF-8'>
```

可以用这种方式查看当前打开的文件是采用什么模式打开的，上面显示两种模式是一样的效果，如果不写那个"r"，就默认为是只读模式。

下面对两种常用模式进行解释。

（1）"w"模式，以写方式打开文件，可向文件写入信息。如文件存在，则清空该文件，再写入新内容。

刚才建立的 txtfile.txt 文件是已经存在并有内容的文件，现在用"w"模式打开这个文件。

```
>>> for line in fp: print(line)
...
This is a new file          #原来这个文件里面的内容
>>> fp = open("txtfile.txt", "w")
>>> fp.write("Life is short, you need python.")
31
>>> fp.close()
```

查看文件内容,是否如同前面对"w"模式说明的那样,更新的文件内容,如下图所示。

```
qiwsir@ubuntu:~/                        newfiles$ ls
txtfile.txt
qiwsir@ubuntu:~/                        /newfiles$ more txtfile.txt
Life is short, you need python.
```

内容果然更新了。

(2)"a"模式,以追加模式打开文件(一打开文件,文件指针自动移到文件末尾),如果文件不存在则创建。

首先依然打开前面创建的文件 txtfile.txt,并向其中追加一句话:

```
>>> fp = open("txtfile.txt", "a")
>>> fp.write("\nAha, I like program.")
21
>>> fp.close()
```

如此操作,就在文件 txtfile.txt 中追加了一句话,并且原来已经有的内容还存在,这仅仅是追加。

```
>>> f = open("txtfile.txt")
>>> for lin in f: print(lin)
...
Life is short, you need python.

Aha, I like program.
```

也可以用这种模式打开一个不存在的文件,即新建。

```
>>> fn = open("mdfile.md", "a")
>>> fn.write("Python can help you to be a great programmer.")
45
>>> fn.close()
```

在此目录中,本没有 mdfile.md 文件,用上述方式不仅新建了它,还追加了内容,如下图所示。

```
qiwsir@ubuntu:~/                        /newfiles$ ls
mdfile.md  txtfile.txt
qiwsir@ubuntu:~/                        /newfiles$ more mdfile.md
Python can help you to be a great programmer.
```

其他几种模式,读者可以自行操作。

2.6.3 使用 with

读者在前文中已经看到了,在对文件进行写入操作之后,都要执行关闭文件的操作(即

file.close()，它的作用就是将文件关闭，同时也将内容保存到文件中。如果不进行 close()操作，在 file.write()中写入的内容就没有被保存到文件中。）这个操作千万不要忘记，如果忘记了怎么办？那就补上吧。

```
>>> f = open("mdfile.md", "a")
>>> f.write("\nAre you a PHPer?")
17
```

至此，如果去查看 mdfile.md 文件，会发现它的内容丝毫没有被修改。直到操作了 f.close() 之后，才能在文件中看到刚才追加的那句话。

```
$ more mdfile.md
Python can help you to be a great programmer.
Are you a PHPer?
```

除了显示的操作关闭之外，还有另外一种方法，能够实现对文件的读写更简便，这就是 with。

```
>>> with open("mdfile.md", "a") as f:
...     f.write("\nI am a Pythoner.")
...
17
```

with 其实是要发起一个语句，这个语句兼具了后面我们会遇到的 try/finally 的功能，即能够在遇到异常情况时发出异常提醒。从更深层次理解 with，需要对所谓上下文管理器的概念有理解。此处暂不多讲，留待读者以后深究。先学会如何使用 with 语句。

```
>>> with open("mdfile.md") as f:
...     print(f.read())
...
Python can help you to be a great programmer.
Are you a PHPer?
I am a Pythoner.
```

在 with 语句中就不用 close()了，而且这种方法更有 Python 味道，或者说更符合 Pythonic 的一个要求。

刚才的程序中使用了文件对象的一个方法 read()，下文会详述。

2.6.4 文件的状态

很多时候，我们需要获取一个文件的有关状态（也称为属性），比如创建日期、修改日期、大小等。在 os 模块中，有这样一个方法，专门让我们查看文件的这些状态参数。

```
>>> import os
>>> file_stat = os.stat("mdfile.md")      #查看这个文件的状态
>>> file_stat
os.stat_result(st_mode=33204, st_ino=2755694, st_dev=2049, st_nlink=1, st_uid=1000, st_gid=1000, st_size=79, st_atime=1471583678, st_mtime=1471583648, st_ctime=1471583648)

>>> file_stat.st_ctime
1471583648.5266619
```

这是什么时间？看不懂！别着急，换一种方式。在 Python 中，有一个模块 time，是专门针对时间设计的。

```
>>> import time
>>> time.localtime(file_stat.st_ctime)
time.struct_time(tm_year=2016, tm_mon=8, tm_mday=19, tm_hour=13, tm_min=14, tm_sec=8, tm_wday=4, tm_yday=232, tm_isdst=0)
```

关于 os.stat()返回结果的各项含义，读者可以参考官方网站的说明：https://docs.python.org/3.5/library/os.html#os.stat_result。

2.6.5　read/readline/readlines

这所以用 open()能够打开文件，是因为这个文件对象是可迭代的，所以用 for 循环，可以将文件的内容读取出来。

在用 dir()查看文件对象的属性和方法时，会看到三个方法：read/readline/readlines。

从名称上看，它们应该都跟"读"有关，但是，又应该有所差别。

的确如此。

```
>>> f = open("mdfile.md")
```

对于上述建立的文件对象，其 read()方法在 Python 官方文档中描述为："Read and return at most size characters from the stream as a single str. If size is negative or None, reads until EOF."（https://docs.python.org/3.5/library/io.html#io.TextIOBase）

在理解这段话的含义之前，先解释一下出现的 EOF 的含义。

所谓 EOF，就是 End-of-file。在《维基百科》中居然有对它的解释：

In computing, End Of File (commonly abbreviated EOF[1]) is a condition in a computer operating system where no more data can be read from a data source. The data source is usually called a file or stream. In general, the EOF is either determined when the reader returns null as seen in Java's BufferedReader, [2] or sometimes people will manually insert an EOF character of their choosing to signal when the file has ended.

明白了 EOF 之后，再来看对 read()的解释。

文件对象的 read()方法，完整的写出来是 read(size)，只不过里面的参数可以省略。如果不省略，则读取文件中 size 个字符并返回一个字符串。

```
>>> f.read(12)
'Python can h'
```

如果省略，则读取文件对象中的字符直到 EOF，并依然返回字符串。

```
>>> f.read()
'elp you to be a great programmer.\nAre you a PHPer?\nI am a Pythoner.'
```

如果读者能够按照上面的操作依次完成，就会在 f.read()后出现以上结果，这主要是因为已经在前面 f.read(12)了，指针移到了第 12 个字符后面。

```
>>> f = open("mdfile.md")
>>> f.read()
'Python can help you to be a great programmer.\nAre you a PHPer?\nI am a Pythoner.'
```

这样就看出来了，如果 read()里面不写参数，则将文件内容从指针所在位置开始到文件结束，全部读取出来，并返回字符串。

除了 read() 之外，还有 reanline()，从名称上看，它是逐行读取文件内容。

```
>>> f = open("mdfile.md")
>>> f.readline()
'Python can help you to be a great programmer.\n'
>>> f.readline()
'Are you a PHPer?\n'
>>> f.readline()
'I am a Pythoner.'
>>> f.readline()
''
```

每次执行 f.readline() 只读取一行，直到最后一行。如果还执行 f.readline()，则返回空字符串，但是不报错。

同样，如果给 readline(size) 参数，则读取相应行的 size 个字符。

还有一个 readlines()，它的作用是将文件中各行读出来，放到一个列表中返回。

```
>>> f = open("mdfile.md")
>>> f.readlines()
['Python can help you to be a great programmer.\n', 'Are you a PHPer?\n', 'I am a Pythoner.']
```

返回的是一个列表，那么就能用 for 循环读取列表元素。再观察一下出现，列表中每个元素都是文件的一行，并且是字符串。

```
>>> f = open("mdfile.md")
>>> for line in f.readlines(): print(line)
...
Python can help you to be a great programmer.

Are you a PHPer?

I am a Pythoner.
```

这种方式是不是让你想起了前文已经见过的对文件的 for 循环？

```
>>> f = open("mdfile.md")
>>> for line in f: print(line)
...
Python can help you to be a great programmer.

Are you a PHPer?

I am a Pythoner.
```

以上两种循环方式貌似一样，但其实不同。在 for line in f 中，并没有一次性将文件中所有行都读入内存；而 for line in f.readlines() 中已经先行执行了 f.readlines()，在内存中有一个列表，列表中包含了所有文件的行。这就是两者的区别。

2.6.6 读很大的文件

经过前文的说明读者已经知道，文件对象的 read() 或者 readlines() 都是一次性将全部内容读入内存。在文件不是很大（大小要根据硬件的内存来定义）的情况下，这样的做法能够保证速度快。但是，如果文件很大，乃至于内存空间不足，就不能这么做了。

Python 中有一个 fileinput 模块，可以使用它来操作。

```
>>> import fileinput
>>> for line in fileinput.input("you.md"):
...     print(line, end='')
...
You Raise Me Up
When I am down and, oh my soul, so weary;
When troubles come and my heart burdened be;
Then, I am still and wait here in the silence,
Until you come and sit awhile with me.
You raise me up, so I can stand on mountains;
You raise me up, to walk on stormy seas;
I am strong, when I am on your shoulders;
You raise me up: To more than I can be.
```

对于这个模块的更多内容，读者可以自己在交互模式下利用 dir()、help()去查看。

同样，这个文件依然可以用我们熟悉的方法。

```
>>> for line in f:
...     print(line, end='')
...
You Raise Me Up
When I am down and, oh my soul, so weary;
When troubles come and my heart burdened be;
Then, I am still and wait here in the silence,
Until you come and sit awhile with me.
You raise me up, so I can stand on mountains;
You raise me up, to walk on stormy seas;
I am strong, when I am on your shoulders;
You raise me up: To more than I can be.
```

之所以能够如此，是因为文件是可迭代的对象，直接用 for 来迭代即可。

2.6.7 seek

读者是否发现，在前文演示的时候，每次都要做 f = open("mdfile.md")类似的操作，否则就会出现这样的情况：

```
>>> f = open("mdfile.md")
>>> for line in f: print(line)
...
Python can help you to be a great programmer.

Are you a PHPer?

I am a Pythoner.
>>> for line in f: print(line)
...
```

是不是发现，当我们第二次循环文件的时候，既不报错，也不显示内容。类似的现象，在前文的 f.readline() 也出现过。

这是因为读取文件的时候，有指针随着运动，当读取结束时，指针就移动到相应的位置。比如：

```
>>> f = open("you.md")
>>> f.readline()
'You Raise Me Up\n'
>>> f.readline()
'When I am down and, oh my soul, so weary;\n'
```

此时指针在第二行结束位置。让 Python 告诉我们当前位置，可以使用 tell()：

```
>>> f.tell()
60
```

现在来看 seek() 的能力，它能够根据偏移量移动指针：

```
>>> f.seek(0)
0
```

意图是要回到文件的最开头，那么如果用 f.readline() 应该读取第一行。

```
>>> f.readline()
'You Raise Me Up\n'
```

可以操作指针移动到任何一个位置。

```
>>> f.seek(4)
4
>>> f.tell()
4
>>> f.readline()
'Raise Me Up\n'
```

f.seek(4) 就将位置定位到从开头算起的第四个字符后面，也就是字母"R"之前的位置。这时候如果使用 readline()，得到的就是从当前位置开始到行末。

seek(offset[, whence]) 是这个函数的完整形式，以上我们省略了 whence，在默认情况下都是以文件的开头为参照物进行移动的，即 whence=0。whence 还可以有别的值，具体如下：

- 默认值是 0，表示从文件开头开始计算指针偏移的量（简称偏移量）。这时 offset 必须是大于等于 0 的整数。
- 当 whence=1 时，表示从当前位置开始计算偏移量。如果 offset 是负数，表示从当前位置向前移动；如果 offset 是正数，表示向后移动。
- 当 whence=2 时，表示相对文件末尾移动。

前面已经提到了，文件是可迭代的，并且还学过其他可迭代的对象。看来，迭代是一个有必要讨论的问题。

2.7 初识迭代

在学习之前，先搞清楚这些名词：

- 循环（Loop），指的是在满足条件的情况下，重复执行同一段代码，如 while 语句。
- 迭代（Iterate），指的是按照某种顺序逐个访问对象（如列表）中的每一项，如 for 语句。
- 递归（Recursion），指的是一个函数不断调用自身的行为，如著名的斐波纳契数列。
- 遍历（Traversal），指的是按照一定的规则访问树形结构中的每个节点，而且每个节点都只访问一次。for 循环就是一种遍历。

对于这四个听起来高深莫测的词汇，其实前面已经涉及了一个——循环（Loop），本节主要介绍一下迭代（Iterate），在网上用 Google 搜索一下就会发现，关于迭代和循环、递归之间的比较的文章很多，分别从不同角度将它们进行了对比。这里暂不比较，先搞明白 Python 中的迭代。

当然，迭代的话题如果要说起来会很长，本着循序渐进的原则，这里先介绍比较初级的。

2.7.1 逐个访问

在 Python 中，如果要访问对象中的每个元素，则可以这么做（如一个 list）：

```
>>> lst = ['q', 'i', 'w', 's', 'i', 'r']
>>> for i in lst:
...     print(i, end='')
...
q i w s i r
```

除了这种方法外，还可以这样：

```
>>> lst_iter = iter(lst)      #对原来的 list 实施了一个 iter()
>>> lst_iter.__next__()
'q'
>>> lst_iter.__next__()
'i'
>>> lst_iter.__next__()
'w'
>>> lst_iter.__next__()
's'
>>> lst_iter.__next__()
'i'
>>> lst_iter.__next__()
'r'
>>> lst_iter.__next__()
Traceback (most recent call last):
  File "<stdin>", line 1, in <module>
StopIteration
```

iter()是一个内建函数，其含义如下：

```
>>> help(iter)
Help on built-in function iter in module builtins:

iter(...)
    iter(iterable) -> iterator
    iter(callable, sentinel) -> iterator
    
    Get an iterator from an object.  In the first form, the argument must supply its own
```

iterator, or be a sequence.
   In the second form, the callable is called until it returns the sentinel.

   iter()函数返回的是一个迭代器对象。关于迭代器对象，本书后文会有专门的介绍。

```
>>> type(lst_iter)
<class 'list_iterator'>
```

所有的迭代器对象，在 Python 3 中，都有 __next__()方法（这个方法在 Python 2 中的名称是 next()，所以使用不同版本，要注意一下这个方法名称的变更）。

迭代器，当然是可迭代的。前文已经介绍过如何判断一个对象是否为可迭代对象的方法了。

在上面的举例中，__next__()就是要获得下一个元素，但是作为一名优秀的程序员，最佳品质就是"懒惰"，当然不能这样一个一个地敲，于是就有：

```
>>> while True:
...     print(lst_iter.__next__())
...
Traceback (most recent call last):
  File "<stdin>", line 2, in <module>
StopIteration
```

先不管错误，再来一遍。

```
>>> lst_iter = iter(lst)
>>> while True:
...     print(lst_iter.__next__())
...
q
i
w
s
i
r
Traceback (most recent call last):
  File "<stdin>", line 2, in <module>
StopIteration
```

看上面演示的例子会发现，如果用 for 来迭代，当到末尾的时候，就自动结束了，不会报错。如果用__next__()，当最后一个完成之后，它不会自动结束，还要向下继续，但是后面没有元素了，于是就报一个称之为 StopIteration 的信息（名叫：停止迭代，这分明是警告）。

还要关注迭代器对象的另外一个特点，当对象 lst_iter 被迭代结束后，即每个元素都读取了一遍之后，指针就移动到了最后一个元素的后面。如果再访问，指针并没有自动返回到首位置，而是仍然停留在末位置，所以报 StopIteration。如果想要再开始，则需要重新载入迭代对象。

至此，对迭代器暂且有上述了解，或许读者还不知道迭代器更深层次的使用，但是有一个典型的例子——文件，已经在前面研究过了。

2.7.2 文件迭代器

现在有一个文件，名称为 208.txt，其内容如下：

```
Learn python with qiwsir.
```

```
There is free python course.
The website is:
http://qiwsir.github.io
Its language is Chinese.
```

用迭代器来操作这个文件，我们在前面讲述文件有关知识的时候已经做过了，无非就是：

```
>>> f = open("208.txt")
>>> f.readline()         #读第一行
'Learn python with qiwsir.\n'
>>> f.readline()         #读第二行
'There is free python course.\n'
>>> f.readline()         #读第三行
'The website is:\n'
>>> f.readline()         #读第四行
'http://qiwsir.github.io\n'
>>> f.readline()   #读第五行，也就是最后一行，读完之后到了此行的后面
'Its language is Chinese.\n'
>>> f.readline()         #无内容了，但是不报错，返回空
''
```

以上演示的是用 readline() 一行一行地读。当然，在实际操作中，我们是绝对不能这样做的，一定要让它自动进行，比较常用的方法如下：

```
>>> for line in f:       #这个操作是紧接着上面的操作进行的
...     print(line)      #没有打印出东西
...
```

这段代码之所以没有打印出东西，是因为经过前面的操作，指针已经移到了最后。这就是迭代的一个特点，要小心指针的位置。

```
>>> f = open("208.txt")      #从头再来
>>> for line in f:
...     print(line,end='')
...
Learn python with qiwsir.
There is free python course.
The website is:
http://qiwsir.github.io
Its language is Chinese.
```

上面过程用__next__()也能够读取。

```
>>> f = open("208.txt")
>>> f.__next__()
'Learn python with qiwsir.\n'
>>> f.__next__()
'There is free python course.\n'
>>> f.__next__()
'The website is:\n'
>>> f.__next__()
'http://qiwsir.github.io\n'
>>> f.__next__()
'Its language is Chinese.\n'
```

```
>>> f.__next__()
Traceback (most recent call last):
  File "<stdin>", line 1, in <module>
StopIteration
```

如果用__next__()，就可以直接读取每行的内容，这说明文件是天然的可迭代对象，不需要用 iter()转换。

再有，我们用 for 来实现迭代，在本质上就是自动调用__next__()，只不过这个工作已经让 for 偷偷地替我们做了。到这里，应该给 for 取另外一个名字：雷锋。

其实，迭代器远远不止上述这么简单，以后我们还会不断遇到。

第 3 章

函数

对于人类来讲，函数能够发展到这个数学思维层次是一个飞跃。可以说，函数的提出直接加快了现代科技和社会的发展，现代的任何科技门类，乃至经济学、政治学、社会学等，都已经普遍使用函数。

下面是一段来自《维基百科》的关于函数的词条：

"函数"这个数学名词是莱布尼兹在 1694 年开始使用的，以描述曲线的一个相关量，如曲线的斜率或者曲线上的某一点。莱布尼兹所指的"函数"现在被称作"可导函数"，数学家之外的普通人一般接触到的函数即属此类。对于可导函数，可以讨论它的极限和导数。此两者描述了函数输出值的变化同输入值的变化的关系，是微积分学的基础。

中文的"函数"一词由清朝数学家李善兰译出。其《代数学》一书中解释："凡此变量中函（包含）彼变量者，则此为彼之函数。"

3.1 函数的基本概念

函数，从简单到复杂，各式各样。但不管什么样子的函数，都可以用下图概括。

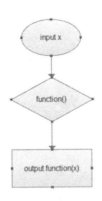

3.1.1 理解函数

在中学数学中，可以用这样的方式定义函数：y=4x+3，这就是一个一次函数。当然，也可以写成：f(x)=4x+3。其中 x 是变量，它可以代表任何数。

当 x=2 时，代入到上面的函数表达式：

f(2) = 4×2+3 = 11

所以，f(2) = 11。

但是，这并不是函数的全部。在函数中，其实变量并没有规定只能是一个数，它可以是馒头，还可以是苹果，不知道读者是否对函数有这个层次的理解。

一个函数，就是一种映射关系。

读者尝试着将上面表达式中的 x 理解为馅饼，4x+3 就是 4 个馅饼再加上 3（一般来讲，单位是统一的，但如果非让它不统一，也无妨），这个结果对应着另外一个东西，比如说是 iPhone，即可以理解为 4 个馅饼加 3 就对应一个 iPhone。这就是所谓的映射关系。

所以，x 不仅仅是数，还可以是你认为的任何东西。由此，就知晓了像 x 这样的变量的本质。

变量本质是占位符。

函数中为什么变量用 *x*？这是一个有趣的问题，可以用 Google 搜索一下，看能不能找到答案。很巧，在"知乎"上还真有人询问这个问题，可以阅读：http://www.zhihu.com/question/20112835。

变量可以用 x，也可以用其他符号，如 y、z、k、i、j 等，甚至用 alpha、beta 这样的字母组合也可以。

什么是占位符？就是先把那个位置用变量占上，表示这里有一个东西，至于这个位置放什么东西，以后再说，反正先用一个符号占着这个位置（占位符）。

其实在高级语言编程中，变量比我们在数学中学习的要复杂。但是，这里先不管那些，复杂的东西放在以后再说。现在，就按照初中数学的水平来研究 Python 中的变量。

通常用小写字母来命名 Python 中的变量，也可以是用下画线连接的多个单词，如 alpha、x、j、p_beta，这些都可以作为 Python 的变量。

下面按照纯粹数学的方式，在 Python 中建立函数。

```
>>> a = 2
>>> y = 3 * a + 2
>>> y
8
```

这种方式建立的函数，跟在初中数学中学习的没有什么区别。在纯粹数学中，也常这么用。那么这种方式在 Python 中还有效吗？

既然在上面已经建立了一个函数，那么我们就改变变量 *a* 的值，看看得到什么结果。

```
>>> a = 3
>>> y
8
```

是不是很奇怪？为什么已经让 a 等于 3 了，结果 y 还是 8？

还记得前面已经学习过的关于赋值的原理吗？a=2 的含义是将 2 这个对象贴上了变量 a 的标签，经过计算，得到了 8，之后变量 y 引用了对象 8。当变量 a 引用的对象修改为 3 时，y 引用的对象还没有变，所以还是 8。再计算一次，y 的连接对象就变了：

```
>>> a = 3
>>> y
8
>>> y = 3 * a + 2
>>> y
11
```

特别注意，如果事先没有定义 a=2，就直接写下函数表达式，就会报错。

```
>>> y = 3 * a + 2
Traceback (most recent call last):
  File "<stdin>", line 1, in <module>
NameError: name 'a' is not defined
```

注意看报错提示，a 是一个变量，提示中告诉我们这个变量没有定义。这就说明，用纯粹数学的方式定义函数至少在 Python 中是不适合的。

原因何在？如果非要找个根由，这大概可能是"="造成的，这个符号在数学中是"等号"的含义，但是在 Python 中，包括在所有的高级编程语言中，是"赋值"的含义。这是笔者的理解。更深层的缘由还在于计算机处理数据的原理与人不同。所以，要有一种新的定义函数的方式。

3.1.2 定义函数

在 Python 中，规定了一种定义函数的格式，下面的举例就是一个函数，我们以这个函数为例来说明定义函数的格式和调用函数的方法。

```python
#!/usr/bin/env python
#coding:utf-8

def add_function(a, b):
    c = a + b
    return c

if __name__ == "__main__":
    result = add_function(2, 3)
    print(result)
```

然后将文件保存，这里命名为 add_function.py，读者可以根据自己的喜好给文件命名。

接下来进入到保存文件的目录，并运行它，就得到了显示结果，如下图所示。

```
qiwsir@ubuntu:~/       /newcodes$ ls
add_function.py
qiwsir@ubuntu:~/       /newcodes$ python add_function.py
5
```

你运行的结果是什么？如果没有得到上面的结果，就应该非常认真地检查一下代码，看是否与上诉代码完全一样。注意，包括冒号和空格，都得一样。**冒号和空格很重要**。

下面以此函数为例，详述函数的组成。

- "def: "是函数的开始。在声明要建立一个函数的时候，一定要使用 def（英文 define 的前三个字母），意思就是告知 Python 解析器，这里要声明一个函数。def 所在的那一行，包括后面的 add_function(a, b)，被称为函数头。

- "add_function"是函数名称。取名字是有讲究的，在 Python 中取名字的讲究就是要有一定意义，能够从名字中看出这个函数是用来干什么的。从 add_function 这个名字中，是不是能够看出它是用来计算加法的呢（严格地说，是把两个对象"相加"，这里"相加"的含义是比较宽泛的，包括对字符串等相加）？

- "(a, b)"是参数列表，要写在括号里面。这是一个变量（参数）列表，其中的变量（参数）指向函数的输入。在这个例子中，函数有两项输入，分别是 a 和 b。在通常的函数中，输入项没有限定，可以是任意数量，当然也可以没有输入，这时候的参数列表就是一对空着的圆括号()，必须得有这个圆括号。

- ":"，这个冒号非常重要，如果少了，就会报错。冒号表示函数头结束，下面要开始函数体的内容。

- "c = a + b"，从这一行开始，就是函数体。函数体是缩进了 4 个空格的代码块，完成你需要完成的工作。在这个代码块中，可以使用函数头中的变量，当然，不使用也可以。缩进 4 个空格，这是 Python 的规定，要牢记，不可丢掉，否则就会报错。这句话就是将函数头的变量相加，结果赋值予另外一个变量 c。

- "return c"，还是提醒注意，缩进 4 个空格。return 是函数的关键字，意思是要返回一个值。return 语句执行时，Python 跳出当前的函数并返回到调用这个函数的地方。在下面，有调用这个函数的地方：result = add_function(2, 3)。但是，函数中的 return 语句也不是必须要写的，如果不写，Python 将认为以 return None 作为结束。也就是说，如果函数中没有 return，事实上在调用的时候，Python 也会返回一个结果，这个结果就是 None。

- "if __name__ == "__main__":"，这句话先照抄，不解释。注意，这时候已经不在函数里面了，所以不要承接函数体的缩进了。

- "result = add_function(2, 3)"，这是调用前面建立的函数，并且传入两个值 a=2 和 b=3（严格地讲是传入了两个对象的引用，读者在这里可以暂时不用纠结传值和传引用的问题，以后或许会有明白的时候）。仔细观察传入参数的方法，就是相当于把 2 放在 a 的位置，把 3 放在 b 的位置（所以说，变量就是占位符）。当函数运行，遇到了 return 语句时，就将函数中的结果返回到这里，赋值给 result。还要啰嗦一句，是"相当于"把 2 和 3 分别放在 a 和 b 的位置，这个"相当于"是有含义的，暂且存疑，后续会讲解。

下面总结定义函数的格式：

def 函数名(参数1, 参数2, ..., 参数n):

函数体（语句块）

是不是很简单呢？但有几点需要说明：

- 函数名的命名规则要符合 Python 中的命名要求，一般用小写字母和单下画线、数字等组合。

- def 是定义函数的关键词，这个简写来自英文单词 define。

- 函数名后面是圆括号，括号里面可以有参数列表，也可以没有参数。
- 千万不要忘记括号后面的冒号。
- 函数体（语句块），相对于 def 缩进，按照 Python 习惯，缩进 4 个空格。

看下面的简单例子，深入理解上面的要点：

```
>>> def name():         #定义一个无参数的函数，只是通过这个函数打印
...     print("qiwsir") #缩进4个空格
...
>>> name()              #调用函数，打印结果
qiwsir

>>> def add(x, y):      #定义一个非常简单的函数
...     return x + y    #缩进4个空格
...
>>> add(2, 3)           #通过函数，计算2+3
5
```

注意上面的 add(x, y)函数，在这个函数中，没有特别规定参数 x、y 的类型。这么说也不准确，还记得在前面已经多次提到，在 Python 中，变量无类型，只有对象才有类型。这句话应该说成：x、y 并没有严格规定其所引用的对象类型。这是 Python 跟某些语言，比如 Java 的区别。在有些语言中，需要在定义函数的时候告诉函数参数的数据类型，而 Python 不用这样做。

为什么？不要忘记了，这里的所谓参数，跟前面所说的变量本质上是一回事。只有当用到该变量的时候，才建立变量与对象的**引用关系**，否则关系不建立。而只有对象才有类型。那么，在 add(x, y)函数中，x、y 在引用对象之前，没有被贴在任何一个对象上。换句话说，它们有可能引用任何对象，只要后面的运算许可；如果后面的运算不许可，则会报错。

```
>>> add("qiw", "sir")
'qiwsir'
#x="qiw", y="sir", 让函数计算x+y,也就是"qiw"+"sir"

>>> add("qiwsir",4)
Traceback (most recent call last):
  File "<stdin>", line 1, in <module>
  File "<stdin>", line 2, in add
TypeError: cannot concatenate 'str' and 'int' objects
#仔细阅读报错信息，就会明白错误之处
```

从实验结果中发现：x+y 的意义完全取决于对象的类型。在 Python 中，将这种依赖关系称之为**多态**。对于 Python 中的多态问题，以后还会遇到，这里仅仅以此例显示一番。

此外，也可以将函数通过赋值语句与某个变量建立引用关系：

```
>>> result = add(3, 4)
>>> result
7
```

在这里，其实解释了函数的一个秘密。add(x, y)在被运行之前，计算机内是不存在的，直到代码运行到这里，才在计算机中建立起了一个对象，这就如同前面所学习过的字符串、列表等类型的对象，运行 add(x, y)之后，也建立了一个 add(x, y)的对象。函数运行，遇到了 return，就

将相应的值返回到这个函数的调用位置，就是上述表达式的等号右侧，然后变量 result 与该值（也是一个对象）建立引用关系。于是，通过 result 就可以查看运算结果。

```
>>> add
<function add at 0x7f0e29a83bf8>
```

如果使用 add(x, y)的样式，就是调用那个函数。但是如果只写函数的名字，不写参数列表，就如同上面那样，我们得到的是该函数在内存中的存储信息。还可以这样做：

```
>>> type(add)
<class 'function'>
```

这说明 add 是一个对象，因为只有对象才有类型，并且它是一个 function 类。按照经验，对象都可以与一个变量建立引用关系，从而通过那个变量访问对象。

```
>>> r = add
>>> r
<function add at 0x7f0e29a83bf8>
>>> r(3, 4)
7
>>> add(3, 4)
7
>>> type(r)
<class 'function'>
```

通过赋值语句，变量 r 和函数对象建立了引用关系之后，就可以做所有 add(x, y)能做的事情，因为 r 就是那个函数的代表。

3.1.3 关于命名

到现在为止，我们已经接触过变量的命名和函数的命名，似乎已经到了将命名问题进行总结的时候了。

以下是 Python 中对命名的通常要求。

- 变量：变量名全部小写，由下画线连接各个单词，如 color、this_is_a_variable。注意，变量的命名不要与 Python 保留的关键字冲突。
- 文件名：全小写，可使用下画线。
- 函数名：小写，可以用下画线风格的单词，以增加可读性，如 fibs、my_example_function。有的人喜欢用这样的命名风格：myFunction，除了第一个单词首字母外，后面的单词首字母都大写。这也是可以的，因为在某些语言中就习惯如此，但笔者不推荐在 Python 中使用这种命名方式。
- 函数的参数：命名方式同变量（本质上就是变量）。

其实，关于命名的问题还有不少争论，最典型的就是所谓的匈牙利命名法、驼峰命名等。如果有兴趣，可以用 Google 搜索一下。

3.1.4 调用函数

前面的例子中已经有了一些关于调用的讲解，为了深入理解，这里把这个问题单独拿出来研讨。

为什么要写函数？从理论上说，不用函数也能够编程，之所以使用函数，主要是因为如下几点：

- 降低编程的难度。通常将一个复杂的大问题分解成一系列更简单的小问题，然后将小问题继续划分成更小的问题，当问题细化到足够简单时，就可以分而治之。为了实现这种分而治之的设想，就要通过编写函数，将各个小问题逐个击破，然后再集合起来，解决大的问题（请注意，"分而治之"的思想是编程的一个重要思想）。
- 代码重用。在编程的过程中，比较忌讳同样一段代码不断重复，因此有必要将某个常用的功能抽象为一段公用的代码（函数），以便于在程序的多个位置或者在多个程序中使用。当然，除了函数以外，后面我们还会遇到"类"、"模块"等，也都能达成此意图。

这样看来，使用函数还是很有必要的。下面就来看看函数是怎么调用的。以 add(x, y)为例，前面已经演示了基本调用方式，此外，还可以这样：

```
>>> def add(x, y):
    print("x={}".format(x))
    print("y={}".format(y))
    return x + y

>>> add(10, 3)          #x=10,y=3
x= 10
y= 3
13

>>> add(3, 10)          #x=3,y=10
x= 3
y= 10
13
```

所谓调用，最关键的是要弄清楚如何给函数的参数赋值。这里就是按照参数次序赋值，根据参数的位置，值与之对应。

```
>>> add(x=10, y=3)
x= 10
y= 3
13
```

还可以直接把赋值语句写到里面，这样就明确了参数和对象的关系。当然，这时候顺序就不重要了，也可以这样：

```
>>> add(y=10, x=3)
x= 3
y= 10
13
```

在定义函数的时候，参数可以像前面那样，等待被赋值，也可以定义的时候就赋给一个默认值。例如：

```
>>> def times(x, y=2):      #y 的默认值为 2
...     print("x={}".format(x))
...     print("y=",y)
...     return x * y
```

```
...
>>> times(3)              #x=3,y=2
x= 3
y= 2
6

>>> times(x=3)            #同上
x= 3
y= 2
6
```

如果不给那个有默认值的参数传其他的数值,那么它就用默认值。如果给它传一个,则采用新传给它的数值。如下:

```
>>> times(3, 4)           #x=3,y=4,y 的值不再是 2
x= 3
y= 4
12

>>> times("qiwsir")       #再次体现了多态特点
x= qiwsir
y= 2
'qiwsirqiwsir'
```

在这里还要再次提醒读者,参数和对象的关系与变量和对象的关系一样。也就是说,在函数中的参数所传的都是对象的引用,而不是对象本身。虽然上面一直在使用"传值"的说法,但这会是一种简便而习惯的说法,读者一定要理解"传引用"这层含义——后面还会遇到,慢慢理解。

请读者在闲暇之余用 Python 完成:写两个数的加、减、乘、除的函数,然后用这些函数完成简单的计算。

在程序中调用函数,还需要注意一个事项,那就是"先定义,后使用",在实践中常会遇到此类错误。

```
>>> def foo():
    print('Hello, Teacher Cang!')
    bar()
```

这里定义了一个函数 foo(),在这个函数里面还调用了一个函数 bar(),但是这个 bar() 函数此前并没有在什么地方定义。所以,如果调用 foo() 函数,就会这样:

```
>>> foo()
Hello, Teacher Cang!
Traceback (most recent call last):
  File "<pyshell#44>", line 1, in <module>
    foo()
  File "<pyshell#43>", line 3, in foo
    bar()
NameError: name 'bar' is not defined
```

出现了报错,认真阅读提示信息,就能够发现产生错误的原因。提示信息中告诉我们,那个 bar 没有定义。所以必须要先定义,后使用。

```
>>> def bar(): pass
```

这就定义了 bar()，虽然非常简短，函数体内的代码就一个 pass，意思是里面什么也不做，统统地 pass。然后调用 foo()：

```
>>> foo()
Hello, Teacher Cang!
```

不再报错了。

虽然将 bar() 定义在了 foo() 的后面，但只要定义了，无论先后，就可以使用。

另外，foo() 和 bar() 中都没有显示写 return 语句，但依然可行。

至此，读者已经了解到函数的基本知识，这是进一步探究函数的基础，接下来要对函数的其他部分进行深入研究。

3.2 深入探究函数

函数是比较有内涵的，需要深入探究，并且在实践中，有很多对函数的不同理解，更需要学习者不断思考关于函数的相关概念。本节的深入探究，也是相对上一节而言的，再思考一些函数的相关应用。

3.2.1 返回值

所谓返回值，就是函数向调用函数的地方返回的数据。

编写一个斐波那契数列函数，来说明这个问题。

根据高德纳（Donald Ervin Knuth）的《计算机程序设计艺术》*The Art of Computer Programming*，1150 年印度数学家 Gopala 和金月在研究箱子包装物件长宽刚好为 1 和 2 的可行方法数目时，首先描述这个数列。在西方，最先研究这个数列的人是比萨的列奥那多（意大利人斐波那契 Leonardo Fibonacci），他在描述兔子生长的数目时用上了这个数列。

第一个月初有一对刚诞生的兔子 第二个月之后（第三个月初）它们可以生育，每月每对可生育的兔子会诞生下一对新兔子（假设兔子永不死去）。假设在 n 月总共有 a 对兔子，n+1 月总共有 b 对兔子。那么在 n+2 月必定总共有 a+b 对兔子：因为在 n+2 月的时候，前一月（n+1 月）的 b 对兔子可以存留至第 n+2 月（在当月属于新诞生的兔子，尚不能生育）；而新生育出的兔子对数等于所有在 n 月就已存在的 a 对。

上面故事是一个著名的数列——斐波那契数列的起源。斐波那契数列用数学方式表示如下：

$a[0] = 0$　　　　　　　　(n=0)

$a[1] = 1$　　　　　　　　(n=1)

$a[n] = a[n-1] + a[n-2]$　　(n≥2)

现在，我们要编写一个函数，来实现斐波那契数列。

这里提供一段参考代码（既然是参考，显然不是唯一的正确答案）：

```
#!/usr/bin/env python
```

```python
# coding=utf-8

def fibs(n):
    result = [0,1]
    for i in range(n-2):
        result.append(result[-2] + result[-1])
    return result

if __name__ == "__main__":
    lst = fibs(10)
    print(lst)
```

在这段代码中，首先定义了一个函数，名字叫作 fibs，其参数是输入一个整数（但是，并没有看到对这个要输入的值的约束，这就意味着，你输入非整数，甚至是字符串，也是可以的，只是结果会不同，大家不妨试一试），然后通过 lst = fibs(10)调用这个函数。这里参数给的是 10，这就意味着要得到 $n=10$ 的斐波那契数列。

运行后打印数列：

```
$ python fibs.py
[0, 1, 1, 2, 3, 5, 8, 13, 21, 34]
```

当然，如果要换 n 的值，只需要在调用函数的时候，修改一下参数即可。这体现了函数的优势。

观察 fibs()函数，最后有一个语句 return result，意思是将变量 result 的值返回。返回给谁呢？这就要看我们当前在什么位置调用该函数了。

在上面的程序中，以 lst = fibs(10)语句的方式调用了函数，那么函数就将值返回到当前状态，并记录在内存中，然后把它赋值给变量 lst。

注意，上面的函数只返回了一个返回值（一个列表），有时候需要返回多个，以元组形式返回。

```
>>> def my_fun():
...     return 1, 2, 3
...
>>> a = my_fun()
>>> a
(1, 2, 3)
```

对于这个函数，我们还可以用这样的方式来接收函数的返回值。

```
>>> x, y, z = my_fun()
>>> x
1
>>> y
2
>>> z
3
```

这来源于我们前面已经熟知的赋值语句，其效果相当于：

```
>>> x, y, z = a
>>> x, y, z
```

```
(1, 2, 3)
```
不是所有的函数都有 return，比如有的函数，就是执行某个语句或者什么也不做，不需要返回值。事实上，不是没有返回值，其实也有，只不过是 None。比如这样一个函数：
```
>>> def foo():
...     pass
...
```
在交互模式下构造一个很简单的函数，注意，这里是构造了一个简单函数，如果是复杂的，千万不要在交互模式下做。

这个函数的作用就是 pass——什么也不做，当然也就没有 return。
```
>>> a = foo()
```
我们再来看看那个变量 a 到底是什么：
```
>>> print(a)
None
```
这就是没有 return 的函数，事实上返回的是一个 None。而 None，又可以理解成没有返回任何东西。

这种模样的函数通常不用上述方式调用，而采用下面的方式，因为它们返回的是 None，似乎这个返回值利用价值不高，于是就不用找一个变量来接受返回值了。
```
>>> foo()
```
特别注意那个 return，它还有一个作用，请先观察下面的函数和执行结果，并试图找出其作用。
```
>>> def my_fun():
...     print("I am coding.")
...     return
...     print("I finished.")
...
>>> my_fun()
I am coding.
```
看出玄机了吗？

在函数中，本来有两个 print，但是中间插入了一个 return，仅仅是一个 return。当执行函数的时候，只执行了第一个 print，第二个并没有执行。这是因为在第一个之后遇到了 return，它告诉函数要返回，即中断函数体内的流程，离开这个函数。结果第二个 print 就没有被执行。所以，return 在这里就有了一个作用，结束正在执行的函数，并离开函数体返回到调用位置。

3.2.2 函数中的文档

"程序在大多数情况下是给人看的，只是偶尔被机器执行。"

已经说过关于注释和文档的要求，因为重要，所以有必要再次说明。

所谓函数的文档，一般写在每个函数名字的下面，主要是说明这个函数的用途。
```
#!/usr/bin/env python
# coding=utf-8
```

```python
def fibs(n):
    """
    This is a Fibonacci sequence.
    """
    result = [0,1]
    for i in range(n-2):
        result.append(result[-2] + result[-1])
    return result

if __name__ == "__main__":
    lst = fibs(10)
    print(lst)
```

在这个函数的名称下面，用三对引号的方式包裹着这个函数的说明，即函数文档。

用 dir() 来查看对象（比如 dir(type)），会看到 __doc__，这就是文档。

```
>>> type.__doc__
"type(object_or_name, bases, dict)\ntype(object) -> the object's type\ntype(name, bases, dict) -> a new type"
```

再比如，用 help() 查看帮助文档：

```
>>> help(id)
Help on built-in function id in module builtins:

id(...)
    id(object) -> integer

    Return the identity of an object.  This is guaranteed to be unique among simultaneously existing objects.  (Hint: it's the object's memory address.)
```

这些内容都来自函数（或者类，关于类后面会讲述）中用三个引号对包裹的文档说明。

```
>>> def my_fun():
...     """
...     This is my function.
...     """
...     print "I am a craft."
...
>>> my_fun.__doc__
'\n    This is my function.\n    '
```

如果在交互模式中用 help(my_fun)，得到的也是三个引号对所包裹的文档信息。

```
Help on function my_fun in module __main__:

my_fun()
    This is my function.
```

3.2.3 函数的属性

任何对象都具有属性，比如"孔乙己的茴香豆"，这里"孔乙己"是一个对象，"茴香豆"可以看作对象"孔乙己"的一个属性。如果用符号的方式，一般习惯用句点（英文的）代替中间的"的"字，也就是说句点表示了属性的归属，表示为：孔乙己.茴香豆。

前面已经说过，函数是对象，那么它也有属性。

```
>>> def cang():
      """This is a function of canglaoshi"""
      pass
```

对于这个函数，最熟悉的一个属性就应该是前面提到的函数文档，它可以用句点的方式表示为 cang.__doc__。

```
>>> cang.__doc__
'This is a function of canglaoshi'
```

这就体现出了这种方式表示属性的优势，只要对象不同，不管属性的名字是否相同，用句点都可以说明该属性所对应的对象。

还可以为对象增加属性。

```
>>> cang.breast = 90
```

这样就为函数对象 cang 增加了一个属性 breast，并且设置该属性的值是 90。接下来就可以调用该属性。

```
>>> cang.breast
90
```

还记得我们用来查看对象属性和方法的函数 dir() 吗？现在又可以请它出来，一览众属性。

```
>>> dir(cang)
['__annotations__', '__call__', '__class__', '__closure__', '__code__', '__defaults__',
'__delattr__', '__dict__', '__dir__', '__doc__', '__eq__', '__format__', '__ge__',
'__get__', '__getattribute__', '__globals__', '__gt__', '__hash__', '__init__',
'__kwdefaults__', '__le__', '__lt__', '__module__', '__name__', '__ne__', '__new__',
'__qualname__', '__reduce__', '__reduce_ex__', '__repr__', '__setattr__', '__sizeof__',
'__str__', '__subclasshook__', 'breast']
```

这里列出了所有 cang 这个函数对象的属性和方法，仔细观察会发现，我们刚才用过的 cang.__doc__ 和刚刚设置的 cang.breast 都在其中。至于这里有很多名字都是用双下画线开始和结束的，这些东西可以称之为特殊属性（暂不提方法，方法也是对象所具有的）。

```
>>> cang.__name__
'cang'
>>> cang.__module__
'__main__'
```

所有这些属性，都可以用句点的方式调用。

3.2.4 参数和变量

函数的参数，前文已经提到过，但还是很有话题的。比如在别的程序员嘴里，你或许听到过"形参"、"实参"等名词，那么到底指什么呢？

在定义函数的时候（def 来定义函数，称为 def 语句），函数名后面的括号里如果有变量，则它们通常被称为"形参"。调用函数的时候，给函数提供的值叫作"实参"，或者"参数"。

我们就简化一下，笼统地把函数括号里面的变量叫作参数，当然，叫变量也无妨，只要大家知道指的是什么就行。

如果有人较真，非要让你区分，为了显示水平，可以引用微软网站上的说明。笔者认为这段说明高度抽象，而且意义涵盖深远。摘抄过来，请读一读，不管是否理解，都可以给自己壮胆。

参数和变量之间的差异（Visual Basic）：

在多数情况下，过程必须包含有关调用环境的一些信息。执行重复或共享任务的过程对每次调用使用不同的信息。此信息包含每次调用过程时传递给它的变量、常量和表达式。

若要将此信息传递给过程，过程先要定义一个形参，然后调用代码将一个实参传递给所定义的形参。可以将形参当作一个停车位，而将实参当作一辆汽车。就像一个停车位可以在不同时间停放不同的汽车一样，调用代码在每次调用过程时可以将不同的实参传递给同一个形参。

形参表示一个值，过程希望在调用它时传递该值。

当定义 Function 或 Sub 过程时，需要在紧跟过程名称的括号内指定形参列表。对于每个形参，可以指定名称、数据类型和传入机制（ByVal (Visual Basic) 或 ByRef (Visual Basic)）。还可以指示某个形参是可选的，这意味着调用代码不必传递它的值。

每个形参的名称均可作为过程内的局部变量。形参名称的使用方法与其他任何变量的使用方法相同。

实参表示在调用过程时传递给过程形参的值。调用代码在调用过程时提供参数。

调用 Function 或 Sub 过程时，需要在紧跟过程名称的括号内包括实参列表。每个实参均与此列表中位于相同位置的那个形参相对应。

与形参定义不同，实参没有名称。每个实参就是一个表达式，它包含零或多个变量、常数和文本。求值的表达式的数据类型通常应与为相应形参定义的数据类型相匹配，并且在任何情况下，该表达式值都必须可转换为此形参类型。

如果硬着头皮看完这段引文，会发现里面有几个关键词：参数、变量、形参、实参。本来想弄清楚参数和变量，结果又冒出另外两个词，更混乱了。请稍安勿躁，在编程业界，类似的东西有很多名词。下次听到有人说这些时就不用担心了，反正自己听过了。

在 Python 中，没有这么复杂。

看完上面的引文之后，再来看下面的代码，就会豁然开朗。

```
>>> def add(x):         #x 是参数，准确说是形参
...     a = 10          #a 是变量
...     return a + x    #x 就是那个形参作为变量
...
>>> x = 3               #x 是变量，只不过在函数之外
>>> add(x)              #这里的 x 是参数，但是它由前面的变量 x 传递对象 3 的引用
13
>>> add(3)              #把上面的过程合并了
13
```

至此，读者是否清楚了一些。其实没有那么复杂，关键要理解函数名括号后面的东西的作用是"传对象引用"。

```
>>> def foo(lst):
...     lst.append(99)
...     return lst
...
>>> x = [1, 3, 5]
>>> y = foo(x)
>>> y
[1, 3, 5, 99]
>>> x
[1, 3, 5, 99]
>>> id(x)
139925212275720
>>> id(y)
139925212275720
```

结合前面学习过的列表能够被原地修改的知识，加上刚才说的参数特点，你是不是能理解上面的操作呢？

本来列表 x = [1, 3, 5]相对函数是在外面的，或者理解为和函数同为"局级干部"，且分属两个不同的单位，按理说"函数"这个局的内部行为是不应该影响"列表"那个局的。但是，由于参数"传的是引用"，"函数局"内部科长的行为影响到了"列表局的局座"，有点"以小犯上"的意思，而且是跨单位。

函数参数传的是对象引用，这种观念被反复提及，就是要引起读者的关注。

3.2.5 参数收集

世界是不确定的，那么函数参数的个数当然也有不确定的时候，怎么解决这个问题呢？Python 用这样的方式解决参数个数的不确定性：

```
def func(x, *arg):
    print(x)
    result = x
    print(arg)      #输出通过*arg 方式得到的值
    for i in arg:
        result +=i
    return result

print(func(1, 2, 3, 4, 5, 6, 7, 8, 9))    #赋给函数的参数个数不仅仅是 2 个
```

运行此代码后，得到如下结果：

```
1                       #参数 x 得到的值是 1
(2, 3, 4, 5, 6, 7, 8, 9) #参数 arg 得到的是一个元组
45                      #最后的计算结果
```

从上面例子可以看出，如果输入的参数个数不确定，其他参数全部通过*arg 以元组的形式由 arg 收集起来。对照上面的例子不难发现：

- 值 1 传给了参数 x。
- 值 2、3、4、5、6、7、8、9 被塞入一个元组里面，传给了 arg。

为了能够更明显地看出*args（名称可以不一样，但是*符号必须要有），可以用下面的一个

简单函数来演示。

```
>>> def foo(*args):
...     print(args)
...
```

分别传入不同的值，通过参数*args 得到的结果如下：

```
>>> foo(1, 2, 3)
(1, 2, 3)

>>> foo("qiwsir", "qiwsir.github.io", "python")
('qiwsir', 'qiwsir.github.io', 'python')

>>> foo("qiwsir", 307, ["qiwsir", 2], {"name":"qiwsir", lang":"python"})
('qiwsir', 307, ['qiwsir', 2], {'lang': 'python', 'name': 'qiwsir'})
```

不管是什么，都一股脑地塞进了元组中。

```
>>> foo("python")
('python',)
```

即使只有一个值，也是用元组收集它。特别注意，在元组中，如果只有一个元素，后面要有一个逗号。

还有一种可能，就是不给那个*args 传值，这也是许可的。例如：

```
>>> def foo(x, *args):
...     print("x:",x)
...     print("tuple:",args)
...
>>> foo(7)
x: 7
tuple: ()
```

这时候*args 收集到的是一个空的元组。

在各类编程语言中，常常会遇到 foo、bar、foobar 等命名，不管是对变量、函数还是后面要讲到的类来说，这是什么意思呢？下面是来自《维基百科》的解释。

在计算机程序设计与计算机技术的相关文档中，术语"foobar"是一个常见的无名氏化名，常被作为"伪变量"使用。

从技术上讲，"foobar"很可能是在 20 世纪 60 年代至 70 年代初通过迪吉多的系统手册传播开来的。另一种说法是，"foobar"可能来源于电子学中反转的 foo 信号；这是因为如果一个数字信号是低电平有效（负压或零电压代表"1"），那么在信号标记上方一般会标有一根水平横线，而横线的英文即为"bar"。在《新黑客辞典》中还提到，"foo"可能早于"FUBAR"出现。

单词"foobar"或分离的"foo"与"bar"常出现于程序设计的案例中，如同 Hello World 程序一样，它们常被用于向学习者介绍某种程序语言。

除了可以用*args 这种形式的参数接收多个值之外，还可以用**kargs 的形式接收数值，不过这次有点不一样：

```
>>> def foo(**kargs):
...     print(kargs)
```

```
...
>>> foo(a=1,b=2,c=3)        #注意观察这次赋值的方式和打印的结果
{'a': 1, 'c': 3, 'b': 2}
```

如果这次还用 foo(1,2,3)的方式，那么会有什么结果呢？

```
>>> foo(1,2,3)
Traceback (most recent call last):
  File "<stdin>", line 1, in <module>
TypeError: foo() takes exactly 0 arguments (3 given)
```

用**kargs 的形式收集值，会得到字典类型的数据，但是，需要在传值的时候说明"键"和"值"，因为在字典中是以键值对形式出现的。

读者读到这里可能会想，参数不是具有不确定性吗？如何知道参数到底会用什么样的方式传值？这好办，把上面的都综合起来。

```
>>> def foo(x,y,z,*args,**kargs):
...     print(x)
...     print(y)
...     print(z)
...     print(args)
...     print(kargs)
...
>>> foo('qiwsir',2,"python")
qiwsir
2
python
()
{}
>>> foo(1,2,3,4,5)
1
2
3
(4, 5)
{}
>>> foo(1,2,3,4,5,name="qiwsir")
1
2
3
(4, 5)
{'name': 'qiwsir'}
```

这样就足够应付各种各样的参数要求了。

对函数的基本内容已经介绍完毕，但是，这并不意味着结束，因为还有更深刻的东西要讲，且看下节。

3.3 函数对象

前面已经提到过，函数也是对象，那么对于这种对象，有什么特别的应用吗？下面就从这个角度再次探究函数。

3.3.1 递归

什么是递归？

递归，见递归。

这是对"递归"最精简的定义。还有故事类型的定义：

从前有座山，山里有座庙，庙里有个老和尚，正在给小和尚讲故事。故事是什么呢？"从前有座山，山里有座庙，庙里有个老和尚，正在给小和尚讲故事。故事是什么呢？'从前有座山，山里有座庙，庙里有个老和尚，正在给小和尚讲故事。故事是什么呢……'"

如果用上面的故事做"递归"的定义，总感觉有点调侃，那么来看下面的定义（选自《维基百科》）：

递归（Recursion），又译为递回，在数学与计算机科学中，是指在函数的定义中使用函数自身的方法。

最典型的递归例子之一是斐波那契数列，虽然前文已经写了一个实现的函数，但是这里再实现它，有更新的含义。

根据斐波那契数列的定义，可以直接写成这样的递归函数：

```python
#!/usr/bin/env python
# coding=utf-8

def fib(n):
    """
    This is Fibonacci by Recursion.
    """
    if n==0:
        return 0
    elif n==1:
        return 1
    else:
        return fib(n-1) + fib(n-2)

if __name__ == "__main__":
    f = fib(10)
    print(f)
```

把上述代码保存。这个代码的意图是要得到 n=10 的斐波那契数列的值。运行之：

```
$ python fibs_rec.py
55
```

fib(n-1) + fib(n-2)就是又调用了这个函数自己，实现递归。

为了明确递归的过程，下面走一个计算过程（考虑到次数不能太多，就让 n=3）。

（1）n=3, fib(3)，自然要走 return fib(3-1) + fib(3-2)分支；

（2）先看 fib(3-1)，即 fib(2)，也要走 else 分支，于是计算 fib(2-1) + fib(2-2)；

（3）fib(2-1)即 fib(1)，在函数中就要走 elif 分支，返回 1，即 fib(2-1)=1。同理，容易得到

fib(2-2)=0。将这两个值返回到上面一步,得到 fib(3-1)=1+0=1;

(4)再计算 fib(3-2),就相对简单了一些,返回的值是 1,即 fib(3-2)=1;

(5)最后计算第一步中的结果:fib(3-1) + fib(3-2) = 1 + 1 = 2,将计算结果 2 作为返回值。

从而得到 fib(3)的结果是 2。

从上面的过程中可以看出,每个递归的过程都是向着最初的已知条件 a0=0,a1=1 方向挺近一步,直到通过这个最底层的条件得到结果,然后再一层一层向上回馈计算结果。

其实,上面的代码有一个问题。因为 a0=0,a1=1 是已知的,不需要每次都判断一遍,所以还可以再优化一下。优化的基本方案就是初始化最初的两个值。

```python
#!/usr/bin/env python
# coding=utf-8

"""
the better Fibonacci
"""
m = {0:0, 1:1}

def fib(n):
    if not n in m:
        m [n] = fib(n-1) + fib(n-2)
    return m[n]

if __name__ == "__main__":
    f = fib(10)
    print(f)
```

递归是高级编程语言中很重要的思想方法,但是在使用的时候,至少在 Python 中,要慎重使用。在一般情况下,递归是能够被迭代或者循环替代的,而且后者的效率常常比递归要高。所以,笔者个人的建议是,对使用递归要慎重。

3.3.2 传递函数

前面已经多次提到函数也是对象。对于函数的参数,我们也做了一些探究。通过参数,可以将数字、字符串、列表等那些已经学习过的 Python 中默认类型的对象以引用的方式传入函数,也可以传入以后要学习的自定义类型的对象引用。

既然都是对象,那么函数对象的引用能不能作为参数传给函数呢?

看这样一个举例:

```python
>>> def bar():
        print("I am in bar()")

>>> def foo(func):
        func()
```

这里定义了两个函数,bar()是我们熟悉的函数;而 foo()则有些许变化,其参数要求是一个函数,否则函数体内的代码块无法执行 func(),因为这种方式就是调用一个函数。

所以，必须用下面的方式来调用 foo()函数。

```
>>> foo(bar)
I am in bar()
```

从这个简单的例子中就可以看出，一个函数对象（bar）同样可以被参数（func）以引用的方式传到函数体内。据此，我们编写一个简单的例子。

```python
#! /usr/bin/env python
# coding:utf-8

def power_seq(func, seq):
    return [func(i) for i in seq]

def pingfang(x):
    return x ** 2

if __name__ == "__main__":
    num_seq = [111, 3.14, 2.91]
    r = power_seq(pingfang, num_seq)
    print(num_seq)
    print(r)
```

读者应该能够理解上面的代码。如果理解了，就请自己写一个类似的东西，实现列表 num_seq = [111, 3.14, 2.91]中的数字转化为字符串，即结果['111', '3.14', '2.91']。

3.3.3 嵌套函数

函数不仅可以作为对象传递，还能在函数里面嵌套一个函数。例如：

```python
#!/usr/bin/env python
#coding:utf-8

def foo():
    def bar():
        print("bar() is running")
    print("foo() is running")

foo()           #调用函数
```

在上面的代码中，在函数 foo()里面定义了函数 bar()，这就是嵌套函数。而 bar()则称为 foo()的内嵌函数，因为它是在 foo()的里面定义的。

如果调用 foo()函数，则会得到如下结果：

```
foo() is running
```

这说明在上面的调用方式和内嵌函数写法中，bar()根本就没有被调用，或者说函数 foo()并没有按照从上到下的顺序依次执行其里面的代码。

要想让 bar()这个内嵌函数得到执行，就要在 foo()函数里面显示地调用它，比如：

```python
#!/usr/bin/env python
#coding:utf-8
```

```
def foo():
    def bar():
        print("bar() is running")
    bar()                    #显示调用内嵌函数
    print("foo() is running")

foo()
```

运行结果如下：

```
bar() is running
foo() is running
```

能不能在函数 foo()外面单独调用其内部定义的函数 bar()呢？试一试，结果会显示报错信息"NameError: name 'bar' is not defined"。

这说明这样调用是不行的。因为 bar()函数是定义在 foo()里面的函数，它生效的范围仅局限在 foo()函数体之内，也就是说，它的作用域是 foo()范围。既然如此，bar()在使用变量的时候也会受到 foo()的拘束。

```
def foo():
    a = 1
    def bar():
        b = a + 1
        print("b=",b)
    bar()
    print("a=",a)

foo()
#output:
#b= 2
#a= 1
```

在函数 bar()之外、foo()之内定义了 a = 1，在 bar()中能够被顺利调用。这个关系不难理解，可是如果遇到下面的情况就迷茫了。

```
def foo():
    a = 1
    def bar():
        a = a + 1        #修改之处
        print("bar()a=",a)
    bar()
    print("foo()a=",a)

foo()
```

如果运行这段程序，则会报错。重要的报错信息是 UnboundLocalError: local variable 'a' referenced before assignment。观察 bar()里面，使用了变量 a，按照该表达式，Python 解析器认定该变量应在 bar()内部建立，而不是引用的外部对象，所以就会报错。

在 Python 中，可以使用 nonlocal 关键词，演示如下：

```
def foo():
    a = 1
```

```python
    def bar():
        nonlocal a
        a = a + 1
        print("bar()a=",a)
    bar()
    print("foo()a=",a)

foo()
#output
#bar()a= 2
#foo()a= 2
```

以上说明了嵌套函数的原理，那么在编程实践中怎么用呢？

读者是否还对学过的物理知识有印象，如计算物体重力。在物理学中，物体重力 G=mg，其中 m 是物体质量，而 g 是重力加速度，通常认为 g=9.8m/s^2。但是这个重力加速度在地球不同维度或者不同高度，值是略有差别的，而平时为了计算简便，有时候令 g=10m/s^2。现在就利用嵌套函数的知识，写一个计算重力的函数。

```python
#!/usr/bin/env python
# coding=utf-8

def weight(g):
    def cal_mg(m):
        return m * g
    return cal_mg

w = weight(10)      #g=10
mg = w(10)
print(mg)

g0 = 9.78046 #赤道海平面上的重力加速度
w0 = weight(g0)
mg0 = w0(10)
print(mg0)
```

执行 w = weight(10) 后，w 所引用的是一个函数对象（cal_mg），而 w(10) 则是向所引用的函数对象 cal_mg 传递了一个参数 10，从而计算 m*g 并返回结果。

从上面的执行过程中可以清晰地看出，这样编写函数的好处在于能够设定不同的重力加速度，然后计算相应的重力，而不是每次传两个参数。

这个嵌套函数，其实能够制作一个动态的函数对象——cal_mg。这个话题延伸下去，就是所谓的"闭包"。

3.3.4 初识装饰器

至此，我们已经明确，函数是对象，能够被传递，也能够嵌套。这里重复一个在很多教材中都会遇到的简单举例，目的是抛砖引玉。

```python
def foo(fun):
    def wrap():
```

```
        print("start")
        fun()
        print("end")
        print fun.__name__
    return wrap

def bar():
    print("I am in bar()")
```

foo()的参数是一个函数，如果我们这样调用此函数：

```
f = foo(bar)
f()
#output:
#start
#I am in bar()
#end
#bar
```

这就是向 foo()传递了函数对象 bar。对于这个问题，我们可以换一个写法。

```
def foo(fun):
    def wrap():
        print("start")
        fun()
        print("end")
        print(fun.__name__)
    return wrap

@foo                    #增加的内容
def bar():
    print("I am in bar()")
bar()
```

@foo 是一个看起来很奇怪的东西，人们常常把类似这种东西叫作语法糖。

语法糖（Syntactic Sugar），也译为糖衣语法，是由英国计算机科学家彼得·兰丁发明的一个术语，指计算机语言中添加的某种语法，这种语法对语言的功能并没有影响，但是更方便程序员使用。通常来说，使用语法糖能够增加程序的可读性，从而减少程序代码出错的机会（源自《维基百科》）。

用这种方式的执行结果如下：

```
start
I am in bar()
end
bar
```

以上就是所谓的装饰器及其应用，foo()是装饰器函数，使用@foo 来装饰 bar()函数。

装饰器本身是一个函数，将被装饰的类（后面会介绍）或者函数当作参数传递给装饰器函数，如上面所演示的那样。

关于装饰器，后面我们还会遇到。

3.3.5 闭包

在数学上就有"闭包"一词，但此处讨论的是计算机高级语言中的"闭包"，《维基百科》上是这样定义的：

在计算机科学中，闭包（Closure），又称词法闭包（Lexical Closure）或函数闭包（Function Closures），是引用了自由变量的函数。这个被引用的自由变量将和这个函数一同存在，即使已经离开了创造它的环境也不例外。所以，有另一种说法认为闭包是由函数和与其相关的引用环境组合而成的实体。闭包在运行时可以有多个实例，不同的引用环境和相同的函数组合可以产生不同的实例。

"闭包"的概念出现于 20 世纪 60 年代，最早实现闭包的程序语言是 Scheme。之后，闭包被广泛使用于函数式编程语言，如 ML 语言和 LISP。很多命令式程序语言也开始支持闭包。

上面的定义是很严格的，也是比较难理解的。所以，要用简单的例子来说明。

毋庸置疑，下面这段程序是能够顺利运行的：

```
>>> a = 3
>>> def foo():
...     print(a)
...
>>> foo()
3
```

a = 3 定义的变量在函数里面能够被调用，但是反过来，如下所示：

```
>>> def foo():
...     b = 3
...
>>> print(b)
Traceback (most recent call last):
  File "<stdin>", line 1, in <module>
NameError: name 'b' is not defined
```

出现了报错。其原因可以用变量的作用域来解释，详细内容可以查看后面的命名空间。

在函数 foo() 里面可以直接使用函数外面的 a = 3，但是在函数 foo() 外面不能使用它里面所定义的 b = 3。根据作用域的关系，是合情合理的。然而，也许在某种特殊情况下，我们需要在函数外面使用函数里面的变量，该怎么办？

```
def foo():
    a = 3
    def bar():
        return a
    return bar

f = foo()
print(f())
#output:
3
```

用上面的方式就实现了在函数外面得到函数里面所定义的对象。这种写法的本质就是嵌套函数。

在函数 foo() 里面，有 a = 3 和另外一个函数 bar()，它们两个都在函数 foo() 的环境里面，但是，它们两个是互不统属的，所以变量 a 相对函数 bar() 是自由变量，并且在函数 bar() 中应用了这个自由变量——函数 bar() 就是我们所定义的闭包。

闭包是一个函数，并且这个函数具有以下特点：

- 定义在另外一个函数里面（嵌套函数）；
- 引用其所在函数环境的自由变量。

从上述代码的运行效果上看，通过闭包能够在定义自由变量 a = 3 的环境 foo() 之外的地方得到该自由变量所引用的对象，或者说 foo() 执行完毕，但 a = 3 依然可以在 f()，即 bar() 函数中存在，而没有被回收。所以，print(f()) 才得到了其结果。

为什么要使用闭包？不使用闭包也能编程，这是确认无疑的。只不过，在某些时候，需要对事务做更高层次的抽象，这就可能用到闭包。

比如要写一个关于抛物线的函数。如果不使用闭包，对于读者来讲应该能够轻易完成。现在使用闭包的方式，可以这么做：

```python
#!/usr/bin/env python
# coding:utf-8

def parabola(a, b, c):
    def para(x):
        return a*x**2 + b*x + c
    return para

p = parabola(2, 3, 4)
print(p(5))
```

在上面的函数中，p = parabola(2, 3, 4) 定义了一个抛物线的函数对象——状如 y = 2x^2 + 3x + 4，如果要计算 x = 5 时，该抛物线函数的值，只需要 p(5) 即可。这种写法是不是让函数使用起来更简洁？

读者在学习了类的有关知识之后，再回来阅读这个闭包的应用，会有更深刻的认识。此处以 p = parabola(2, 3, 4) 的形式，就如同类中创建实例一样。可以利用上面的函数创建多个实例，也就是得到多个不同的抛物线函数对象。

这就是闭包应用的典型案例之一。

另外，装饰器，本质上就是闭包的一种应用——可以再次阅读本书关于装饰器的内容。

当然，闭包在实践中还有其他方面的应用，作为入门教程，此处不做深究。读者如果有意愿，则可用 Google 搜索一下有关内容，有很多这方面的文章。

3.4 特殊函数

在 Python 中，有几个特殊的函数，它们常常被看作 Python 能够进行所谓"函数式编程"的见证，虽然笔者认为 Python 不可能走上那条发展道路，也最好不要走。

如果以前没有听过，等你开始进入编程界，也会经常听人说"函数式编程"、"面向对象编程"、"指令式编程"等术语。它们是什么呢？这个话题要从"编程范式"讲起（以下内容源自《维基百科》）。

编程范型或编程范式（Programming Paradigm，范即模范之意，范式即模式、方法），是一类典型的编程风格，是指从事软件工程的一类典型的风格（可以对照方法学），如函数式编程、程序编程、面向对象编程、指令式编程等为不同的编程范型。

编程范型提供了（同时决定了）程序员对程序执行的看法。例如，在面向对象编程中，程序员认为程序是一系列相互作用的对象；而在函数式编程中，一个程序会被看作一个无状态的函数计算的串行。

正如软件工程中不同的群体会提倡不同的"方法学"一样，不同的编程语言也会提倡不同的"编程范型"。一些语言是专门为某个特定的范型设计的（如 Smalltalk 和 Java 支持面向对象编程，而 Haskell 和 Scheme 则支持函数式编程），同时还有另一些语言支持多种范型（如 Ruby、Common Lisp、Python 和 Oz）。

编程范型和编程语言之间的关系可能十分复杂，因为一个编程语言可以支持多种范型。例如，C++设计时，支持过程化编程、面向对象编程及泛型编程。然而，设计师和程序员们要考虑如何使用这些范型元素来构建一个程序。一个人可以用 C++写出一个完全过程化的程序，另一个人也可以用 C++写出一个纯粹的面向对象程序，甚至还有人可以写出杂揉了两种范型的程序。

不管读者是初学者还是老手，都建议将上面这段话认真读完。

正如前面引文中所说的，Python 是支持多种范型的语言，可以进行所谓的函数式编程。不过，本书不研究函数式编程，倒是要介绍几个具有其特点的特殊函数：lambda、map、reduce、filter。

有了它们，最大的好处就是程序更简洁；没有它们，程序也可以用其他方式实现。

3.4.1 lambda

lambda 函数，是一个只用一行就能解决问题的函数。看下面的例子：

```
>>> def add(x):
...     x += 3
...     return x
...
>>> numbers = range(10)
>>> list(numbers)
[0, 1, 2, 3, 4, 5, 6, 7, 8, 9]

>>> new_numbers = []
>>> for i in numbers:
...     new_numbers.append(add(i))
...
>>> new_numbers
[3, 4, 5, 6, 7, 8, 9, 10, 11, 12]
```

在这个例子中，add()只是一个中间操作。当然，上面的例子完全可以用其他方式实现。比如：

```
>>> new_numbers = [ i+3 for i in numbers ]
>>> new_numbers
[3, 4, 5, 6, 7, 8, 9, 10, 11, 12]
```

首先说明，这种列表解析的方式是非常好的。但是，我们偏偏要用 lambda 这个函数替代 add(x)。

```
>>> lam = lambda x: x+3
>>> n2 = []
>>> for i in numbers:
...     n2.append(lam(i))
...
>>> n2
[3, 4, 5, 6, 7, 8, 9, 10, 11, 12]
```

这里的 lam 就相当于 add(x)，这一行 lambda x:x+3 就完成了 add(x)函数体里面的两行。还可以写这样的例子：

```
>>> g = lambda x, y: x + y
>>> g(3, 4)
7
>>> (lambda x : x ** 2)(4)    #返回4的平方
16
```

通过上面的例子，总结一下 lambda 函数的使用方法：

- 在 lambda 后面直接跟变量；
- 变量后面是冒号；
- 冒号后面是表达式，表达式计算结果就是本函数的返回值。

为了简明扼要，用一个式子表示是必要的：

```
lambda arg1, arg2, ...argN : expression using arguments
```

要特别提醒：虽然 lambda 函数可以接收任意多个参数（包括可选参数）并且返回单个表达式的值，但是 lambda 函数不能包含命令，包含的表达式不能超过一个。不要试图向 lambda 函数中塞入太多的东西；如果你需要更复杂的东西，应该定义一个普通函数。

lambda 让代码更简洁。比如，计算 $n^0, n^1, n^2, \ldots, n^{(n-1)}$，将结果打印在一个列表里。

```
>>> g = lambda x,y: x**y
>>> n = 4
>>> [g(n, i) for i in range(n)]
[1, 4, 16, 64]
```

lambda 作为一个单行的函数，在编程实践中可以选择使用，虽然并没有性能上的提升。

3.4.2 map

先看一个例子，还是上面讲述 lambda 时的第一个例子，用 map 也能够实现：

```
>>> numbers = [0, 1, 2, 3, 4, 5, 6, 7, 8, 9]

>>> map(add, numbers)
[3, 4, 5, 6, 7, 8, 9, 10, 11, 12]
```

```
>>> map(lambda x: x+3, numbers)        #用 lambda 当然可以
[3, 4, 5, 6, 7, 8, 9, 10, 11, 12]
```

map()是 Python 的一个内置函数，它的基本样式是：

map(func,seq)

func 是一个函数对象，seq 是一个序列对象。在执行的时候，序列对象中的每个元素，按照从左到右的顺序，依次被取出来，塞入到 func 函数里面，并将 func 的返回值依次存到一个列表中。

在应用中，map 所能实现的，也可以用其他方式实现。比如：

```
>>> items = [1,2,3,4,5]
>>> squared = []
>>> for i in items:
...     squared.append(i**2)
...
>>> squared
[1, 4, 9, 16, 25]

>>> def sqr(x): return x**2
...
>>> map(sqr,items)
[1, 4, 9, 16, 25]

>>> map(lambda x: x**2, items)
[1, 4, 9, 16, 25]

>>> [ x**2 for x in items ]
#这是笔者最喜欢的，一般情况下速度足够快，而且可读性强
[1, 4, 9, 16, 25]
```

以上方法，在编程中需要自己根据需要来选用。

对于 map()主要理解以下几个要点：

- 对可迭代对象中的每个元素，依次应用 function 的方法（本质上就是一个 for 循环）。
- 将所有结果返回一个 map 对象，这个对象是迭代器。
- 如果参数很多，则对那些参数并行执行 function，这样就提升了运行速度。

例如：

```
>>> lst1 = [1, 2, 3, 4, 5]
>>> lst2 = [6, 7, 8, 9, 0]
>>> list(map(lambda x, y: x + y, lst1, lst2))
#将两个列表中的对应项加起来，并返回一个结果列表
[7, 9, 11, 13, 5]
```

上面这个例子如果用 for 循环来写，还不是很难，如果扩展一下，下面的例子用 for 循环来改写，就要小心了：

```
>>> lst1 = [1, 2, 3, 4, 5]
>>> lst2 = [6, 7, 8, 9, 0]
>>> lst3 = [7, 8, 9, 2, 1]
```

```
>>> map(lambda x,y,z: x+y+z, lst1, lst2, lst3)
<map object at 0x7f3f44b242e8>
>>> list(map(lambda x,y,z: x+y+z, lst1, lst2, lst3))
[14, 17, 20, 15, 6]
```

这才能显示出 map() 的简洁优雅。map() 在性能上也是值得称赞的。

3.4.3 reduce

首先声明：在本书所使用的 Python 3 中，reduce() 已经被移到 functools 模块里面了。在 Python 2 中尚在全局命名空间。

```
>>> from functools import reduce
>>> help(reduce)
Help on built-in function reduce in module _functools:

reduce(...)
    reduce(function, sequence[, initial]) -> value

    Apply a function of two arguments cumulatively to the items of a sequence, from left
    to right, so as to reduce the sequence to a single value.
    For example, reduce(lambda x, y: x+y, [1, 2, 3, 4, 5]) calculates((((1+2)+3)+4)+5).
    If initial is present, it is placed before the items of the sequence in the calculation,
    and serves as a default when the sequence is empty.
```

先把帮助文档中的例子跑一下，看看结果。

```
>>> reduce(lambda x, y: x+y, [1, 2, 3, 4, 5])
15
```

为了清晰地表示计算过程，还可以画一张图，如下图所示。

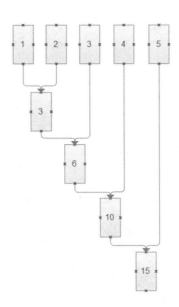

并且帮助文档还提醒我们，reduce() 的第一个参数是一个函数，第二个参数是序列类型的对象，将函数按照从左到右的顺序作用于序列上。

还记得 map 是怎么运算的吗？看下面的代码：

```
>>> list1 = [1,2,3,4,5,6,7,8,9]
>>> list2 = [9,8,7,6,5,4,3,2,1]
>>> map(lambda x,y: x+y, list1,list2)
[10, 10, 10, 10, 10, 10, 10, 10, 10]
```

对比一下，就知道两者的区别了。原来 map 是上下运算，而 reduce 是横着逐个元素进行运算。

在 Python 官网上，有一段对 reduce()权威解释的程序（https://docs.python.org/3/library/functools.html#functools.reduce），这里借用过来，读者从中可以理解此函数的工作原理和特点。

```python
def reduce(function, iterable, initializer=None):
    it = iter(iterable)
    if initializer is None:
        try:
            initializer = next(it)
        except StopIteration:
            raise TypeError('reduce() of empty sequence with no initial value')
    accum_value = initializer
    for x in it:
        accum_value = function(accum_value, x)
    return accum_value
```

当然，用 reduce()做的事情，也可以用 for 循环来做。

```
>>> r = 0
>>> for i in range(1, 6):
...     r += i
...
>>> r
15
```

3.4.4　filter

filter 的中文含义是"过滤器"，在 Python 中，它就是起到了过滤器的作用。

还是老办法，使用 help()看文档：

```
>>> help(filter)
Help on class filter in module builtins:

class filter(object)
 |  filter(function or None, iterable) --> filter object
 |
 |  Return an iterator yielding those items of iterable for which function(item)is true.
 If function is None, return the items that are true.
```

请读者务必认真阅读上面的文字，并且理解其含义。

通过下面的代码体会文档的含义：

```
>>> numbers = range(-5, 5)

>>> list(filter(lambda x: x>0, numbers))
```

```
[1, 2, 3, 4]
>>> [x for x in numbers if x>0]      #与上面那句等效
[1, 2, 3, 4]

>>> list(filter(lambda c: c!='i', 'qiwsir'))
['q', 'w', 's', 'r']
```

至此，已经介绍了几个函数，这些函数不仅使得代码简洁，而且在 Python 3 中，也优化了性能。所以，如果读者喜欢，可以放心大胆使用。

3.4.5 zip()补充

前面虽然对 zip() 进行了阐述，但是，由于当时知识的限制，没有阐述得太完整。所以，再次将它请出来，希望能够以现在所拥有的知识和对 Python 更深入的理解，将 zip() 也深化。为了追求本部分的完整性，所以有"温故"的部分，在此基础上"知新"。

1. 内建函数 zip()

zip() 是一个内建函数，它的参数是可迭代对象，返回一个 zip 对象，可以使用 list() 查看其内容。

例如：

```
>>> colors = ["red", "green", "blue"]
>>> values = [234, 12, 89, 65]
>>> for col, val in zip(colors, values):
...     print((col, val))
...
('red', 234)
('green', 12)
('blue', 89)
```

注意观察，zip() 自动进行了匹配，并且抛弃不对应的项。

2. 参数*iterables

这是 zip() 的"雕虫小技"。可以向 zip() 的参数传入 *iterables 样式的参数，这是什么意思呢？

前文介绍过函数的参数收集方法，下面这种实现方法也是很优雅的。

```
>>> def add(x,y):
...     return x + y
...
>>> add(2,3)
5
>>> bars = (2,3)
>>> add(*bars)
5
```

zip() 就类似上面示例中构造的那个 add() 函数。

```
>>> dots = [(1, 2), (3, 4), (5, 6)]
>>> x, y = zip(*dots)
>>> x
```

```
(1, 3, 5)
>>> y
(2, 4, 6)
```

利用这个功能，就比较容易实现矩阵的转置了。

```
>>> m = [[1, 2], [3, 4], [5, 6]]
>>> list(zip(*m))
[(1, 3, 5), (2, 4, 6)]
```

下面再看一个有点绚丽的：

```
>>> seq = range(1, 10)
>>> list(zip(*[iter(seq)]*3))
[(1, 2, 3), (4, 5, 6), (7, 8, 9)]
```

感觉太炫酷了，就是不太好理解。其实，分解一下就是：

```
>>> x = iter(range(1, 10))
>>> list(zip(x, x, x) )
[(1, 2, 3), (4, 5, 6), (7, 8, 9)]
```

这种炫酷的代码，不提倡应用到编程实践中，这里仅仅是展示一下 zip() 的使用罢了。

3. 更酷的示例

最后，展示一个来自网络的示例，或许在某些时候用一下能够在人前炫耀一番。

```
>>> a = [1, 2, 3, 4, 5]
>>> b = [2, 2, 9, 0, 9]
>>> list(map(lambda pair: max(pair), zip(a, b)))
[2, 2, 9, 4, 9]
```

基本上这里就是炫耀了。酷炫的代码虽然简洁，但也会有代价，比如可读性不强，或者队友不理解等。

3.5 命名空间

命名空间（Namespace），是很多编程语言中都会出现的术语，所以有必要了解一下。

3.5.1 全局变量和局部变量

全局变量和局部变量，是理解命名空间的起始。

下面是一段代码，注意这段代码中有一个函数 funcx()，这个函数里面有一个 x=9，在函数的前面也有一个 x=2。

```
x = 2

def funcx():
    x = 9
    print("this x is in the funcx:-->", x)

funcx()
print("-------------------------")
```

```
print("this x is out of funcx:-->", x)
```

这段代码输出的结果如下:

```
this x is in the funcx:--> 9
--------------------------
this x is out of funcx:--> 2
```

从输出中可以看出,运行 funcx(),输出了 funcx()里面的变量 x 引用的对象 9;然后执行代码中的最后一行 print("this x is out of funcx:-->",x)。

特别要关注的是,前一个 x 输出的是函数内部的变量 x;后一个 x 输出的是函数外面的变量 x。两个变量彼此没有互相影响,各自在各自的领域内起到作用。

把那个只在函数体内(某个范围内)起作用的变量称之为**局部变量**。

有"局部",就有对应的"全部"。在汉语中,"全部"变量这个词语似乎有歧义,不过幸好汉语丰富,于是又取了一个名词:**全局变量**。

```
x = 2
def funcx():
    global x      #跟上面函数的不同之处
    x = 9
    print("this x is in the funcx:-->",x)

funcx()
print "--------------------------"
print("this x is out of funcx:-->",x)
```

以上两段代码的不同之处在于,后者在函数内多了一个 global x,这句话的意思是在声明 x 是全局变量,也就是说这个 x 跟函数外面的那个 x 是同一个,接下来通过 x=9 将 x 的引用对象变成了 9。所以,就出现了下面的结果。

```
this x is in the funcx:--> 9
--------------------------
this x is out of funcx:--> 9
```

好似全局变量能力很强悍,能够统率函数内外。但是,要注意,全局变量要慎重使用,因为往往容易带来变量的混乱。内外有别,在程序中一定要注意。

局部变量和全局变量是在不同的范围内起作用。所谓的不同范围,就是变量产生作用的区域,简称作用域。

3.5.2 作用域

所谓作用域,是"名字与实体的绑定保持有效的那部分计算机程序"(引自《维基百科》)。用直白的方式说,就是程序中变量与对象存在关联的那段程序。如果用前面的例子说明,则 x = 2 和 x = 9 处在两个不同的作用域中。

通常,把作用域还分为静态作用域和动态作用域两种。虽然 Python 是所谓的动态语言(不很严格地划分),但它的作用域属于静态作用域,意即 Python 中变量的作用域由它在程序中的位置决定,如同上面例子中的 x = 9 位于函数体内,它的作用域和 x = 2 就不同。

那么,Python 的作用域是怎么划分的呢?可以划分为四个层级:

（1）Local：局部作用域，或称本地作用域。

（2）Enclosing：嵌套作用域。

（3）Global：全局作用域。

（4）Built-in：内建作用域。

对于一个变量，Python 也是按照上述从前到后的顺序，在不同作用域中查找。在刚才的例子中，对于 x，首先搜索的是函数体内的本地作用域，然后是函数体外的全局作用域。

```
#!/usr/bin/env python
#coding:utf-8

def outer_foo():
    a = 10
    def inner_foo():
        a = 20
        print("inner_foo,a=", a)        #a=20

    inner_foo()
    print("outer_foo,a=", a)            #a=10

a = 30
outer_foo()
print("a=", a)                          #a=30
```

运行结果如下：

```
inner_foo,a= 20
outer_foo,a= 10
a= 30
```

仔细观察上述程序和运行结果，你会发现变量在不同范围进行搜索的规律。

在 Python 程序中，变量的作用域在函数、类中才能被改变，或者说，如果不是在函数或者类中，比如在循环或者条件语句中，变量都在同一层级的作用域中。可以再次参考上述的示例，并且可以在上述示例中修改，检测你的理解。

3.5.3 命名空间

"命名空间是对作用域的一种特殊的抽象"（引自《维基百科》）。下面就继续理解这种"抽象"。

先看来自《维基百科》的定义，这个定义通俗易懂：

命名空间（Namespace）表示标识符（Identifier）的可见范围。一个标识符可在多个命名空间中定义，它在不同命名空间中的含义是互不相干的。这样，在一个新的命名空间中可定义任何标识符，它们不会与任何已有的标识符发生冲突，因为已有的定义都处于其他命名空间中。

例如，设 Bill 是 X 公司的员工，工号为 123，而 John 是 Y 公司的员工，工号也是 123。由于两人在不同的公司工作，可以使用相同的工号来标识而不会造成混乱。这里每个公司就表示一个独立的命名空间。如果两人在同一家公司工作，其工号就不能相同了，否则在支付工资时便会发生混乱。

这一特点是使用命名空间的主要理由。在大型的计算机程序或文档中，往往会出现数百或数千个标识符。命名空间（或类似的方法，见"命名空间的模拟"一节）提供一隐藏区域标识符的机制。通过将逻辑上相关的标识符组织成相应的命名空间，可使整个系统更加模块化。

在编程语言中，命名空间是对作用域的一种特殊的抽象，它包含了处于该作用域内的标识符，且本身也用一个标识符来表示，这样便将一系列在逻辑上相关的标识符用一个标识符组织了起来。许多现代编程语言都支持命名空间。在一些编程语言（如 C++和 Python）中，命名空间本身的标识符也属于一个外层的命名空间，也即命名空间可以嵌套，构成一个命名空间树，树根则是无名的全局命名空间。

函数和类的作用域可被视作隐式命名空间，它们和可见性、可访问性和对象生命周期不可分割地联系在一起。

在这段定义中，已经非常清晰地描述了命名空间的含义，特别是如果你已经理解了作用域之后，对命名空间就更没有什么陌生感了。

为了凸显命名空间对 Python 程序员的重要价值，请在交互模式下输入：import this，可以看到：

```
>>> import this
The Zen of Python, by Tim Peters

Beautiful is better than ugly.
Explicit is better than implicit.
Simple is better than complex.
Complex is better than complicated.
Flat is better than nested.
Sparse is better than dense.
Readability counts.
Special cases aren't special enough to break the rules.
Although practicality beats purity.
Errors should never pass silently.
Unless explicitly silenced.
In the face of ambiguity, refuse the temptation to guess.
There should be one-- and preferably only one --obvious way to do it.
Although that way may not be obvious at first unless you're Dutch.
Now is better than never.
Although never is often better than *right* now.
If the implementation is hard to explain, it's a bad idea.
If the implementation is easy to explain, it may be a good idea.
Namespaces are one honking great idea -- let's do more of those!
```

这就是所谓的《Python 之禅》，请看最后一句：Namespaces are one honking great idea -- let's do more of those!

简而言之，命名空间是从所定义的命名到对象的映射集合。不同的命名空间可以同时存在，但彼此相互独立、互不干扰。

命名空间因为对象的不同也有所区别，可以分为如下几种。

（1）本地命名空间（Function&Class: Local Namespaces）：模块中有函数或者类，每个函数或者类所定义的命名空间就是本地命名空间。如果函数返回了结果或者抛出异常，则本地命名空间也结束了。

（2）全局命名空间（Module:Global Namespaces）：每个模块创建自己所拥有的全局命名空间，不同模块的全局命名空间彼此独立，不同模块中相同名称的命名空间也会因为模块的不同而不相互干扰。

（3）内置命名空间（Built-in Namespaces）：Python 运行起来，它们就存在了。内置函数的命名空间都属于内置命名空间，所以，我们可以在任何程序中直接运行它们，比如前面的 id()，不需要做任何操作，拿过来就可以直接使用。

从网上"盗取"了一张图，来展示一下上述三种命名空间的关系，如下图所示。

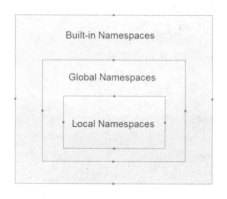

那么程序在查询上述三种命名空间的时候，就按照从里到外的顺序，即 Local Namespaces --> Global Namesspaces --> Built-in Namesspaces。

```
>>> def foo(num,str):
...     name = "qiwsir"
...     print(locals())
...
>>> foo(221,"qiwsir.github.io")
{'num': 221, 'name': 'qiwsir', 'str': 'qiwsir.github.io'}
>>>
```

访问本地命名空间使用 locals()完成，从这个结果中不难看出，所谓的命名空间中的数据存储结构和字典是一样的。

根据习惯，读者一定已经猜测到了，如果访问全局命名空间，则可以使用 globals()。

对于不同的命名空间，除了存在查找的顺序之外，还有不同的生命周期，即什么时候它存在，什么时候它消失了。对此，在理解上比较简单，就是哪个部分被读入内存，它相应的命名空间就存在了。比如程序启动，内置命名空间就创建，一直到程序结束；而其他的，比如本地命名空间，就是在函数调用时开始创建，函数执行结束或者抛出异常时结束。

关于命名空间，读者还需要在日后的开发实践中慢慢体会，它会融入到你的编程过程中，有时候你是觉察不到的，正所谓"随风潜入夜，润物细无声"。

第 4 章

类

类,这个词如果你第一次听到,把它作为一个单独的名词,会感觉怪怪的,因为在汉语中,常见的是说"鸟类"、"人类"等词语,而单独说"类",总感觉前面缺少修饰成分。其实,它对应的是英文单词 class,"类"是 class 翻译过来的。

除了"类"这个术语,从现在开始,还要经常提到一个 OOP,即面向对象编程(或者"面向对象程序设计")。

"行百里路者半九十",如果读者坚持阅读到本书的这个章节,已经对 Python 有了初步感受,而"类"就是能够让你在 Python 学习进程中再上一个台阶的标志。所以,一定要耐心地继续学下去。

4.1 类的基本概念

"世界是由概念组成的",这句话或许有些夸张,但是,至少不论是科学还是技术,概念都是非常重要的,要获得该学科的语言,就必须使用相应的概念。

4.1.1 术语

所谓"术语",可以粗浅地理解为某个领域的"行话",比如在物理学中,有专门定义的"质量"、"位移"、"速度"等,这些术语有的跟日常生活中的俗称名字貌似一样,但是所指有所不同。

"术语"的主要特征是具有一定的稳定性,并且严谨、简明,不是流行语。在谈到 OOP 的时候,会遇到一些术语,需要先明确它们的含义。

1. 问题空间

理解"问题空间"是一个程序员的必备基础。下面是《维基百科》对"问题空间"的定义:

问题空间是问题解决者对一个问题所达到的全部认识状态,它是由问题解决者利用问题所包含的信息和已贮存的信息主动构成的。

一个问题一般由下面三个方面来定义：

- 初始状态——一开始时的不完全的信息或令人不满意的状况。
- 目标状态——你希望获得的信息或状态。
- 操作——为了从初始状态迈向目标状态，可能采取的步骤。

这三个部分加在一起定义了问题空间（Problem Space）。

2. 对象

此"对象"非彼"对象"。还是引用《维基百科》中的定义：

对象（Object），台湾译作物件，是面向对象（Object Oriented）中的术语，既表示客观世界问题空间（Namespace）中的某个具体的事物，又表示软件系统解空间中的基本元素。

把 Object 翻译为"对象"，是比较抽象的。因此，有人认为，不如翻译为"物件"更好，因为"物件"让人感到是一种具体的东西。

我们不去追究翻译的名称，因为这是专家们的事情。我们需要知道的是，"Python 中的一切都是对象"，不管是字符串、函数、模块还是类，都是对象。

都是对象有什么优势吗？太有了。这说明 Python 是 OOP 的。

对于对象，OOP 大师 Grandy Booch 的定义应该是权威的，相关定义的内容如下。

- **对象**：一个对象有自己的状态、行为和唯一的标识；所有相同类型的对象所具有的结构和行为在它们共同的类中被定义。
- **状态（State）**：包括这个对象已有的属性（通常是类里面已经定义好的），再加上对象具有的当前属性值（这些属性往往是动态的）。
- **行为（Behavior）**：是指一个对象如何影响外界及被外界影响，表现为对象自身状态的改变和信息的传递。
- **标识（Identity）**：是指一个对象所具有的区别于所有其他对象的属性（本质上指内存中所创建的对象的地址）。

大师的话的确有水平，听起来非常高深。不过，初学者可能理解起来就有点麻烦了。

简化之，对象应该具有属性（就是上面的状态，因为属性更常用）、方法（就是上面的行为，方法更常被使用）和标识。因为标识是内存中自动完成的，所以，平时不用怎么管理它，主要就是属性和方法。任何一个对象都要包括这两部分，即属性（是什么）和方法（能做什么）。

3. 面向对象

面向对象，英文简称 OOP，是现在编程的主流思潮。《维基百科》给出如下定义：

面向对象程序设计（Object-oriented programming，OOP）是一种程序设计范型，同时也是一种程序开发的方法。对象指的是类的实例。它将对象作为程序的基本单元，将程序和数据封装其中，以提高软件的重用性、灵活性和扩展性。

面向对象程序设计可以看作一种在程序中包含各种独立而又互相调用的对象的思想，这与传统的思想刚好相反：传统的程序设计主张将程序看作一系列函数的集合，或者直接就是一系列对计算机下达的指令。面向对象程序设计中的每一个对象都应该能够接受数据、处理数据并将数据传达给其他对象，因此它们都可以被看作一个小型的"机器"，即对象。

目前已经被证实的是，面向对象程序设计推广了程序的灵活性和可维护性，并且在大型项目设计中广为应用。此外，支持者声称面向对象程序设计要比以往的做法更加便于学习，因为它能够让人们更简单地设计并维护程序，使得程序更加便于分析、设计、理解。反对者在某些领域对此予以否认。

当我们提到面向对象的时候，它不仅是指一种程序设计方法，更多意义上是一种程序开发方式。在这一方面，我们必须了解更多关于面向对象系统分析和面向对象设计（Object Oriented Design，OOD）方面的知识。

下面再引用一段来自《维基百科》中关于 OOP 的历史。

面向对象程序设计的雏形，早在 1960 年的 Simula 语言中即可发现，当时的程序设计领域正面临着一种危机：在软硬件环境逐渐复杂的情况下，软件如何得到良好的维护？面向对象程序设计在某种程度上通过强调可重复性解决了这一问题。20 世纪 70 年代的 Smalltalk 语言在面向对象方面堪称经典——以至于 30 年后的今天依然将这一语言视为面向对象语言的基础。

计算机科学中对象和实例概念的最早萌芽可以追溯到麻省理工学院的 PDP-1 系统。这一系统大概是最早的基于容量架构（Capability Based Architecture）的实际系统。另外，1963 年 Ivan Sutherland 的 Sketchpad 应用中也蕴含了同样的思想。对象作为编程实体最早是于 1960 年由 Simula 67 语言引入思维。Simula 这一语言是奥利-约翰·达尔和克利斯登·奈加特在挪威奥斯陆计算机中心为模拟环境而设计的（据说，他们是为了模拟船只而设计的这种语言，并且对不同船只间属性的相互影响感兴趣。他们将不同的船只归纳为不同的类，而每一个对象，基于它的类，可以定义它的属性和行为）。这种办法是分析式程序的最早概念体现。在分析式程序中，我们将真实世界的对象映射到抽象的对象，这叫作"模拟"。Simula 不仅引入了"类"的概念，还应用了实例这一思想——这可能是这些概念的最早应用。

20 世纪 70 年代，施乐 PARC 研究所发明的 Smalltalk 语言将面向对象程序设计的概念定义为，在基础运算中，对对象和消息的广泛应用。Smalltalk 的创建者深受 Simula 67 的主要思想影响，但 Smalltalk 中的对象是完全动态的——它们可以被创建、修改并销毁，这与 Simula 中的静态对象有所区别。此外，Smalltalk 还引入了继承性的思想，它因此一举超越了不可创建实例的程序设计模型和不具备继承性的 Simula。此外，Simula 67 的思想亦被应用在许多不同的语言，如 Lisp、Pascal。

面向对象程序设计在 20 世纪 80 年代成为了一种主导思想，这主要应归功于 C++——C 语言的扩充版。在图形用户界面（GUI）日渐崛起的情况下，面向对象程序设计很好地适应了潮流。GUI 和面向对象程序设计的紧密关联在 Mac OS X 中可见一斑。Mac OS X 是由 Objective-C 语言写成的，这一语言是一个仿 Smalltalk 的 C 语言扩充版。面向对象程序设计的思想也使事件处理式的程序设计更加广泛被应用（虽然这一概念并非仅存在于面向对象程序设计）。一种说法是，GUI 的引入极大地推动了面向对象程序设计的发展。

苏黎世联邦理工学院的尼克劳斯·维尔特和他的同事们对抽象数据和模块化程序设计进行了研究。Modula-2 将这些都包括了进去，而 Oberon 则包括了一种特殊的面向对象方法——不同于 Smalltalk 与 C++。

面向对象的特性也被加入了当时较为流行的语言：Ada、BASIC、Lisp、Fortran、Pascal 等。

由于这些语言最初并没有面向对象的设计，故而这种糅合常常会导致兼容性和维护性的问题。与之相反的是，"纯正的"面向对象语言却缺乏一些程序员们赖以生存的特性。在这一大环境下，开发新的语言成为了当务之急。作为先行者，Eiffel 成功地解决了这些问题，并成为了当时较受欢迎的语言。

在过去的几年中，Java 语言成为了广为应用的语言，除了它与 C 和 C++语法上的近似性，Java 的可移植性是它的成功中不可磨灭的一步，因为这一特性，已吸引了庞大的程序员群的投入。

在最近的计算机语言发展中，一些既支持面向对象程序设计，又支持面向过程程序设计的语言悄然浮出水面。它们中的佼佼者有 Python、Ruby 等。

正如面向过程程序设计使得结构化程序设计的技术得以提升一样，现代的面向对象程序设计方法使得对设计模式的用途、契约式设计和建模语言（如 UML）技术也得到了一定提升。

至此，如果读者把前面的文字逐句读过，没有跳跃，则姑且认为你已经对"面向对象"有了模糊的认识。那么，类和 OOP 有什么关系呢？

4. 类

在目前流行的高级编程语言中，类是必须的，所以要先了解其定义（来自《维基百科》）：

在面向对象程式设计中，类（class）是一种面向对象计算机编程语言的构造，是创建对象的蓝图，描述了所创建的对象共同的属性和方法。

类的更严格的定义是由某种特定的元数据所组成的内聚的包。它描述了一些对象的行为规则，而这些对象就被称为该类的实例。类有接口和结构。接口描述了如何通过方法与类及其实例互操作，而结构描述了一个实例中数据如何划分为多个属性。类是与某个层的对象的最具体的类型。类还可以有运行时表示形式（元对象），它为操作与类相关的元数据提供了运行时支持。

支持类的编程语言在支持与类相关的各种特性方面都多多少少有一些微妙的差异。大多数都支持不同形式的类继承。许多语言还支持提供封装性的特性，比如访问修饰符。类的出现，为面向对象编程的三个最重要的特性（封装性、继承性、多态性）提供了实现的手段。

看到这里，读者或许有一个认识，要 OOP 编程就得用到类。可以这么说，虽然不是很严格。但是，反过来就不能说了，不能说用了类就一定是 OOP。

4.1.2 编写类

类是对某一群具有同样属性和方法的对象的抽象。比如这个世界上有很多长翅膀并且会飞的生物，于是聪明的人们就将它们统一称为"鸟"——这就是一个类。

这里以美女为例子，要定义类，就要抽象，找出共同的方面。

```
class 美女:        #用 class 来声明，后面定义的是一个类
    pass
```

从这里开始编写一个类，不过我们暂时不用 Python，而是用貌似伪代码，当然，这个代码跟 Python 相去甚远。如下：

```
class 美女:
胸围 = 90
腰围 = 58
```

```
臀围 = 83
皮肤 = white
唱歌()
做饭()
```

定义了一个名称为"美女"的类,并约定,没有括号的是属性,带有括号的是方法。其中约定的属性和方法,默认为所有美女都具有的。

这个类仅仅是对美女的通常抽象,并不是某个具体的美女。

对于一个具体的美女,比如王美女,她是上面所定义的"美女"类的具体化,那么这在编程中称为"美女类"的实例。

```
王美女 = 美女()
```

用这样一种表达方式就是将"美女类"实例化了,或者说创建了一个实例"王美女"。所谓实例,就是一个具体的东西(这里的"王美女"是一个具体的人)。对"王美女"这个实例,就可以具体化一些属性,如胸围;还可以具体实施一些方法,如做饭。通常可以用如下方式表示:

```
a = 王美女.胸围
```

用点号"."的方式,表示王美女胸围的属性,得到的值就是 90。这是根据类中规定的默认值得到的结果。

如果事实上"王美女"的这个属性跟在"美女"类中定义的默认属性不一样,那么也是可以修改的。

```
王美女.皮肤 = black
```

这样,这个王美女(实例)的皮肤(属性)就是黑色(值)的了。

另外,如果抽象的"美女"类中没有某个属性,则还可以给实例"王美女"增加该属性并赋值,比如:

```
王美女.头发 = yellow
```

这就给"王美女"这个实例增加了一个"头发"属性,并且它的值是 yellow。

通过实例,也可以访问某个方法,比如:

```
王美女.做饭()
```

这就是在执行一个方法,让王美女这个实例做饭。现在也比较好理解,只有一个具体的实例才能做饭。

至此,你是否对类和实例,以及类的属性和方法有了初步理解呢?当然,对类的认识不能仅仅停留于此,还要真刀真枪地写代码。

4.2 编写简单的类

从现在开始不用伪代码了,用真正的 Python 代码来理解类。当然,举例还是要强调友好性。

4.2.1 创建类

Python 是一个不断发展的高级语言,于是有了 Python 2 和 Python 3 两个版本。在 Python 2

中,还有"新式类"和"旧式类(也叫作经典类)"之分。但是在 Python 3 中,没有这种新旧问题,它只是"类"。这里我们当然还是用 Python 3。

如何创建类?为了更一般化地说明,下面这个类具有通常类的结构。

```
class Person:
    """
    This is a sample of class.
    """

    def __init__(self, name):
        self.name = name

    def get_name(self):
        return self.name

    def color(self, color):
        d = {}
        d[self.name] = color
        return d
```

这是一个具有"大众脸"的类,下面对它进行逐条解释。

在 Python 3 的代码中,所有的类都是 object 的子类,也正是因为这个原因,所以不用如同 Python 2 那样要显式地把对 object 继承写出来。

class Person,这是在声明创建一个名为"Person"的类,其关键词是 class——对照着学习,创建函数的关键词是 def,新旧知识类比,更容易理解。类的名称一般用大写字母开头,这是惯例。如果名称是两个单词,那么两个单词的首字母都要大写,如 class HotPerson。当然,如果故意不遵循此惯例,也未尝不可,但是,会给别人阅读乃至于自己以后阅读带来麻烦,不要忘记"代码通常是给人看的"。就单独一个类,如果没有跟别的类有继承关系,那么在类的名字后面就不跟参数。虽然每个类天然都是 object 的子类,但是,如果要继承其他非 object 的父类时,要在后面用括号跟上父类名字——class Person(FatherClass)。当然,继承的问题是后文了。这一切结束之后,本行的最后是冒号":"。

声明了类的名字(或者也包括继承的父类),然后就是类里面的代码块。秉承函数的做法,类里面的代码块,相对类定义类的那一行,也是要缩进 4 个空格,笔者个人建议尽可能不用 Tab 键,老老实实敲 4 个空格,否则后患无穷,绝非危言耸听。

类里面的代码看起来并不陌生,也许你一眼就认出它们了——都是 def 这个关键词开头的函数(前面已经学过)。没错,它们就是函数。不过,仔细观察会发现,这些函数跟以往的函数不同,它们的参数都有 self。这正是类中函数的特色,是为了跟以往的函数有所区别,所以很多程序员喜欢把类里面的函数叫作"方法"——暂且不要纠结名称,"不争论"。类的所谓"方法"和前面的函数,在数学角度看没有区别。所以,你尽可以称之为函数。当然,听到有人说"方法"时,也不要诧异和糊涂,它们本质是一样的。

需要再次提醒,函数的命名方法是以 def 发起的,并且函数名称首字母不要用大写,推荐使用 aa_bb 的样式。在一个项目中,命名规则要统一。

在上述代码示例中,函数(方法)的参数列表中必须包括 self 参数,并且作为默认的第一个参数，这是需要注意的地方。至于它的用途，继续学习即可知道。

下面对类里面的每个方法（函数）做一个简要的阐述。

def __init__(self, name)，这个方法是比较特殊的。单从命名方式上看，就不一般——用双下画线开头和结尾。这样的方法在类里面还有很多，我们统称为"特殊方法"。对于__init__()这个特殊方法，通常还给它取了一个名字——构造函数，这是通常的叫法，但是笔者觉得这个名字不好，在本书中把它叫作**初始化函数（或初始化方法）**。因为从字面意义上看，它对应的含义是初始化，并且在 Python 中它的作用和其他语言，比如 Java 中的构造函数还不完全一样，Python 中的具有构造函数功能的是__new__()。

所谓初始化，就是让类有一个基本的面貌，而不是空空如也。做很多事情都要初始化，让事情有一个具体的起点状态。比如你要喝水，必须先初始化杯子里面有水。在 Python 的类中，初始化就担负着类似的工作。在用类创建实例时，首先就执行初始化函数。

此例中的初始化函数的参数除了 self 之外，还有一个 name，在这个类被实例化的同时，要传给它一个值。

在初始化函数里面，self.name = name 的含义是要建立实例的一个属性，这个属性的名字也是 name，它的值等于参数 name 所传入的值。特别注意，这里的属性 self.name 和参数 name 是纯属巧合，也可以设置成 self.xxx = name，只不过这样写总感觉不是很方便。

def get_name(self)和 def color(self, color)是类里面的另外两个方法，这两个方法除了第一个参数必须是 self 之外，其他跟函数没有区别。只是需要关注的是，两个方法中都用到了 self.name，属性的这种调用方式只能在类里面使用。

以上就将我们所建立的类进行了简要的分析。这也是建立一个类的基本方法。

4.2.2 实例

类是对象的定义，实例才是真实的物件。比如"人"是一个类，但是"人"终究不是具体的某个活体，只有"张三"、"李四"才是具体的物件，但他们具有"人"类所定义的属性和方法。"张三"、"李四"就是"人"类的实例。

承接前面的类，先写出调用该类的代码：

```
#省略类 Person 的代码
if __name__ == "__main__":
    girl = Person("canglaoshi")
    print(girl.name)
    name = girl.get_name()
    print(name)
    her_color = girl.color("white")
    print(her_color)
```

girl = Person('canglaoshi')是利用上面的类创建实例。

创建实例的过程就是调用类 Person()，首先执行初始化函数。上述例子中的初始化函数有两个参数，即 self 和 name，其中 self 是默认参数，不需要传值；name 则需要给它传值，所以用 Person('canglaoshi')的样式，就是为初始化函数中的 name 参数传值，即 name = 'canglaoshi'（这里虽然使用了"传值"的通常说法，但读者一定要明确，传的依然是引用）。

girl 就是一个实例（严格说法是 girl 这个变量引用了 Person('canglaoshi')实例对象），它有属性和方法。

先说属性。建立实例，首先要执行__init__()，并通过参数 name 得到实例属性 self.name = 'canglaoshi'。这里先稍微提一下 self 的作用，它实质上就是实例对象本身，当你以实例调用方法的时候，由解释器将那个实例传递给方法，所以不需要显示地为这个参数传值。那么 self.name 也顺理成章地是实例的属性了。print(girl.name)的结果应该是 canglaoshi。

这就是初始化的功能。简而言之，通过初始化函数，确定了这个实例的"基本属性"（实例是什么样子的）。

girl.get_name()是通过实例来调用方法，也可以说建立了实例 girl，这个实例就具有了 get_name()方法。虽然在类里面该方法的第一个参数是 self，跟前面所述原因一样，通过实例调用该方法（实例方法）的时候，不需要显示地为 self 传递值，所以，在这里就不需要写任何参数。观察类中这个方法的代码可知，它的功能就是返回实例属性 self.name 的值，所以 print(name)的结果是 canglaoshi。

girl.color("white")之所以要给参数传值，是因为 def color(self, color)中有参数 color。另外，这个方法里面也使用了 self.name 实例属性。最终该方法返回的是一个字典。所以 print(her_color)的结果是 {'canglaoshi': 'white'}。

刚才以 girl = Person("canglaoshi")的方式，建立了一个实例，仿照它，还可以建立更多的实例，比如 boy = Person("zhangsan")等。也就是说，一个类可以建立多个实例。所以"类提供默认行为，是实例的工厂"（源自 Learning Python），这句话道破了类和实例的关系。所谓"工厂"，就是可以用同一个模子做出很多具体的产品。类就是那个模子，实例就是具体的产品。

这就是通过类建立实例，并且通过实例来调用其属性和方法的过程。

4.3 属性和数据

读者对类的有关知识已经有了基本的或者说是模糊的认识，为了能够为将来的编程实践奠定更牢固的基础，需要深入到一些细节部分。

4.3.1 类属性

在交互模式下，创建一个简单的类。

```
>>> class A:
...     x = 7
...
```

这个类中的代码没有任何方法，只有一个 x = 7。当然，如果愿意，还可以写别的。

先不用管为什么，继续在交互模式中敲代码。

```
>>> A.x
7
```

A 是刚刚建立的类的名字，x 是类中的一个变量，它引用的对象是整数 7。通过 A.x 的方式，就能得到整数 7。像这样的，类中的 x 被称为类的属性，而 7 是这个属性的值。A.x 是调用类属性的方式。

这里谈到了"属性",不要忽视这个词语,它是用在很多领域的一个术语,比如哲学。有一些哲学家认为,属性所描述的是种类性质(如颜色),属性的性质就是所谓的值(如红色)。

把上面的理解套用过来,就是我们现在讨论的类属性。x 是类 A 的性质,它的值是 7。如果读者还认为抽象,就不得不出大招了。

```
>>> class Girl:
        breast = 90
```

在真实世界中,breast 就是 Girl 的属性。所以,如果要建立类 Girl,就必须有 breast 属性。

下面继续讲解前面类 A 的例子。如果要调用类的某个属性(简称"类属性"),其方法是用半角的英文句号".",如前面所演示的 A.x。类属性仅与其所定义的类绑定,并且这种属性本质上就是类中的变量,它的值不依赖于任何实例,只是由类中所写的变量赋值语句确定。所以,这个类属性还有另外一个名字——静态变量或静态数据。

在本书中,已经多次提到"万物皆对象"的观念,类也不例外,它也是对象。凡是对象,都具有属性和方法。而属性是可以修改或者增加、删除的。既然如此,对刚才的类 A 或者类 Girl,都可以对目前其有的属性进行修改,也可以增加新的属性。

```
>>> A.y = 9
>>> A.y
9
```

对类 A 增加了一个新的属性,并且赋给了值。然后删除一个已有属性。

```
>>> del A.x
>>> A.x
Traceback (most recent call last):
  File "<pyshell#14>", line 1, in <module>
    A.x
AttributeError: type object 'A' has no attribute 'x'
```

A.x 属性删除之后,如果再调用,就会出现异常。但是 A.y 依然存在。

```
>>> A.y
9
```

也可以修改当前已有的类属性的值。

```
>>> Girl.breast = 40
>>> Girl.breast
40
```

breast 是我们在类 Gril 中自己定义的属性,其实在一个类建立的同时,Python 也让这个类具有了一些默认的属性。可以用我们熟知的 dir() 来查看类的所有属性(也包括方法)。

```
>>> dir(Girl)
['__class__', '__delattr__', '__dict__', '__dir__', '__doc__', '__eq__', '__format__',
'__ge__', '__getattribute__', '__gt__', '__hash__', '__init__', '__le__', '__lt__',
'__module__', '__ne__', '__new__', '__reduce__', '__reduce_ex__', '__repr__',
'__setattr__', '__sizeof__', '__str__', '__subclasshook__', '__weakref__', 'breast']
```

仔细观察,上面有一个特殊的属性__dict__,之所以用"特殊"这个词来修饰,是因为它也是以双下画线开头和结尾的，类似于已经见过的一个特殊方法__init__()。在类里面，凡以双下画线开头和结尾命名的属性或者方法，我们都说它是"特殊XX"。

```
>>> Girl.__dict__
mappingproxy({'breast': 40, '__weakref__': <attribute '__weakref__' of 'Girl' objects>, '__dict__': <attribute '__dict__' of 'Girl' objects>, '__module__': '__main__', '__doc__': None})
```

下面列出了类的几种特殊属性的含义，读者可以一一查看。

- C.__name__：以字符串的形式返回类的名字。注意，这时候得到的仅仅是一个字符串，而不是一个类对象。
- C.__doc__：显示类的文档。
- C.__base__：类 C 的所有父类。如果是按照上面方式定义的类，应该显示 object，因为以上所有类都继承了它。等到学习了"继承"，再来看这个属性，内容就丰富了。
- C.__dict__：以字典形式显示类的所有属性。
- C.__module__：类所在的模块。

这里稍微解释一下 C.__module__。承接前面建立的类 Gril，做如下操作：

```
>>> Girl.__module__
'__main__'
```

说明这个类所述的模块是__main__。换个角度，类 Girl 的全称是__main__.Girl。

最后对类属性进行总结：

（1）类属性跟类绑定，可以自定义、删除、修改值，也可以随时增加类属性；

（2）每个类都有一些特殊属性，通常情况下特殊属性是不需要修改的，虽然有的特殊属性可以修改，比如 C.__doc__。

对于类，除了属性，还有方法。但是类中的方法，因为牵扯到实例，所以，我们还是通过研究实例来理解类中的方法。

4.3.2　创建实例

创建实例并不是困难的事情，只需要通过调用类就能实现。

```
>>> canglaoshi = Girl()
>>> canglaoshi
<__main__.Girl object at 0x0000000003726C18>
```

这就创建了一个实例 canglaoshi（这不是很严格的说法）。

请读者注意，调用类的方法和调用函数类似。如果仅仅写 Girl()，则是创建了一个实例，如下所示：

```
>>> Girl()
<__main__.Girl object at 0x00000000035262E8>
```

而 canglaoshi = Girl()本质上就是将变量 canglaoshi 与实例对象 Girl()建立引用关系，这种关系同以前见过的赋值语句 a = 2 是同样的效果。

那么，一个实例的建立过程是怎样进行的呢？

再次启用上节中写的类。

```python
class Person:
    """
    This is a sample of class.
    """

    def __init__(self, name):
        self.name = name

    def get_name(self):
        return self.name

    def color(self, color):
        d = {}
        d[self.name] = color
        return d
```

实例还是用 girl = Person('canglaoshi')，当然，你可以建立更多的实例，因为类是实例的工厂。

创建实例，就是调用类。当类被调用之后：

（1）创建实例对象。

（2）检查是否有（专业的说法：是否实现）__init__()方法。如果没有，则返回实例对象。

（3）如果有__init__()，则调用该方法，并且将实例对象作为第一个参数 self 传递进去。

__init__()作为一个特殊方法，是比较特殊的。在它里面，一般是规定一些属性或者做一些初始化，让类具有一些基本特征（属性）。但是，它没有 return 语句，这一点是__init__()区别于普通方法之处。

```python
>>> class Foo:
...     def __init__(self):
...         print("I am in init()")
...         return 1
...
>>> bar = Foo()
I am in init()
Traceback (most recent call last):
  File "<stdin>", line 1, in <module>
TypeError: __init__() should return None, not 'int'
```

这就是运行结果，出现了异常，并且明确告知"__init__() should return None"，所以不能有 return。如果非要有，也得是 return None，索性就不要写了。

由此可知，对于__init__()初始化函数，除了第一个参数是且必须是 self 以外，还要求不能有 return 语句，其他方面和普通函数就没有什么区别了。比如参数和里面的属性，你可以这样来做：

```python
class Person:
    def __init__(self, name, lang="golang", website="www.google.com"):
        self.name = name
```

```
        self.lang = lang
        self.website = website
        self.email = "qiwsir@gmail.com"
```

实例创建好之后，就要研究关于实例的内容，首先看实例属性。

4.3.3 实例属性

与类属性类似，实例所具有的属性叫作"实例属性"。

还是用那个简单的类来说明，虽然有点枯燥。

```
>>> class A:
...     x = 7
...
>>> foo = A()
```

类已经有一个属性 A.x = 7，那么由这个类所建立的实例也具有这个属性。

```
>>> foo.x
7
```

除了 foo.x 这个属性之外，实例也具有其他的属性和方法，依然使用 dir()方法来查看。

```
>>> dir(foo)
['__class__', '__delattr__', '__dict__', '__dir__', '__doc__', '__eq__', '__format__',
'__ge__', '__getattribute__', '__gt__', '__hash__', '__init__', '__le__', '__lt__',
'__module__', '__ne__', '__new__', '__reduce__', '__reduce_ex__', '__repr__',
'__setattr__', '__sizeof__', '__str__', '__subclasshook__', '__weakref__', 'x']
```

实例属性和类属性的最大不同在于，实例属性可以随意更改（前面我们建议，尽可能不要修改类属性，但实例属性不然）。

```
>>> foo.x += 1
>>> foo.x
8
```

这就把实例属性修改了。但是，类属性并没有因为实例属性的修改而变化，正如前文所讲，类属性跟类绑定，不受实例影响。

```
>>> A.x
7
```

上述结果说明"类属性不因实例属性而变化"。

那么，foo.x += 1 的本质是什么呢？

其本质是该实例 foo 又建立了一个新的属性，但是这个属性（新的 foo.x）居然与原来的属性（旧的 foo.x）重名。所以，原来的 foo.x 就被"遮盖"了，只能访问到新的 foo.x，它的值是 8。

```
>>> foo.x
8
>>> del foo.x
>>> foo.x
7
```

既然新的 foo.x "遮盖"了旧的 foo.x，那么是不是把新的 foo.x 删除，旧的 foo.x 就能显现出来？的确是。删除之后，foo.x 就还是原来的值。此外，还可以建立一个不与它重名的实例属性：

```
>>> foo.y = foo.x + 1
>>> foo.y
8
>>> foo.x
7
```

foo.y 就是新建的一个实例属性，它没有影响原来的实例属性 foo.x。其实，在这里完全可以依照变量和对象的关系来理解上述实例属性和数值（对象）的关系。

但是，类属性能够影响实例属性，这是因为实例就是通过调用类来建立的。

```
>>> A.x += 1
>>> A.x
8
>>> foo.x
8
```

如果是同一个属性 x，那么实例属性跟着类属性的改变而改变。

以上所言，是指当类中变量引用的是不可变对象时，比如字符串。

如果类中变量引用可变数据，则情形会有所不同，因为可变数据能够进行原地修改。

```
>>> class B:
...     y = [1, 2, 3]
```

这次定义的类中，变量引用的是一个可变对象。

```
>>> B.y           #类属性
[1, 2, 3]
>>> bar = B()
>>> bar.y         #实例属性
[1, 2, 3]

>>> bar.y.append(4)
>>> bar.y
[1, 2, 3, 4]
>>> B.y
[1, 2, 3, 4]

>>> B.y.append("aa")
>>> B.y
[1, 2, 3, 4, 'aa']
>>> bar.y
[1, 2, 3, 4, 'aa']
```

从上面的比较操作中可以看出，当类中变量引用的是可变对象时，类属性和实例属性都能直接修改这个对象，从而影响另一方的值。

如果增加一个类属性，相应地也增加了一个实例属性：

```
>>> A.y = "hello"
>>> foo.y
'hello'
```

反过来，如果通过实例增加属性呢？看下面：

```
>>> foo.z = "python"
>>> foo.z
'python'
>>> A.z
Traceback (most recent call last):
  File "<stdin>", line 1, in <module>
AttributeError: type object 'A' has no attribute 'z'
```

类并没有接纳这个属性。

以上所显示的实例属性或者类属性，都源自类中的变量所引用的值，或者说是静态数据，尽管能够通过类或者实例增加新的属性，其值也是静态的。

还有一类实例属性的生成方法，就是在实例创建的时候，通过__init__()初始化函数建立，这种属性则是动态的。

4.3.4 self 的作用

类里面的任何方法，第一个参数都是 self，但是在创建实例的时候，似乎用不到这个参数（不显式地写出来），那么 self 是干什么的呢？

self 是一个很神奇的参数。

将前文的 Person 类简化一下，

```python
#!/usr/bin/env python
# coding=utf-8

class Person:
    def __init__(self, name):
        self.name = name
        print(self)
        print(type(self))
```

当创建实例时，首先要执行构造函数，同时打印新增的两条。结果如下：

```
>>> girl = Person("canglaoshi")
<__main__.Person object at 0x0000000003146C50>
<class '__main__.Person'>
```

这说明 self 就是类 Person 的实例。再来看看刚刚建立的那个实例 girl。

```
>>> girl
<__main__.Person object at 0x0000000003146C50>
>>> type(girl)
<class '__main__.Person'>
```

self 和 girl 所引用的实例对象一样。

当创建实例的时候，实例变量作为第一个参数，被 Python 解释器悄悄地传给了 self，所以我们说在初始化函数中的 self.name 就是实例的属性。

```
>>> girl.name
'canglaoshi'
```

这是我们得到的实例属性，但是，在类的外面不能这样用：

```
>>> self.name
Traceback (most recent call last):
  File "<pyshell#23>", line 1, in <module>
    self.name
NameError: name 'self' is not defined
```

4.3.5 数据流转

将类实例化，通过实例来执行各种方法，应用实例的属性，是最常见的操作。所以，对此过程中的数据流转一定要弄明白。

把前文的类再稍微修改一下，如下：

```python
#!/usr/bin/env python
# coding=utf-8

class Person:
    def __init__(self, name):
        self.name = name

    def get_name(self):
        return self.name

    def breast(self, n):
        self.breast = n

    def color(self, color):
        print("{0} is {1}".format(self.name, color))

    def how(self):
        print("{0} breast is {1}".format(self.name, self.breast))

girl = Person('canglaoshi')
girl.breast(90)

girl.color("white")
girl.how()
```

运行后结果如下：

```
$ python about_self.py
canglaoshi is white
canglaoshi breast is 90
```

创建实例 girl = Person('canglaoshi')，将实例对象的引用也传给了 self，或者说 self 也引用了实例对象。将 self 与 girl 进行比较，可以简化理解为：girl 和 self 都引用了实例对象，girl 主外，self 主内。

"canglaoshi"是一个具体的数据，通过初始化函数中的 name 参数，传给 self.name——准确地说，是传了对象引用给实例的属性 name。前面已经讲过，self 是一个实例，可以为它设置属性，self.name 就是一个属性，经过初始化函数，这个属性的值由参数 name 传入，现在就是"canglaoshi"。

在类 Person 的其他方法中，都是以 self 为第一个或者唯一一个参数。注意，在 Python 中，这个参数要显式地写上，在类内部是不能省略的。这就表示所有方法都承接 self 实例对象，它的属性也被带到每个方法之中。例如，在方法里面使用 self.name，即是调用前面已经确定的实例属性数据。当然，在方法中，还可以继续为实例 self 增加属性，比如 self.breast。这样，通过 self 实例，就实现了数据在类内部的流转。

如果要把数据从类里面传到外面，可以通过 return 语句实现，如上例子中所示的 get_name() 方法。

因为引用实例对象的变量是 girl 和 self，所以，在类里面也可以用 girl 代替 self。例如，做如下修改：

```
#!/usr/bin/env python
# coding=utf-8

class Person:
    def __init__(self, name):
        self.name = name

    def get_name(self):
        #return self.name
        return girl.name      #修改成这个样子，但是在编程实践中不要这么做

girl = Person('canglaoshi')
name = girl.get_name()
print(name)
```

运行之后，打印：

canglaoshi

这个例子说明，在实例化之后，girl 和 self 都引用了实例对象。但是，提醒读者，千万不要用上面修改了的那个方式。因为那样写使类不再是"工厂"，而是以"作坊"生产的方式专门为 girl 定制了一个类，无法再利用这个类生成其他实例。这是大忌。

4.4 方法

在类里面，除了属性之外，还有方法，当然也有注释和文档，但计算机不看它们，只是人看。

在通常情况下，用实例调用方法。此外，还有其他调用方法的方式，本节将就绑定方法和非绑定方法、静态方法和类方法进行辨析，使读者更深入地了解方法。

4.4.1 绑定方法和非绑定方法

除了特殊方法之外，类中的其他普通方法也是经常要用到的，所以也要对这些普通方法进行研究。

```
>>> class Foo:
```

```
...     def bar(self):
...         print("This is a normal method of class.")
...
>>> f = Foo()
>>> f.bar()
This is a normal method of class.
```

如你所知,在类 Foo 中,方法 bar()本质上是一个函数,只不过这个函数的第一个参数必须是 self(在类中给它起另外一个名字,叫"方法"),跟函数相比,没有本质上的不同。

当建立了实例之后,用实例调用这个方法的时候,因为 Python 解释器把实例已经作为第一参数隐式地传给了该方法,所以就不需要显式地写出 self 参数了。这个观点反复强调,就是为了让读者理解 self 就是实例。

如果要把实例显式地传给方法,可以用下面的方式进行:

```
>>> Foo.bar(f)
This is a normal method of class.
```

用这种方式更证实了前述观点,即实例化之后,self 和实例 f 是相同的。通常,我们在类里面使用 self,类外面使用 f 这个实例,两者各有分工。

如果在用类调用方法的时候,不传实例会怎样?

```
>>> Foo.bar()
Traceback (most recent call last):
  File "<stdin>", line 1, in <module>
TypeError: bar() missing 1 required positional argument: 'self'
```

报错信息告诉我们,bar()缺少一个参数 self,它是一个实例。所以,要传一个实例。

Python 中一切皆对象,类 Foo 的方法 bar()也是对象(函数对象),那么,我们就可以像这样来获得该对象了。

```
>>> Foo.bar
<function Foo.bar at 0x7f3cae054f28>
```

像前面那样,我们通过类的名字来调用方法对象,这个方法就叫作非绑定方法(unbound method)。

此外,还可以通过实例来得到该对象。

```
>>> f.bar
<bound method Foo.bar of <__main__.Foo object at 0x7f3cadfd7320>>
```

用实例来得到这个方法对象,在这里我们看到的是绑定方法(bound method)。

下面就要逼近 unbound method 和 bound method 的概念本质了。

在类 Foo 的属性中,有一个__dict__的特殊属性,前文已经介绍过了,我们使用它来窥探内部信息。

```
>>> Foo.__dict__['bar']
<function Foo.bar at 0x7f3cae054f28>
```

从这个层面进一步说明 bar 是一个函数对象。

下面我们再来看一个新的东西——描述器。

什么是描述器？

Python 中有几个比较特别的特殊方法，它们分别是 __get__()、__set__()和__delete__()。简单地说，有这些方法的对象就叫作描述器。

描述器是属性、实例方法、静态方法、类方法和继承中使用的 super 的背后实现机制，它在 Python 中使用广泛。

那么如何使用描述器呢？

上述三个特殊方法，可以用下面的方式来使用——所谓的描述器协议。

descr.__get__(self, obj, type=None) --> value

descr.__set__(self, obj, value) --> None

descr.__delete__(self, obj) --> None

关于描述器的内容，不重点阐述，这里提及它，目的是要解决"绑定方法"和"非绑定方法"的问题。所以，读者如果有兴趣深入了解描述器，可以用 Google 去搜索一下。

我们在这里且仅看 __get__()。

```
>>> Foo.__dict__['bar'].__get__(None, Foo)
<function Foo.bar at 0x7f3cae054f28>
```

对照描述器协议，这里将 self 赋予了 None，其返回结果和 Foo.bar 的返回结果是一样的。让 self 为 None 的意思是没有给定的实例，因此该方法被认为非绑定方法（unbound method）。

如果给定一个实例呢？

```
>>> Foo.__dict__['bar'].__get__(f, Foo)
<bound method Foo.bar of <__main__.Foo object at 0x7f3cadfd7320>>
```

这时候的显示结果和 f.bar 是相同的。

综上所述，可以认为：

- 当通过类来获取方法的时候，得到的是非绑定方法对象。
- 当通过实例来获取方法的时候，得到的是绑定方法对象。

所以，通常用实例调用的方法都是绑定方法。那么，非绑定方法在哪里会用到呢？当学习"继承"相关内容的时候，它会再次登场。

4.4.2 类方法和静态方法

先看下面的代码：

```python
#!/usr/bin/env python
# coding=utf-8

class Foo:
    lang = "Java"
    def __init__(self):
        self.lang = "python"
```

```python
    def get_class_attr(cls):
        return cls.lang

if __name__ == "__main__":
    print("Foo.lang:", Foo.lang)
    r = get_class_attr(Foo)
    print("get class attribute:", r)
    f = Foo()
    print("instance attribute:", f.lang)
```

在类 Foo 中，定义了一个属性 lang="python"，这是类属性；然后在初始化方法中，又定义了 self.lang="python"，这是实例属性。

然后分析函数 get_class_attr(cls)，这个函数的参数这里用 cls，从函数体的代码中看，要求它引用的对象应该具有属性 lang。这就说明，不是随便一个对象就可以的。恰好，在前面定义的类 Foo 中，就有 lang 这个属性。于是，在调用这个函数的时候，就直接将该类对象作为方法 get_class_attr() 的参数，即 get_class_attr(Foo)。

Foo.lang 是要得到类属性的值；get_class_attr(Foo)所返回的，就是类 Foo 的属性 Foo.lang 的值。所以，前两个 print() 函数打印的结果应该一样。

f = Foo() 则建立了一个示例，然后通过 f.lang 访问实例属性。

其运行结果如下：

```
$ python class_method.py
Foo.lang: Java
get class attribute: Java
instance attribute: python
```

请读者特别注意对比上述分析过程和执行结果。

在这个程序中，比较特殊的函数是 get_class_attr(cls)，它写在了类的外面，而这个函数又只能调用前面写的那个类对象，因为不是所有对象都有那个特别的属性 lang 的。这种写法，使得类和函数的耦合性太强了，不便于以后维护，是应该避免的。避免的方法就是把函数与类融为一体，于是就有了下面的写法。

```python
#!/usr/bin/env python
#coding:utf-8

class Foo:
    lang = "Java"
    def __init__(self):
        self.lang = "python"

    @classmethod
    def get_class_attr(cls):
        return cls.lang

if __name__ == "__main__":
    print("Foo.lang:", Foo.lang)
    r = Foo.get_class_attr()
    print("get class attribute:", r)
```

```
f = Foo()
print("instance attribute:", f.lang)
print("instance get_class_attr:", f.get_class_attr())
```

在这个程序中，出现了 **@classmethod**（装饰器），在函数部分遇到过。需要注意的是，@classmethod 所装饰的方法的参数中，第一个参数不是 self，这和我们以前看到的类中的方法是有区别的。这里使用了参数 cls，用其他的也可以，只不过习惯用 cls。

再来看对类的使用过程。先贴出上述程序的执行结果：

```
Foo.lang: Java
get class attribute: Java
instance attribute: python
instance get_class_attr: Java
```

通过执行结果我们可以看到，不管是通过类还是实例来执行 get_class_attr()，得到的结果都是类属性值。这说明，装饰器@classmethod 所装饰的方法，其参数 cls 引用的对象是类对象 Foo。

至此，可以下一个定义：所谓类方法，就是在类里面定义的方法。该方法由装饰器@classmethod 所装饰，其第一个参数 cls 所引用的是这个类对象，即将类本身作为引用对象传入到此方法中。

理解了类方法之后，用同样的思路理解另外一个方法——静态方法。还是先看代码——一个有待优化的代码。

```
#!/usr/bin/env python
#coding:utf-8

import random

def select(n):
    a = random.randint(1, 100)
    return a - n > 0

class Foo:
    def __init__(self, name):
        self.name = name

    def get_name(self, age):
        if select(age):
            return self.name
        else:
            return "the name is secret."

if __name__ == "__main__":
    f = Foo("luolaoshi")
    name = f.get_name(22)
    print(name)
```

先观察上面的程序，发现在类 Foo 里面使用了外面定义的函数 select(n)。这种类和函数的关系，也是由于有密切关系，从而导致程序维护有困难。于是在和前面同样的理由之下，就出现了下面比较便于维护的程序。

```python
#!/usr/bin/env python
#coding:utf-8

import random
class Foo:
    def __init__(self, name):
        self.name = name

    def get_name(self, age):
        if self.select(age):
            return self.name
        else:
            return "the name is secret."

    @staticmethod
    def select(n):
        a = random.randint(1, 100)
        return a - n > 0


if __name__ == "__main__":
    f = Foo("luolaoshi")
    name = f.get_name(22)
    print(name)
```

经过优化，将原来放在类外面的函数移动到了类里面，也就是函数 select(n) 现在位于类 Foo 的命名空间之内。但是，不是简单移动，还要在这个函数的前面加上@staticmethod 装饰器，并且要注意的是，虽然这个函数位于类的里面，但跟其他方法不同，它不以 self 为第一个参数。当使用它的时候，可以通过实例调用，比如 self.select(n)；也可以通过类调用这个方法，比如 Foo.select(n)。

从上面的程序中可以看出，尽管 select(n) 位于类的命名空间之内，但它却是一个独立的方法，跟类没有关系，仅仅是为了免除前面所说的维护上的困难，写在类的作用域内的普通函数罢了。但它的存在也是有道理的，以上例子就是典型说明。当然，在类的作用域里面时，前面必须要加上一个装饰器@staticmethod。我们将这种方法也给予命名，称之为静态方法。

方法是类的重要组成部分，本节中的静态方法和类方法为我们使用类的方法提供了更多便利的工具。但是，类的重要特征之一——继承，还没有亮相。

4.5 继承

继承——OOP 的三个特征：多态、继承、封装——是类的重要内容。

4.5.1 概念

《维基百科》中这样定义"继承"的概念：

继承（Inheritance）是面向对象软件技术当中的一个概念。如果一个类别 A "继承"自另一个类别 B，就把这个 A 称为"B 的子类别"，而把 B 称为"A 的父类别"，也可以称"B 是 A 的超类"。

继承可以使得子类别具有父类别的各种属性和方法，而不需要再次编写相同的代码。在令子类别继承父类别的同时，可以重新定义某些属性，并重写某些方法，即覆盖父类别的原有属性和方法，使其获得与父类别不同的功能。另外，为子类别追加新的属性和方法也是常见的做法。

由上面对"继承"的表述，可以简单总结出继承的意图或者好处：

- 可以实现代码重用，但不仅仅是实现代码重用；
- 实现属性和方法继承。

诚然，以上也不是全部，随着后续学习，对继承的认识会更深刻，特别是如果读者已经或者将来可能学习 Java（或其他编程语言），对继承可能还会有另外层面的理解。例如，网友令狐虫持有这样的观点：

从技术上说，在 OOP 中，继承最主要的用途是实现多态。对于多态而言，重要的是接口继承性，属性和行为是否存在继承性，这是不一定的。事实上，大量工程实践表明，重度的行为继承会导致系统过度复杂和臃肿，反而会降低灵活性。因此现在比较提倡的是基于接口的轻度继承理念。在这种模型中，因为父类（接口类）完全没有代码，所以根本谈不上什么代码复用。

在 Python 里，因为存在 Duck Type，接口定义的重要性大大降低，继承的作用也进一步被削弱了。

另外，从逻辑上说，继承的目的也不是为了复用代码，而是为了理顺关系。

或许读者现在感觉比较高深，不过没关系，随着实践经验的积累，你也能对这个问题有自己独到的见解。

我们已经熟知类的定义方式。

```
class NewStyle:
    pass
```

并且也说过，所有类都是 object 的子类，但是这里并没有显式地写出 object，而是用隐式的方式继承了 object。

总而言之，object 就是所有类的父类。

4.5.2 单继承

所谓单继承，就是只从一个父类那里继承。

```
>>> class P:
        pass

>>> class C(P):
        pass
```

寥寥数"键"，就实现了继承。

类 P 是一个通常的类，类 C（注意字母大写）则是定义的一个子类，它用 C(P)的形式继承了类 P（称 P 为父类），虽然父类什么也没有。

子类 C 继承父类 P 的方式就是在类名称后面的括号里面写上父类的名字。既然继承了父类，那么父类的一切都带入到了子类。前面说过了，在 Python 3 中所有的类都是 object 的子类，但是不用写出 object。但是，如果要继承其他的类，就不能隐藏了，要显式地写上父类的名字。

```
>>> C.__base__
<class '__main__.P'>
```

还记得类的一个特殊属性吗？由 C.__base__ 可以得到类的父类。刚才的操作，就显示出类 C 的父类是 P。

为了深入理解"继承"的作用，让父类做一点点事情。

```
>>> class P:
      def __init__(self):
          print("I am a rich man.")

>>> class C(P):
      pass

>>> c = C()
I am a rich man.
```

父类 P 中增加了初始化函数，然后子类 C 继承它。我们已经熟知，当建立实例的时候，首先要执行类中的初始化函数。因为子类 C 继承了父类，就把父类中的初始化函数拿到了子类里面，所以在 c = C() 的时候，执行了父类中定义的初始化函数，这就是继承，而且是从一个父类那里继承来的，故称之为单继承。

看一个比较完整的程序示例：

```python
#!/usr/bin/env python
# coding=utf-8

class Person:
    def __init__(self, name):
        self.name = name

    def height(self, m):
        h = dict((["height", m],))
        return h

    def breast(self, n):
        b = dict((["breast", n],))
        return b

class Girl(Person):
    def get_name(self):
        return self.name

if __name__ == "__main__":
    cang = Girl("canglaoshi")
    print(cang.get_name())
    print(cang.height(160))
    print(cang.breast(90))
```

上面这个程序，保存之后运行：

```
canglaoshi
{'height': 160}
{'breast': 90}
```

下面对以上程序进行解释：

首先定义了一个类 Person，把它作为父类。然后定义了一个子类 Girl，继承了 Person。

在子类 Girl 中，只写了一个方法 get_name()，但是因为继承了 Person，那么 Girl 就拥有了 Person 中的全部方法和属性。子类 Girl 的方法 get_name()中，使用了属性 self.name，但是在类 Girl 中，并没有什么地方显示创建了这个属性，是因为其继承了 Person 类，在父类中有初始化函数。所以，当使用子类创建实例的时候，必须传一个参数 cang = Girl("canglaoshi")，然后调用实例方法 cang.get_name()。对于实例方法 cang.height(160)，也是因为继承的缘故。

在上面的程序中，子类 Girl 里面没有与父类 Person 重复的属性和方法，但有时候会遇到这样的情况：

```
class Girl(Person):
    def __init__(self):
        self.name = "Aoi sola"

    def get_name(self):
        return self.name
```

在子类里面，有一个初始化函数，并且定义了一个实例属性 self.name = "Aoi sola"。在父类中，也有初始化函数。在这种情况下，再次执行程序。

有异常：

```
TypeError: __init__() takes 1 positional argument but 2 were given
```

异常信息告诉我们，创建实例的时候，传入的参数个数多了。根源在于，子类 Girl 中的初始化函数只有一个 self，但因为跟父类中的初始化函数重名，虽然继承了父类，但是将父类中的初始化函数覆盖了，导致父类中的__init__()在子类中不再实现。所以，实例化子类不应该再显式地传参数。

```
if __name__ == "__main__":
    cang = Girl()
    print(cang.get_name())
    print(cang.height(160))
    print(cang.breast(90))
```

如此修改之后再运行，显示结果如下：

```
Aoi sola
{'height': 160}
{'breast': 90}
```

从结果中不难看出，如果子类中的方法或属性覆盖了父类（与父类同名），那么就不再继承父类的该方法或者属性。

像这样，子类 Girl 里面有与父类 Person 同样名称的方法和属性，称之为对父类相应部分的重写。重写之后，父类的相应部分不再被继承到子类，没有重写的部分在子类中依然被继承，从上面程序中可以看出此结果。

还有一种可能存在，就是重写之后，如果要在子类中继承父类中的相应部分，那么该怎么办？

4.5.3 调用覆盖的方法

如果子类重写了父类的某方法，例如前面举例的程序中，但是子类还想继续使用父类该方法，则可以对子类 Gril 做出这样的修改：

```
class Girl(Person):
    def __init__(self, name):
        Person.__init__(self, name)
        self.real_name = "Aoi sola"

    def get_name(self):
        return self.name
```

请读者注意观察 Girl 的初始化方法，与前面的有所不同。为了能够继续使用父类的初始化方法，以类方法的方式调用 Person.__init__(self, name)。另外，在子类的 __init__() 参数中，要增加相应的参数 name。

实例化子类，以下面的方式运行程序：

```
if __name__ == "__main__":
    cang = Girl("canglaoshi")
    print(cang.real_name)
    print(cang.get_name())
    print(cang.height(160))
    print(cang.breast(90))
```

执行结果如下：

```
Aoi sola
canglaoshi
{'height': 160}
{'breast': 90}
```

就这样，使父类中被覆盖的方法再次在子类中实现。

但上述方式有一个问题，如果父类的名称因为某种目前你无法预料的原因修改了，子类中该父类的名称也要修改，又或者是程序比较复杂或者忘记了，就会出现异常。于是，就有了更巧妙的方法——super。再重写子类：

```
class Girl(Person):
    def __init__(self, name):
        #Person.__init__(self, name)
        super(Girl, self).__init__(name)
        self.real_name = "Aoi sola"

    def get_name(self):
        return self.name
```

仅仅修改了一处，将 Person.__init__(self, name) 修改为 super(Girl, self).__init__(name)。执行程序后，显示的结果与以前一样。

关于 super，有人做了非常深入的研究，推荐读者阅读 *Python's super() considered super!*

（https://rhettinger.wordpress.com/2011/05/26/super-considered-super/），文中已经探究了 super 的工作过程。读者如果要深入了解 super，则可以阅读这篇文章。

4.5.4 多重继承

前面所说的继承，父类都只有一个。但继承可以来自多个父类，这就是多重继承。

所谓多重继承，就是指某一个子类的父类不止一个，而是多个。比如：

```python
#!/usr/bin/env python
# coding=utf-8

class Person:
    def eye(self):
        print("two eyes")

    def breast(self, n):
        print("The breast is: ",n)

class Girl:
    age = 28
    def color(self):
        print("The girl is white")

class HotGirl(Person, Girl):
    pass

if __name__ == "__main__":
    kong = HotGirl()
    kong.eye()
    kong.breast(90)
    kong.color()
    print(kong.age)
```

在这个程序中，前面有两个类 Person 和 Girl，然后第三个类 HotGirl 继承了这两个类。注意观察继承方法，就是在类的名字后面的括号中把所继承的两个类的名字写上。但是第三个类中什么方法也没有。

然后实例化类 HotGirl，既然继承了上面的两个类，那么它们的方法就都能够拿过来使用。保存程序，运行一下看看。

```
$ python multi_inhance.py
two eyes
The breast is:  90
The girl is white
28
```

值得注意的是，这次在类 Girl 中，有一个 age = 28，在对 HotGirl 实例化之后，因为继承的原因，这个类属性也被继承到 HotGirl 中，因此通过实例属性 kong.age 一样能够得到该数据。

由上述两个实例已经清楚地看到了继承的特点，即将父类的方法和属性全部承接到子类中；如果子类重写了父类的方法，就使用子类的该方法，父类的被遮盖。

还有必要了解一些多重继承的顺序。

如果一个子类继承了两个父类，并且两个父类有同样的方法或者属性，那么在实例化子类后，所调用的那个方法或属性是属于哪个父类的呢？造一个没有实际意义，纯粹为了解决这个问题的程序：

```python
#!/usr/bin/env python
# coding=utf-8

class K1:
    def foo(self):
        print("K1-foo")

class K2:
    def foo(self):
        print("K2-foo")
    def bar(self):
        print("K2-bar")

class J1(K1, K2):
    pass

class J2(K1, K2):
    def bar(self):
        print("J2-bar")

class C(J1, J2):
    pass

if __name__ == "__main__":
    print(C.__mro__)
    m = C()
    m.foo()
    m.bar()
```

这段代码保存后运行结果如下：

```
$ python mro.py
(<class '__main__.C'>, <class '__main__.J1'>, <class '__main__.J2'>, <class '__main__.K1'>, <class '__main__.K2'>, <type 'object'>)
K1-foo
J2-bar
```

代码中的 print(C.__mro__)是打印出类的继承顺序。如果要执行实例的 foo()方法，首先在 J1 类中查找有没有此方法，如果没有，再看 J2 类，如果还没有，再看 J1 类所继承的 K1 类，找到后就执行该方法，即 C==>J1==>J2==>K1；bar()也是按照这个顺序，在 J2 类中就找到了一个该方法。

这种对继承属性和方法搜索的顺序称之为"广度优先"。

在 Python 2 的新式类和 Python 3 中，继承顺序都是"广度优先"。之所以如此，是因为 MRO（Method Resolution Order）算法，读者若对此感兴趣，可以到网上搜索关于这个算法的内容进行了解。

4.6 多态和封装

"多态"和"封装"是 OOP 的重要特征(前面说的"继承"也是)。但是,对于 Python 而言,对这两个特征的理解也有很多不同。建议读者除了阅读本书的内容之外,还要到网上搜索一下有关文章。

4.6.1 多态

这里仅针对零基础学 Python 的读者谈谈如何理解"多态",因为"多态"就如同其名字一样,在理解上也是"多态"的。

先来看一个例子:

```
>>> "This is a book".count("s")
2
>>> [1,2,4,3,5,3].count(3)
2
```

count()的作用是数一数某个元素在对象中出现的次数。从例子中可以看出,我们并没有限定 count()的参数类型。类似的例子还有:

```
>>> f = lambda x,y: x+y
```

还记得这个 lambda 函数吗?如果忘记了,请复习本书前面的有关章节。

```
>>> f(2,3)
5
>>> f("qiw","sir")
'qiwsir'
>>> f(["python","java"],["c++","lisp"])
['python', 'java', 'c++', 'lisp']
```

这里我们没有限制参数的类型,也一定不能限制,因为如果限制了,就不简练了。在使用的时候,可以给参数任意适合的类型,能得到不报错的结果。

以上就体现了"多态"——同一种行为具有不同表现形式和形态的能力,换一种说法,就是对象多种表现形式的体现。

当然,也有人就此提出了反对意见,因为本质上在参数传入值之前,Python 并没有确定参数的类型,只能让数据进入函数之后再处理,能处理则罢,不能处理就会报错。例如:

```
>>> f("qiw", 2)
Traceback (most recent call last):
  File "<stdin>", line 1, in <module>
  File "<stdin>", line 1, in <lambda>
TypeError: Can't convert 'int' object to str implicitly
```

本书由于不属于这种概念争论范畴,所以不进行这方面的深入探索,仅仅是告诉各位读者相关信息。

"多态"(Polymorphism),在中国台湾被称作"多型"。《维基百科》中对此有详细解释说明。

多型（Polymorphism），是指对象导向程式执行时，相同的信息可能会送给多个不同的类别对象，而系统可依据物件所属类别，引发对应类别的方法，而有不同的行为。简单来说，所谓多型意指相同的信息给予不同的对象会引发不同的动作。

简化的说法就是"有多种形式"，就算不知道变量（参数）所引用的对象类型，也一样能进行操作，来者不拒。比如上面显示的例子。

再如，著名的 repr() 函数，它能够针对输入的任何对象返回一个字符串，这就是多态的代表之一。

```
>>> repr([1,2,3])
'[1, 2, 3]'
>>> repr(1)
'1'
>>> repr({"lang":"python"})
"{'lang': 'python'}"
```

使用它写一个小函数，还是作为多态的代表。

```
>>> def length(x):
...     print("The length of", repr(x), "is", len(x))
...
>>> length("how are you")
The length of 'how are you' is 11
>>> length([1,2,3])
The length of [1, 2, 3] is 3
>>> length({"lang":"python","book":"itdiffer.com"})
The length of {'lang': 'python', 'book': 'itdiffer.com'} is 2
```

不过，多态也不是万能的，如果这样做：

```
>>> length(7)
The length of 7 is
Traceback (most recent call last):
  File "<stdin>", line 1, in <module>
  File "<stdin>", line 2, in length
TypeError: object of type 'int' has no len()
```

报错了。看错误提示，明确告诉我们："object of type 'int' has no len()"。

上述的种种多态表现，皆因 Python 是一种不需要进行预编译的语言，只在运行时才确定状态（但最终还是编译了）。所以，Python 就被认为天生是一种多态的语言。也有人持相反观点，认为 Python 不支持多态，其理由中也用了上述内容。看来，看着半杯水，的确能够有不同的结论——"还有半杯水呢"和"还剩半杯水了"。

争论，让给思想者。我们，围观。

为了让读者能够进一步理解 Python 的多态特点，这里必须要进行比较。

《Thinking in Java》的作者 Bruce Eckel 在 2003 年 5 月 2 日发表了一篇题为《Strong Typing vs. Strong Testing》(https://docs.google.com/document/d/1aXs1tpwzPjW9MdsG5dI7clNFyYayFBkcXwRDo-qvbIk/preview）的博客，其将 Java 和 Python 的多态特征进行了比较，在此选摘部分内容，重温大师的论述。

先来欣赏大师所撰写的一段 Java 代码：

```java
// Speaking pets in Java:
interface Pet {
  void speak();
}

class Cat implements Pet {
  public void speak() { System.out.println("meow!"); }
}

class Dog implements Pet {
  public void speak() { System.out.println("woof!"); }
}

public class PetSpeak {
  static void command(Pet p) { p.speak(); }
  public static void main(String[] args) {
    Pet[] pets = { new Cat(), new Dog() };
    for(int i = 0; i < pets.length; i++)
      command(pets[i]);
  }
}
```

如果读者没有学习过 Java，那么对上述代码理解可能不是很顺畅，不过这不重要，主要观察 command(Pet p)，这种写法意味着函数 command() 所能接受的参数类型必须是 Pet 类型，其他类型不行。所以，必须创建 interface Pet 这个接口并且让类 Cat 和 Dog 继承它，然后才能 upcast them to the generic command() method（原文：I must create a hierarchy of Pet, and inherit Dog and Cat so that I can upcast them to the generic command() method）。

与上面的代码相对应，大师提供了 Python 代码，如下所示：

```python
# Speaking pets in Python:
class Pet:
    def speak(self): pass

class Cat(Pet):
    def speak(self):
        print "meow!"

class Dog(Pet):
    def speak(self):
        print "woof!"

def command(pet):
    pet.speak()

pets = [ Cat(), Dog() ]

for pet in pets:
    command(pet)
```

注意这段 Python 代码中的 command()函数，其参数 pet 并没有要求必须是前面的 Pet 类型（注意区分大小写），仅仅是一个名字为 pet 的对象引用罢了。Python 不关心引用的对象是什么类型，只要该对象有 speak()方法即可。提醒读者注意的是，因为历史原因（2003 年），大师当时写的是针对 Python 2 的旧式类，不过适当修改之后在 Python 3 下也能跑，例如将 print "meow!" 修改为 print("meow!")。

根据我们对 Python 的理解，上面代码中的类 Pet 其实是多余的。是的，大师也这么认为，只是因为大师当时是完全模仿 Java 程序而写的。随后，大师就修改了上面的代码。

```
# Speaking pets in Python, but without base classes:
class Cat:
    def speak(self):
        print "meow!"

class Dog:
    def speak(self):
        print "woof!"

class Bob:
    def bow(self):
        print "thank you, thank you!"
    def speak(self):
        print "hello, welcome to the neighborhood!"
    def drive(self):
        print "beep, beep!"

def command(pet):
    pet.speak()

pets = [ Cat(), Dog(), Bob() ]

for pet in pets:
    command(pet)
```

不仅去掉了类 Pet，而且又增加了一个新的类 Bob，这个类根本不是 Cat 和 Dog 那样的类型，只是它碰巧也有一个名字为 speak()的方法罢了。但是，也依然能够在 command()函数中被调用。

这就是 Python 中的多态特点，大师 Brue Eckel 通过非常有说服力的代码阐述了 Java 和 Python 的区别，并充分展示了 Python 中的多态特征。

诚如前面所述，Python 不检查传入对象的类型（上面大师所写的代码中非常清晰地表明了这点），这种方式被称为"隐式类型"（Laten Typing）或者"结构式类型"（Structural Typing），也被通俗地称为"鸭子类型"（Duck Typeing）。其含义在《维基百科》中被表述为：

在程序设计中，鸭子类型（Duck Typing）是动态类型的一种风格。在这种风格中，一个对象有效的语义，不是由继承自特定的类或实现特定的接口决定，而是由当前方法和属性的集合决定。这个概念的名字来源于由 James Whitcomb Riley 提出的鸭子测试。"鸭子测试"可以这样表述："当看到一只鸟走起来像鸭子，游泳起来像鸭子，叫起来也像鸭子时，那么这只鸟就可以被称为鸭子。"

鸭子类型就意味着可以向任何对象发送任何消息，语言只关心该对象能否接收该消息，不强求该对象是否为某一种特定的类型——该对象的多态表现。

对于 Python 的这种特征，有一批程序员不接受，他们认为在程序被执行的时候，可能收到错误的对象，而且这种错误还可能潜伏在程序的某个角落。因此，在编程领域就有了"强类型"（如 Java）和"弱类型"（如 Python）之争。

对于此类争论，大师 Brue Eckel 在上面所提到的博客中，给出了非常明确的回答。下面原文恭录于此：

Strong testing, not strong typing.

So this, I assert, is an aspect of why Python works. C++ tests happen at compile time (with a few minor special cases). Some Java tests happen at compile time (syntax checking), and some happen at run time (array-bounds checking, for example). Most Python tests happen at runtime rather than at compile time, but they do happen, and that's the important thing (not when). And because I can get a Python program up and running in far less time than it takes you to write the equivalent C++/Java/C# program, I can start running the real tests sooner: unit tests, tests of my hypothesis, tests of alternate approaches, etc. And if a Python program has adequate unit tests, it can be as robust as a C++, Java or C# program with adequate unit tests (although the tests in Python will be faster to write).

读完大师的话，犹如醍醐灌顶，豁然开朗，再也不去参与那些浪费口舌的争论了。

对于多态问题，最后还要告诫读者，类型检查是毁掉多态的利器，如 type、isinstance 及 isubclass 函数，所以，一定要慎用这些类型检查函数。

4.6.2 封装和私有化

在程序设计中，封装（Encapsulation）是对具体对象的一种抽象，即将某些部分隐藏起来，在程序外部看不到，其含义是其他程序无法调用（不是人用眼睛看不到那个代码，除非某种加密或者混淆方法，造成显示上的混乱，但这不是封装）。

要了解封装，离不开"私有化"，就是将类或者函数中的某些属性限制在某个区域之内，外部无法调用。

Python 中私有化的方法也比较简单，即在准备私有化的属性（包括方法、数据）名字前面加双下画线。例如：

```python
#!/usr/bin/env python
# coding=utf-8

class ProtectMe:
    def __init__(self):
        self.me = "qiwsir"
        self.__name = "kivi"

    def __python(self):
        print("I love Python.")

    def code(self):
        print("Which language do you like?")
        self.__python()
```

```python
if __name__ == "__main__":
    p = ProtectMe()
    print(p.me)
    print(p.__name)
```

运行一下，看看效果：

```
$ python private.py
qiwsir
Traceback (most recent call last):
  File "private.py", line 19, in <module>
    print(p.__name)
AttributeError: 'ProtectMe' object has no attribute '__name'
```

查看报错信息，告诉我们没有__name 属性。果然隐藏了，在类的外面无法调用。再试试那个函数是否可以使用，只需要修改下面的部分代码：

```python
if __name__ == "__main__":
    p = ProtectMe()
    p.code()
    p.__python()
```

p.code()的意图是要打印出两句话：:"Which language do you like?"和"I love Python."，code()方法和__python()方法在同一个类中，可以调用。后面的那个 p.__python()试图调用那个私有方法。看看效果：

```
$ python private.py
Which language do you like?
I love Python.
Traceback (most recent call last):
  File "private.py", line 19, in <module>
    p.__python()
AttributeError: 'ProtectMe' object has no attribute '__python'
```

如愿以偿。该调用的调用了，该隐藏的隐藏了。

用上面的方法的确做到了封装。但是，如果要调用那些私有属性怎么办？

可以使用 property 装饰器。

```python
#!/usr/bin/env python
# coding=utf-8

class ProtectMe:
    def __init__(self):
        self.me = "qiwsir"
        self.__name = "kivi"

    @property
    def name(self):
        return self.__name

if __name__ == "__main__":
    p = ProtectMe()
```

```
    print(p.name)
```

运行结果如下：

```
$ python private.py
kivi
```

从上面可以看出，用了@property 之后，在调用那个方法的时候，用的是 p.name 的形式，就好像在调用一个属性一样，跟前面 p.me 的格式相同。

看来，封装的确不是让人"看不见"。

4.7 定制类

类是对象，类也是对象类型。字符串、列表、字典等是 Python 中内置的对象类型。除此之外，我们还可以编写类，自定义对象类型。

4.7.1 类和对象类型

如果到现在你还没有充分理解类和对象类型的问题，那么可以再看看如下内容。

```
>>> class C1: pass

>>> class C2: pass

>>> a = C1()
>>> b = C2()
>>> type(a)
<class '__main__.C1'>
>>> type(b)
<class '__main__.C2'>
```

type()是我们已经知晓的内建函数，它返回的是对象类型。a = C1()，创建一个实例，也是一个赋值语句，将变量 a 与类 C1()建立了引用关系。所以，我们可以通过 type(a)来得到实例或者说是这个变量所引用对象的类型。

在 Python 中，还有一个函数，专门用来判断一个对象是不是另一个给定类的实例。

```
>>> help(isinstance)
Help on built-in function isinstance in module builtins:

isinstance(...)
    isinstance(object, class-or-type-or-tuple) -> bool
    
    Return whether an object is an instance of a class or of a subclass thereof.
    With a type as second argument, return whether that is the object's type.
    The form using a tuple, isinstance(x, (A, B, ...)), is a shortcut for
    isinstance(x, A) or isinstance(x, B) or ... (etc.).
```

从 isinstance()的名字上就能知道它的作用。用它可以判断一个对象是否是一个类或者子类的实例，如果第二个参数是类型，也可以判断是否为该类型。

```
>>> isinstance(a, C1)
```

```
True
>>> isinstance(a, C2)
False
```

a 是类 C1 的实例，不是 C2 的实例。类似操作，还可以这么做：

```
>>> m = 1
>>> isinstance(m, int)
True
>>> isinstance(m, float)
False
```

用以前的话说，m 所引用的对象是整数型，简说成 m 是整数型。但是，如果从 instance() 的操作中看，m 和 a 是等效的，所以可以认为 a 是 C1 类型的对象。

由此，我们进一步理解了创建一个类就是创建了一种对象类型。

4.7.2 自定义对象类型

定制类，就要用到类的特殊方法，比如初始化函数 __init__，虽然它用途很广泛，但仅仅用它还不够，还需要用到其他特殊方法。

在 Python 的官方网站上，专门有介绍 Special method names（https://docs.python.org/2/reference/datamodel.html#special-method-names）的章节，读者可以去仔细阅读。

本节中，借用了 William F. Punch 的著作《Python 入门经典》（中译本名称）中的一个例子，因为这个例子非常好地表现了定制类的方法，同时也包含几个特殊方法的巧妙使用。

```python
#!/usr/bin/env python

class RoundFloat:
    def __init__(self, val):
        assert isinstance(val, float), "value must be a float."
        self.value = round(val, 2)

    def __str__(self):
        return "{:.2f}".format(self.value)

    __repr__ = __str__

if __name__ == "__main__":
    r = RoundFloat(2.185)
    print(r)
    print(type(r))
```

上述程序中的类 RoundFloat 的作用是定义了一种两位小数的浮点数类型，利用这个类，能够得到两位小数的浮点数。

在初始化函数中，"assert isinstance(val, float), "value must be a float.""是对输入的数据类型进行判断，如果不是浮点数，就会抛出异常提示。关于 assert（断言）可以参看后续内容。

方法 __str__() 是一个特殊方法。实现这个方法的目的就是能够得到打印的内容。这里就是将前面四舍五入保留了两位小数的浮点数，以小数点后有两位小数的形式输出。

__repr__ = __str__ 的含义是在类被调用，即向变量提供__str__()里的内容。

执行程序，结果如下：

```
2.19
<class '__main__.RoundFloat'>
```

对比来看，int()和 RoundFloat()的作用是类似的，即 int 是对象类型，也是数据转换的函数；RoundFloat 具有同样的功能。RoundFloat 就是我们新定义的对象类型。

仿照上面的做法，我们还可以定制一个专门显示分数的类。

如你所知，如果在 Python 中直接输入状如 3/2 这样的数据，那么它不会是一个分数，而是按照除法进行处理。但分数的显示和使用是显而易见的，但 Python 的内置对象类型中又没有分数类型（不仅 Python 没有，相当多的高级语言都没有），所以，有必要自定义一个相关的类型。

仿照前面定制类的方式，写出这样一段代码（此例子来自《Python 入门经典》，根据本书需要，略有修改）：

```python
#!/usr/bin/env python
#coding=utf-8

class Fraction:
    def __init__(self, number, denom=1):
        self.number = number
        self.denom = denom

    def __str__(self):
        return str(self.number) + '/' + str(self.denom)

    __repr__ = __str__


if __name__ == "__main__":
    f = Fraction(2, 3)
    print(f)

#output: 2/3
```

类 Fraction 就是自定义的分数类型。由此可见，自定义类是相当重要和必要的。

在此向本书读者推荐《Python 入门经典》一书，因为其在定制类这个问题上讲述得非常经典。在该书中，承接前述的例子，继续对分数问题进行深入研究——分数相加。1/2 + 1/3 = 5/6，这是我们在数学中熟知的内容，其计算过程如下：

（1）通分，即分母为原来两个分数的分母的最小公倍数，得到 3/6 + 2/6。

（2）分子相加，得到上述两个分数的和。

这样，我们将问题分解，找出关键点，即"通分"，而通分的关键是找出两个整数的最小公倍数。

如何找最小公倍数？步骤如下：

（1）计算两个数的最大公约数，假设 a 和 b，最大公约数（Greatest Common Divisor）用 gcd(a, b)表示。

（2）最小公倍数和最大公约数的关系是：lcm(a, b) = |a × b| / gcd(a, b)，lcm(a, b)表示这两个数的最小公倍数（Lowest Common Multiple）。

读者不妨重新审视一番上述问题的解决思路。原始问题是计算两个分数的加法，然后将这个问题分解，再将分解之后的问题再分解。最终我们解决问题的基石是计算最大公约数。像这样解决问题的方法，我们称之为分治法，即将一个复杂的问题，分解为若干个简单问题，然后把简单问题组合起来，就解决了那个复杂问题——分而治之。

分解到最小的问题，就可以用编写函数的方式解决了。所以，先计算最大公约数和最小公倍数（代码参考《Python 入门经典》）。

```python
#!/usr/bin/env python
#coding=utf-8

def gcd(a, b):          #最大公约数
    if not a > b:
        a, b = b, a
    while b != 0:
        remainder = a % b
        a, b = b, remainder
    return a

def lcm(a, b):          #最小公倍数
    return (a * b) / gcd(a,b)

if __name__ == "__main__":
    print(gcd(8, 20))
    print(lcm(8, 20))

#output:
#4
#40.0
```

如此，就完成了最小公倍数的计算。然后，在前面定制的分数类的基础上，就可以制作两个分数相加的计算了。

```python
#!/usr/bin/env python
#coding=utf-8
def gcd(a, b):
    if not a > b:
        a, b = b, a
    while b != 0:
        remainder = a % b
        a, b = b, remainder
    return a

def lcm(a, b):
    return (a * b) / gcd(a,b)
```

```python
class Fraction:
    def __init__(self, number, denom=1):
        self.number = number
        self.denom = denom

    def __str__(self):
        return str(self.number) + '/' + str(self.denom)

    __repr__ = __str__

    def __add__(self, other):
        lcm_num = lcm(self.denom, other.denom)
        number_sum = (lcm_num / self.denom * self.number) + (lcm_num / other.denom * other.number)
        return Fraction(number_sum, lcm_num)

if __name__ == "__main__":
    m = Fraction(1, 3)
    n = Fraction(1, 2)
    s = m + n
    print(m,"+",n,"=",s)
```

较之以前，增加了一个特殊方法__add__()，它就是实现相加的特殊方法。在类中，有规定了加减乘除等运算的特殊方法。

在 Python 中，如果要实现某种运算，就必须要有运算符。但是，这些运算符之所以能够被使用，是因为有一些特殊方法才得以实现的。以下表格中列出了几种常见运算符所对应的特殊方法，供大家参考。

二元运算符	特殊方法
+	__add__, __radd__
-	__sub__, __rsub__
*	__mul__, __rmul__
/	__div__, __rdiv__, __truediv__, __rtruediv__
//	__floordiv__, __rfloordiv__
%	__mod__, __rmod__
**	__pow__, __rpow__
<<	__lshift__, __rlshift__
>>	__rshift__, __rrshift__
&	__and__, __rand__
==	__eq__
!=,<>	__ne__
>	__get__
<	__lt__
>=	__ge__
<=	__le__

以"+"为例，不论是实现"1 + 2"还是"'abc' + 'xyz'"，都是要执行 1.__add__(2)或者

'abc'.__add__('xyz')操作。也就是说，两个对象是否能进行加法运算，首先要看相应的对象是否有__add__()方法（读者不妨在交互模式中使用 dir()，看一看整数、字符串是否有__add__()方法）。一旦相应的对象有__add__()方法，即使这个对象从数学上不可加，我们也可以用加法的形式来表达 obj.__add__()所定义的操作。在 Python 中，运算符具有简化书写的功能，但它要依靠特殊方法实现。

所以，在刚才自定义的类 Fraction 中，为了实现分数加法，我们重写了__add__()方法，也可以称为运算符重载（对于 Python 是否支持重载，也是一个争论话题）。

就这样，我们解决了分数相加的问题。

但上述加法并不是很完美，还有很多需要优化的地方，比如分数结果要化成最简分数等。真正要做好一个分数运算的类，还有很多工作要做。

在 Python 中，其实不用自己动手，标准库中就有相应模块可以解决此问题。

```
>>> from fractions import Fraction
>>> m, n = Fraction(1, 3), Fraction(1, 2)
>>> m + n
Fraction(5, 6)
>>> print(m + n)
5/6
>>> a, b = Fraction(1, 3), Fraction(1, 6)
>>> print(a + b)
1/2
```

Python 的魅力之一就是它强大的标准库和第三方库，可以让你省心、省力。因此，一般情况下，如果你感觉需要定制某样东西时，那么首先要搜索一下，看有没有标准库或者第三方库支持，如果别人已经做好了，你就秉持"拿来主义"即可，省时省力，提升效率，这就是选择 Python 的理由。

4.8 黑魔法

围绕类的话题，说也说不完，仅特殊方法，除了前面遇到的__init__()、__new__()、__str__()等之外，还有很多。虽然它们仅仅是在某些特殊情景中使用，但本书号称其能成为读者"From Beginner to Master"之路的铺路石，当然，不是说学习了类的更多特殊方法就能达到 Master 的水平，但这是通往 Master 的一步。

试图再介绍一些"黑魔法"，让读者既能窥探到 Python 的更高境界，又能感受到 Master 的未来能力。俗话说，"艺不压身"，还是要多学习一些知识。

4.8.1 优化内存

下面从复习前文的类属性和实例属性知识来引出另外一个特殊方法。

```
>>> class Foo:
...     name = "laoshi"
...
```

如前文所述，每个类都有一个__dict__属性，它包含了当前类的类属性。

```
>>> Foo.__dict__
mappingproxy({'__dict__': <attribute '__dict__' of 'Foo' objects>, '__module__':
'__main__', '__doc__': None, 'name': 'laoshi', '__weakref__': <attribute '__weakref__'
of 'Foo' objects>})
>>> Foo.name
'laoshi'
```

同样，如果建立了实例，每个实例也有一个__dict__属性，它里面就是当前的实例属性。

```
>>> a = Foo()
>>> a.__dict__
{}
>>> a.age = 28
>>> a.__dict__
{'age': 28}
```

从上面的操作可以看出，当实例刚刚建立时，__dict__是空的，只有建立实例属性之后，它才包括其内容。实例的__dict__和类的__dict__是有所区别的，即实例属性和类属性不同。

因为类是实例的"工厂"，所以从理论上讲，我们可以根据一个类创建无数个实例。

```
>>> b = Foo()
>>> b.__dict__
{}
```

从这里我们看到，新建一个实例之后，又创建了一个新的__dict__。如果类推下去，无数个实例就会对应无数个__dict__，这将是可怕的事情，虽然每个__dict__所占用的内存空间很小，当然事实上可能不会出现。但是，程序不能建立在这种不可靠的"可能不会"基础上，程序要对过程有明确的控制。所以，就要有一种方法能够控制__dict__，于是特殊属性__slots__应运而生。

```
>>> class Spring:
...     __slots__ = ("tree", "flower")
...
>>> dir(Spring)
['__class__', '__delattr__', '__doc__', '__format__', '__getattribute__', '__hash__',
'__init__', '__module__', '__new__', '__reduce__', '__reduce_ex__', '__repr__',
'__setattr__', '__sizeof__', '__slots__', '__str__', '__subclasshook__', 'flower',
'tree']
```

仔细看看 dir()的结果，还有__dict__属性吗？没有了，的确没有了。也就是说，__slots__把__dict__挤出去了，它进入了类的属性。

```
>>> Spring.__slots__
('tree', 'flower')
```

从这里可以看出，类 Spring 有且仅有两个属性。从类的角度来看，其类属性只有这两个；从实例的角度来看，其实例属性也只有这两个。

```
>>> Spring.tree = "xiangzhangshu"
>>> Spring.tree
'xiangzhangshu'
>>> Spring.tree = "yinxingshu"
>>> Spring.tree
'yinxingshu'
```

通过类，可以对属性进行赋值和修改。这似乎和以往的类属性没有差别，别着急，继续往下看，就看到差别了。
```
>>> t = Spring()
>>> t.__slots__
('tree', 'flower')
>>> f = Spring()
>>> f.__slots__
('tree', 'flower')
>>> id(t.__slots__)
140291716724616
>>> id(f.__slots__)
140291716724616
```

实例化之后，实例的__slots__与类的完全一样，这跟前面的__dict__大不一样了。并且，我们建立两个实例，结果发现两个实例的__slots__居然在内存中是一个，或者说再增加实例时__slots__并不增加。

```
>>> t.tree
'yinxingshu'
>>> f.tree
'yinxingshu'
```

既然类属性 Spring.tree 已经赋值了，那么通过任何一个实例属性都能得到同样的值。不过，这时候不能通过实例修改此属性的值。

```
>>> t.tree = "guangyulan"
Traceback (most recent call last):
  File "<stdin>", line 1, in <module>
AttributeError: 'Spring' object attribute 'tree' is read-only
```

对实例属性来讲，类的静态数据是只读的，不能修改。只有通过类属性才能修改。

但尚未赋值的属性，能通过实例赋值。

```
>>> t.flower = "haitanghua"
>>> t.flower
'haitanghua'
>>> t.flower = "guihua"
```

显然，通过实例操作的属性，也能够通过实例修改。但是，实例属性的值并不能修改类属性的值。

```
>>> Spring.flower
<member 'flower' of 'Spring' objects>
```

实例属性的值并没有传回到类属性，也可以理解为新建立了一个同名的实例属性。如果再给类属性赋值，则会：

```
>>> Spring.flower = "ziteng"
>>> t.flower
'ziteng'
```

类属性对实例属性具有决定作用。对实例而言，通过类所定义的属性都是只读的。

```
>>> t.water = "green"
Traceback (most recent call last):
  File "<stdin>", line 1, in <module>
```

AttributeError: 'Spring' object has no attribute 'water'

这里试图给实例新增一个属性，结果也失败了。

看来__slots__已经把实例属性牢牢地管控了起来，只能是指定的属性。如果要增加属性，那么只能通过类属性来实现。所以，__slots__的一个重要作用就是优化了内存。

不仅如此，__slots__还能加快属性加载速度。对于这个问题，在网站 stackoverflow 上有一个回答（http://stackoverflow.com/questions/472000/usage-of-slots），这里选取其中一段代码与读者共同欣赏。除了这段代码之外，该回答对__slots__做了更全面的解释，有兴趣的读者可以去阅读。

```
>>> import timeit
>>> class Foo: __slots__ = "foo"
...
>>> class Bar: pass
...
>>> slotted = Foo()
>>> not_slotted = Bar()
>>> def get_set_delete_fn(obj):
...     def get_set_delete():
...         obj.foo = 'foo'
...         obj.foo
...         del obj.foo
...     return get_set_delete
...
>>> min(timeit.repeat(get_set_delete_fn(slotted)))
0.16377259399996547
>>> min(timeit.repeat(get_set_delete_fn(not_slotted)))
0.18294843799981209
>>> 0.18294843799981209 / 0.16377259399996547
1.1170882351649791
```

读者在自己的计算机上运行上述代码，在所测时间上应该有别上述结果。从结果中可以看出，__slots__的确提升了对实例属性的操作速度。

再回到__dict__，可以笼统地把属性和方法称为成员或者特性，用一句话概括就是，__dict__存储对象成员。但有时候访问的对象成员没有存在其中，如下所示：

```
>>> class A:
...     pass
...
>>> a = A()
>>> a.x
Traceback (most recent call last):
  File "<stdin>", line 1, in <module>
AttributeError: 'A' object has no attribute 'x'
```

x 不是实例的成员，用 a.x 访问就出错了，并且在错误提示中报告了原因："'A' object has no attribute 'x'"。

在很多情况下，这种报错足够了。但是，在某种笔者现在还说不出的情况下，我们或许不希望这样报错，而是希望能够有某种别的提示、操作等。也就是说，我们更希望能在成员不存在的时候有所作为，而不是等着报错。

4.8.2 属性拦截

当访问某个类或者实例属性时，如果它不存在，就会出现异常。对于异常，总是要处理的。就好像"寻隐者不遇"，被童子"遥指杏花村"，将你"拦截"了，不至于因为"不遇"而不快。

在 Python 中，有一些方法就具有这种"拦截"功能。

- __setattr__(self, name,value)：如果要给 name 赋值，就调用这个方法。
- __getattr__(self, name)：如果 name 被访问，但同时它不存在，那么此方法被调用。
- __getattribute__(self, name)：当 name 被访问时自动被调用，无论 name 是否存在，都要被调用。
- __delattr__(self, name)：如果要删除 name，则这个方法就被调用。用例子说明，如下所示。

```
>>> class A:
...     def __getattr__(self, name):
...         print("You use getattr")
...     def __setattr__(self, name, value):
...         print("You use setattr")
...         self.__dict__[name] = value
...
```

类 A 只有两个方法。

```
>>> a = A()
>>> a.x
You use getattr
```

a.x 这个实例属性本来是不存在的，但是由于类中有了__getattr__(self, name)方法，当发现属性 x 不存在于对象的__dict__中时，就调用了__getattr__，即所谓的"拦截成员"。

```
>>> a.x = 7
You use setattr
```

给对象的属性赋值时，调用了__setattr__(self, name, value)方法，这个方法中有一句 self.__dict__[name] = value，通过这个语句，就将属性和数据保存到了对象的__dict__中。如果再调用这个属性：

```
>>> a.x
7
```

它已经存在于对象的__dict__之中。

在上面的类中，当然可以使用__getattribute__(self, name)，并且只要访问属性就会调用它。例如：

```
>>> class B:
...     def __getattribute__(self, name):
...         print("you are useing getattribute")
...         return object.__getattribute__(self, name)
```

为了与前面的类进行区分，这里新命名一个类名字。需要提醒读者注意的是，在这里返回的内容用的是 return object.__getattribute__(self, name)，而没有使用 return self.__dict__[name]样式。因为如果用 return self.__dict__[name]这样的方式，就是访问 self.__dict__，只要访问这个属性，就会调用__getattribute__()，这样就会导致无限递归下去（死循环），故要避免。

```
>>> b = B()
>>> b.y
you are useing getattribute
Traceback (most recent call last):
  File "<stdin>", line 1, in <module>
  File "<stdin>", line 4, in __getattribute__
AttributeError: 'B' object has no attribute 'y'
>>> b.two
you are useing getattribute
Traceback (most recent call last):
  File "<stdin>", line 1, in <module>
  File "<stdin>", line 4, in __getattribute__
AttributeError: 'B' object has no attribute 'two'
```

当访问不存在的成员时，可以看到，已经被__getattribute__拦截了，虽然最后还是要报错。

```
>>> b.y = 8
>>> b.y
you are useing getattribute
8
```

当给其赋值后，就意味着其已经在__dict__里面了，再调用，依然被拦截，但是由于已经在__dict__内，所以会把结果返回。

当你看到这里，是不是觉得上面的方法有点魔力了呢？不错，的确是"黑魔法"。但是，它有什么具体应用呢？我们来看下面的例子，也许能给你带来启发。

```
#!/usr/bin/env python
# coding=utf-8

class Rectangle:
    """
    the width and length of Rectangle
    """
    def __init__(self):
        self.width = 0
        self.length = 0

    def setSize(self, size):
        self.width, self.length = size
    def getSize(self):
        return self.width, self.length

if __name__ == "__main__":
    r = Rectangle()
    r.width = 3
    r.length = 4
    print(r.getSize())
```

```
    r.setSize( (30, 40) )
    print(r.width)
    print(r.length)
```

上面代码来自 *Beginning Python:From Novice to Professional,Second Edittion*（by Magnus Lie Hetland），根据本教程的需要，稍做修改。

```
$ python 21301.py
(3, 4)
30
40
```

这段代码已经可以正确运行了。但是，作为一个精益求精的程序员，总觉得那种调用方式还有可以改进的空间。

本节中介绍了几个特殊方法，所以，一定要用这些特殊方法重新演绎一下这段程序。虽然重新演绎的不一定比原来的好，但我们的主要目的是演示本节的特殊方法应用。

```
#!/usr/bin/env python
# coding=utf-8

class NewRectangle:
    def __init__(self):
        self.width = 0
        self.length = 0

    def __setattr__(self, name, value):
        if name == "size":
            self.width, self.length = value
        else:
            self.__dict__[name] = value

    def __getattr__(self, name):
        if name == "size":
            return self.width, self.length
        else:
            raise AttributeError

if __name__ == "__main__":
    r = NewRectangle()
    r.width = 3
    r.length = 4
    print(r.size)
    r.size = 30, 40
    print(r.width)
    print(r.length)
```

除了类的样式变化之外，调用样式没有变，结果是一样的。

如果想要对这种"黑魔法"有更深的理解，推荐阅读：*Python Attributes and Methods*（http://www.cafepy.com/article/python_attributes_and_methods/python_attributes_and_methods.html）。读了这篇文章后，相信读者对 Python 的对象属性和方法会有更深入的理解。

至此，是否注意到，我们使用了很多以双下画线开头和结尾的方法或者属性，比如__dict__、

__init__()等。在 Python 中，以双下画线作为开头和结尾命名的属性和方法都是"特殊"的。当然，这是一个惯例，之所以这样做，主要是为了确保这些特殊的名字不会跟自己所定义的名称冲突。我们自己定义名称的时候，绝少用双画线开头和结尾。如果你需要重写这些方法，当然也是可以的。

4.9 迭代器

迭代，对于读者来说已经不陌生了，曾用专门一节来讲述，如果印象不深，请复习前面的相关内容。

```
>>> hasattr(list, '__iter__')
True
```

可以用这种方法检查已经学习过的其他默认类型的对象，如字符串、列表、文件、字典等是否是可迭代的。

__iter__()是对象的一个特殊方法，它是迭代规则（Iterator Potocol）的基础，有了它，就说明对象是可迭代的。

跟迭代有关的一个内建函数 iter()，它的官方文档中是这样描述的：

```
>>> help(iter)
Help on built-in function iter in module __builtin__:

iter(...)
    iter(collection) -> iterator
    iter(callable, sentinel) -> iterator

    Get an iterator from an object.  In the first form, the argument must supply its own iterator, or be a sequence.
    In the second form, the callable is called until it returns the sentinel.
```

这个函数前文介绍过，它返回一个迭代器对象。比如：

```
>>> lst = [1, 2, 3, 4]
>>> iter_lst = iter(lst)
>>> iter_lst
<list_iterator object at 0x00000000034CD6D8>
```

从返回结果中可以看出，iter_lst 引用的是迭代器对象。那么，iter_lst 和 lst 有区别吗？

```
>>> hasattr(lst, "__iter__")
True
>>> hasattr(iter_lst, "__iter__")
True
```

它们都有__iter__，这是相同点，说明它们都是可迭代的。

```
>>> hasattr(lst, "__next__")
False
>>> hasattr(iter_lst, "__next__")
True
```

我们把像 iter_lst 所引用的对象那样，称之为迭代器对象。显而易见，迭代器对象必然是可迭代的，反之则不然。

Python 中迭代器对象实现的是__next__()方法（在 Python 2 中是 next()，请读者注意区别）。

为了体现 Python 的强悍，自己写一个迭代器对象。

```python
#!/usr/bin/env python
# coding=utf-8

class MyRange:
    def __init__(self, n):
        self.i = 1
        self.n = n

    def __iter__(self):
        return self

    def __next__(self):
        if self.i <= self.n:
            i = self.i
            self.i += 1
            return i
        else:
            raise StopIteration()

if __name__ == "__main__":
    x = MyRange(7)
    print([i for i in x])
```

将代码保存并运行，结果如下：

```
[1, 2, 3, 4, 5, 6, 7]
```

以上代码的含义，是仿写了类似 range() 的类，但是跟 range() 又有所不同，除了结果不同之外，还包括以下几点：

- 类 MyRange 的初始化方法__init__()就不再赘述了，因为前面已经非常详细地分析了这个方法。
- __iter__()是类中的核心，它返回了迭代器本身。一个实现了__iter__()方法的对象，就意味着它是可迭代的。
- 实现__next__()方法，从而使得这个对象是迭代器对象。

再来看 range()：

```
>>> a = range(7)
>>> hasattr(a, "__iter__")
True
>>> hasattr(a, "__next__")
False
>>> print(a)
range(0, 7)
```

所以我们写的类和 range() 还是有很大区别的。

还记得斐波那契数列吗？前文已经多次用到，这里我们再次使用它，不过这次是要做一个关于它的迭代器对象。

```python
#!/usr/bin/env python
# coding=utf-8

class Fibs:
    def __init__(self, max):
        self.max = max
        self.a = 0
        self.b = 1

    def __iter__(self):
        return self

    def __next__(self):
        fib = self.a
        if fib > self.max:
            raise StopIteration
        self.a, self.b = self.b, self.a + self.b
        return fib

if __name__ == "__main__":
    fibs = Fibs(5)
    print(list(fibs))
```

运行结果如下：

```
[0, 1, 1, 2, 3, 5]
```

给读者一个思考问题：要在斐波那契数列中找出大于 1000 的最小的数，能不能在上述代码的基础上改造得出呢？

以上演示了迭代器的一个具体应用。综合本节上面的内容和前文对迭代的讲述，这里对迭代器做一个概括：

（1）在 Python 中，迭代器是遵循迭代协议的对象。

（2）可以使用 iter() 从任何序列得到迭代器（如 list、tuple、dictionary、set 等）。

（3）自己编写迭代器对象，即编写类，其中实现 __iter__() 和 __next__() 方法。当没有元素时，则引发 StopIteration 异常。

（4）如果有很多值，列表就会占用太多的内存，而迭代器则占用更少内存。

（5）迭代器从第一个元素开始访问，直到所有的元素被访问完结束，只能往前，不会后退。

迭代器不仅实用，而且也很有趣。看下面的操作：

```
>>> my_lst = [x**x for x in range(4)]
>>> my_lst
[1, 1, 4, 27]
>>> for i in my_lst: print(i)

1
1
```

```
4
27
>>> for i in my_lst: print(i)

1
1
4
27
```

这里连续两次调用列表 my_lst 进行循环，都能正常进行。这个列表相当于一个耐用品，可以反复使用。

在 Python 中，除了列表解析式之外，还可以做元组解析式，方法非常简单：

```
>>> my_tup = (x**x for x in range(4))
>>> my_tup
<generator object <genexpr> at 0x02B7C2B0>
>>> for i in my_tup: print(i)

1
1
4
27
>>> for i in my_tup: print(i)
```

对于 my_tup，我们已经看到，它是 generator 对象，关于这个名称先不管它，后面会讲解。当把它用到循环中时，它明显是一次性用品，只能使用一次，再次使用时就什么也不显示了。

```
>>> type(my_lst)
<class 'list'>
>>> type(my_tup)
<class 'generator'>
```

my_lst 和 my_tup 是两种不同的对象，其区别不仅仅在于 my_tup 是一个元组，更主要的是它是一个 generator。其他先不管，请读者在你的 Python 交互模式中输入 dir(my_tup)，查看其是否有 __iter__ 和 __next__。答案是肯定的。

因此，my_tup 引用的是一个迭代器对象，它的 __next__() 方法使得它只能向前。

迭代器的确有其迷人之处，但它也不是万能之物。比如迭代器不能回退，只能如过河的卒子一般，不断向前。另外，迭代器也不适合在多线程环境中对可变集合使用（这句话可能理解有些困难，先混个脸熟，等遇到多线程问题再说）。

4.10 生成器

在上一节中，我们曾经做过这样的操作：

```
>>> my_tup = (x**x for x in range(4))
>>> my_tup
<generator object <genexpr> at 0x02B7C2B0>
```

generator，翻译过来就是生成器。

4.10.1 定义生成器

定义生成器必须使用 yield 关键词。yield 这个词在汉语中有"生产、出产"之意，在 Python 中，它作为一个关键词，是生成器的标志。

```
>>> def g():
...     yield 0
...     yield 1
...     yield 2

>>> g
<function g at 0xb71f3b8c>
```

这里建立了一个非常简单的 ge 函数，里面有 yield 发起的三个语句。下面来看如何使用它：

```
>>> ge = g()
>>> ge
<generator object g at 0xb7200edc>
>>> type(ge)
<class 'generator'>
```

调用函数，得到了一个生成器（generator）对象。

```
>>> dir(ge)
['__class__', '__del__', '__delattr__', '__dir__', '__doc__', '__eq__', '__format__',
'__ge__', '__getattribute__', '__gt__', '__hash__', '__init__', '__iter__', '__le__',
'__lt__', '__name__', '__ne__', '__new__', '__next__', '__qualname__', '__reduce__',
'__reduce_ex__', '__repr__', '__setattr__', '__sizeof__', '__str__', '__subclasshook__',
'close', 'gi_code', 'gi_frame', 'gi_running', 'gi_yieldfrom', 'send', 'throw']
```

在这里看到了__iter__()和__next__()，虽然我们在函数体内并没有显示地写出__iter__()和__next__()，仅仅写了 yield 语句，但它就已经成为迭代器了。

既然如此，当然可以进行如下操作：

```
>>> ge.__next__()
0
>>> ge.__next__()
1
>>> ge.__next__()
2
>>> ge.__next__()
Traceback (most recent call last):
  File "<stdin>", line 1, in <module>
StopIteration
```

从这个简单的例子中可以看出，那个含有 yield 关键词的函数是一个生成器对象，这个生成器对象也是迭代器。于是可以这样定义：把含有 yield 语句的函数称作生成器。生成器是一种用普通函数语法定义的迭代器。

通过上面的例子可以看出，这个生成器（也是迭代器）在定义过程中并没有像上节迭代器那样写__iter__()，而是只用了 yield 语句，那个普通函数就神奇般地成为了生成器，也就具备了迭代器的功能特性。

yield 语句的作用，就是在调用的时候返回相应的值。详细剖析一下上面的运行过程：

(1) ge = g()：ge 引用生成器对象；

(2) ge.__next__()：生成器开始执行，遇到了第一个 yield 语句，将值返回，并暂停执行（有的称之为挂起）；

(3) ge.__next__()：从上次暂停的位置开始，继续向下执行，遇到 yield 语句，将值返回，又暂停；

(4) gen.__next__()：重复上面的操作；

(5) gene.__next__()：从上面的暂停位置开始，继续向下执行，但是后面没有可执行的对象了，于是 __next__() 发出异常。

从上面的执行过程中可以发现，yield 除了作为生成器的标志之外，还有一个功能，即返回值。那么，它跟 return 这个返回值有什么区别呢？

4.10.2 yield

函数返回值，本来已经有了一个 return，现在又出现了 yield，这两者有什么区别呢？

为了搞清楚这两者的区别我们写两个没有什么用途的函数：

```
>>> def r_return(n):
...     print("You taked me.")
...     while n > 0:
...         print("before return")
...         return n
...         n -= 1
...         print("after return")
...
>>> rr = r_return(3)
You taked me.
before return
>>> rr
3
```

从函数被调用的过程中可以清晰地看出，rr = r_return(3)，函数体内的语句就开始执行了，遇到 return，将值返回，并结束函数体内的执行。所以 return 后面的语句根本没有执行。这是 return 的特点，关于此特点的详细说明请阅读本书前面的相关内容。

下面将 return 改为 yield：

```
>>> def y_yield(n):
...     print("You taked me.")
...     while n > 0:
...         print("before yield")
...         yield n
...         n -= 1
...         print("after yield")
...
>>> yy = y_yield(3)     #没有执行函数体内语句
>>> yy.__next__()
You taked me.
```

```
before yield
3                          #遇到yield，返回值，并暂停
>>> yy.__next__()          #从上次暂停位置开始继续执行
after yield
before yield
2                          #又遇到yield，返回值，并暂停
>>> yy.__next__()          #重复上述过程
after yield
before yield
1
>>> yy.__next__()
after yield                #没有满足条件的值，抛出异常
Traceback (most recent call last):
  File "<stdin>", line 1, in <module>
StopIteration
```

结合注释和前面对执行过程的分析，相信读者一定理解了yield的特点，也深知其与return的区别了。

一般的函数，都是止于return；作为生成器的函数，由于有了yield，则会遇到它挂起。

斐波那契数列，又要提到它了，这次要将yield用在该数列的函数中。

```python
#!/usr/bin/env python
# coding=utf-8

def fibs(max):
    """
    斐波那契数列的生成器
    """
    n, a, b = 0, 0, 1
    while n < max:
        yield b
        a, b = b, a + b
        n = n + 1

if __name__ == "__main__":
    f = fibs(10)
    for i in f:
        print(i, end=',')
```

运行结果如下：

1,1,2,3,5,8,13,21,34,55,

用生成器方式实现的斐波那契数列是不是跟以前的有所不同了呢？读者可以将本书中已经演示过的斐波那契数列的实现方式做一个对比，体会各种方法的差异。

经过上面的各种例子已经明确，一个函数中，只要包含了yield语句，它就是生成器，也是迭代器。这种方式显然比前面写迭代器的类要简便多了，但这并不意味着上节的内容就可以抛弃。是生成器还是迭代器，根据具体的使用情景而定。

最后一句，在编程中，不用生成器也可以。

第 5 章

错误和异常

对于程序在执行过程中因为错误或其他原因而中止的现象，我们已经看过很多次了，那些都可以归为"错误和异常"现象。本章就要对这种现象进行近距离的观察和处理。

5.1 错误

不管是小白还是高手，在编写程序的时候，错误往往是难以避免的。可能是因为语法用错了，也可能是因为拼写错了，当然还可能是其他莫名其妙的错误，比如冒号写成了全角的，等等。总之，编程中有相当一部分工作就是要不停地修改错误。

Python 中的错误之一是语法错误（Syntax Errors），比如：

```
>>> for i in range(10)
  File "<stdin>", line 1
    for i in range(10)
                     ^
SyntaxError: invalid syntax
```

上面那句话因为缺少冒号，导致解释器无法解释，于是报错。这个报错行为是由 Python 的语法分析器完成的，并且检测到了错误所在文件和行号（File "<stdin>", line 1），还以向上箭头^标识错误位置（后面缺少:），最后显示错误类型。

另一种常见的错误是逻辑错误。逻辑错误可能是由于不完整或者不合法的输入导致的，也可能是无法生成、计算等，或者是其他逻辑问题。逻辑错误不是由 Python 来检查的，所以此处所谈的错误不包括逻辑错误。

当 Python 检测到一个错误时，解释器就无法继续执行下去，于是抛出提示信息，即为异常。

5.2 异常

有错误时，程序运行过程就会出现异常。

先来看一个异常（让 0 做分母）：

```
>>> 1/0
Traceback (most recent call last):
  File "<stdin>", line 1, in <module>
ZeroDivisionError: division by zero
```

当 Python 抛出异常的时候,首先有"跟踪记录(Traceback)",更优雅的说法是"回溯"。后面显示异常的详细信息,包括异常所在位置(文件、行、在某个模块)。最后一行是异常类型及导致异常的原因。

在刚才的例子中,明确告诉我们异常的类型是 ZeroDivisionError,并且对此异常类型做了解释。

常见的异常如下表所示。

异常	描述
NameError	尝试访问一个没有申明的变量
ZeroDivisionError	除数为 0
SyntaxError	语法错误
IndexError	索引超出序列范围
KeyError	请求一个不存在的字典关键字
IOError	输入/输出错误(比如你要读的文件不存在)
AttributeError	尝试访问未知的对象属性

为了能够深入理解,依次举例,展示异常的出现条件和结果。

1. NameError

```
>>> bar
Traceback (most recent call last):
  File "<stdin>", line 1, in <module>
NameError: name 'bar' is not defined
```

在 Python 中虽然不需要在使用变量之前先声明类型,但也需要对变量进行赋值,然后才能使用。不被赋值的变量不能在 Python 中存在,因为变量相当于一个标签,要把它贴到对象上才有意义。

2. ZeroDivisionError

```
>>> 1/0
Traceback (most recent call last):
  File "<stdin>", line 1, in <module>
ZeroDivisionError: division by zero
```

或许你已经有足够的信心,貌似这样简单的错误在你的程序中是不会出现的,但在实际情境中,可能没有那么容易识别,所以,依然要小心。

3. SyntaxError

```
>>> for i in range(10)
  File "<stdin>", line 1
    for i in range(10)
                     ^
SyntaxError: invalid syntax
```

这种错误发生在 Python 代码编译的时候，当编译到这一句时，解释器不能将代码转化为 Python 字节码，于是就会报错。它只在程序运行之前出现。现在有不少编辑器都有语法校验功能，在写代码的时候就能显示出语法的正误，这多少会对编程者有帮助。

4. IndexError 和 KeyError

```
>>> a = [1,2,3]
>>> a[4]
Traceback (most recent call last):
  File "<stdin>", line 1, in <module>
IndexError: list index out of range

>>> d = {"python":"itdiffer.com"}
>>> d["java"]
Traceback (most recent call last):
  File "<stdin>", line 1, in <module>
KeyError: 'java'
```

这两个都属于"鸡蛋里面挑骨头"的类型，一定得报错了。不过在编程实践中，特别是循环的时候，常常由于循环条件设置不合理而出现这种类型的错误。

5. IOError

```
>>> f = open("foo")
Traceback (most recent call last):
  File "<stdin>", line 1, in <module>
IOError: [Errno 2] No such file or directory: 'foo'
```

如果你确认有文件，就一定要把路径写正确，因为你并没有告诉 Python 要对你的计算机进行全身搜查。所以，Python 会按照你指定的位置去找，找不到就会出现异常。

6. AttributeError

```
>>> class A: pass
...
>>> a = A()
>>> a.foo
Traceback (most recent call last):
  File "<stdin>", line 1, in <module>
AttributeError: 'A' object has no attribute 'foo'
```

属性不存在。这种错误前面已经见到过很多次。

Python 内建的异常也不仅仅是上面所讲的几个，上面只是列出了常见的异常中的几个。比如还有：

```
>>> range("aaa")
Traceback (most recent call last):
  File "<stdin>", line 1, in <module>
TypeError: 'str' object cannot be interpreted as an integer
```

总之，当读者在调试程序的时候遇到异常时，不要慌张，这是好事情，是 Python 在帮助你修改错误。只要认真阅读异常信息，再用 dir()、help()或官方网站文档、Google 等来协助，就一定能解决问题。

5.3 处理异常

如果在程序运行过程中抛出异常，程序就会中止运行。这样的程序是不"健壮"的，"健壮"的程序应该是不为各种异常所击倒，所以，要在程序里面对异常进行处理。

```python
#!/usr/bin/env python
# coding=utf-8

while 1:
    print("this is a division program.")
    c = input("input 'c' continue, otherwise logout:")
    if c == 'c':
        a = input("first number:")
        b = input("second number:")
        try:
            print(float(a)/float(b))
            print("***********************")
        except ZeroDivisionError:
            print("The second number can't be zero!")
            print("***********************")
    else:
        break
```

运行这段程序，显示如下过程：

```
$ python try_exceptccb.py
this is a division program.
input 'c' continue, otherwise logout:c
first number:5
second number:2
2.5
***********************
this is a division program.
input 'c' continue, otherwise logout:c
first number:5
second number:0
The second number can't be zero!
***********************
this is a division program.
input 'c' continue, otherwise logout:d
```

从运行情况来看，当在第二个数，即除数为 0 时，程序并没有因为这个错误而停止，而是给了用户一个友好的提示，让用户有机会改正错误。这完全得益于程序中"处理异常"的设置，如果没有处理异常的机制，当异常出现时就会导致程序中止。

1. try...except...

对于上述程序，只看 try 和 except 部分，如果没有异常发生，except 子句在 try 语句执行之后被忽略；如果 try 子句中有异常，则该部分的其他语句被忽略，直接跳到 except 部分，执行其后面指定的异常类型及其子句。

except 后面也可以没有任何异常类型，即无异常参数。如果这样，不论 try 部分发生什么异常，都会执行 except。

在 except 子句中，可以根据异常或者其他需要进行更多操作。比如：

```python
#!/usr/bin/env python
# coding=utf-8

class Calculator(object):
    is_raise = False
    def calc(self, express):
        try:
            return eval(express)
        except ZeroDivisionError:
            if self.is_raise:
                return "zero can not be division."
            else:
                raise
```

在这里，应用了一个函数 eval()，它的含义是：

```
eval(...)
    eval(source[, globals[, locals]]) -> value

    Evaluate the source in the context of globals and locals.
    The source may be a string representing a Python expression or a code object as returned by compile().
    The globals must be a dictionary and locals can be any mapping, defaulting to the current globals and locals.
    If only globals is given, locals defaults to it.
```

例如：

```
>>> eval("3+5")
8
```

另外，在 except 子句中，有一个 raise，作为单独一个语句。它的含义是将异常信息抛出。并且，except 子句用了一个判断语句，根据不同的情况确定走不同分支。

```python
if __name__ == "__main__":
    c = Calculator()
    print(c.calc("8/0"))
```

故意出现 0 做分母的情况，这时候 is_raise = False，则会：

```
$ python calculator.py
Traceback (most recent call last):
  File "calculator.py", line 17, in <module>
    print(c.calc("8/0"))
  File "calculator.py", line 8, in calc
    return eval(express)
  File "<string>", line 1, in <module>
ZeroDivisionError: division by zero
```

如果将 is_raise 的值改为 True，则会：

```python
if __name__ == "__main__":
    c = Calculator()
```

```
        c.is_raise = True
        print(c.calc("8/0"))
```

运行结果如下：

```
$ python calculator.py
zero can not be division.
```

2. 处理多个异常

try...except...是处理异常的基本方式。在此基础上，还可有扩展，能够处理多个异常。

处理多个异常，并不是因为同时报出多个异常。程序在运行中，只要遇到一个异常就会有反应，所以，每次捕获到的异常一定是一个。所谓处理多个异常，是可以容许捕获不同的异常，由不同的 except 子句处理。

```python
#!/usr/bin/env python
# coding=utf-8

while 1:
    print("this is a division program.")
    c = input("input 'c' continue, otherwise logout:")
    if c == 'c':
        a = input("first number:")
        b = input("second number:")
        try:
            print(float(a)/float(b))
            print("***********************")
        except ZeroDivisionError:
            print("The second number can't be zero!")
            print("***********************")
        except ValueError:
            print("please input number.")
            print("***********************")
    else:
        break
```

将上节的一个程序进行修改，增加了一个 except 子句，目的是如果用户输入的不是数字，则捕获并处理这个异常。测试如下：

```
$ python try_except.py
this is a division program.
input 'c' continue, otherwise logout:c
first number:3
second number:hello        #输入了一个不是数字的东西
please input number.       #对照上面的程序，捕获并处理了这个异常
***********************
this is a division program.
input 'c' continue, otherwise logout:c
first number:4
second number:0
The second number can't be zero!
***********************
this is a division program.
input 'c' continue, otherwise logout:4
```

如果有多个 except，try 里面遇到一个异常，就转到相应的 except 子句，其他的忽略。如果 except 没有相应的异常，则该异常也会抛出，不过这时程序就要中止了，因为异常"浮出"程序顶部。

除了用多个 except 之外，还可以在一个 except 后面放多个异常参数。比如上面的程序，可以将 except 部分修改为：

```python
except (ZeroDivisionError, ValueError):
    print "please input rightly."
    print "*******************"
```

运行结果如下：

```
$ python try_except.py
this is a division program.
input 'c' continue, otherwise logout:c
first number:2
second number:0           #捕获异常
please input rightly.
*******************
this is a division program.
input 'c' continue, otherwise logout:c
first number:3
second number:a           #异常
please input rightly.
*******************
this is a division program.
input 'c' continue, otherwise logout:d
```

需要注意的是，except 后面如果是多个参数，则一定要用圆括号包裹起来，否则后果很严重。

写处理异常的程序时，可以自己写一个针对异常的提示语，如果发现自己写的不如内置的异常错误提示好，则可以使用默认的异常提示，并把它打印出来。但是程序还不能中断，怎么办？Python 提供了一种方式，将上面的代码修改如下：

```python
while 1:
    print("this is a division program.")
    c = input("input 'c' continue, otherwise logout:")
    if c == 'c':
        a = input("first number:")
        b = input("second number:")
        try:
            print(float(a)/float(b))
            print("************************")
        except (ZeroDivisionError, ValueError) as e:
            print(e)
            print("*******************")
    else:
        break
```

运行一下，看看提示信息。

```
$ python try_except.py
this is a division program.
input 'c' continue, otherwise logout:c
first number:2
second number:a                         #异常
could not convert string to float: a
********************
this is a division program.
input 'c' continue, otherwise logout:c
first number:2
second number:0                         #异常
float division by zero
********************
this is a division program.
input 'c' continue, otherwise logout:d
$
```

在上面的程序中，只处理了两个异常，还可能有更多的异常，如果要处理，怎么办？可以直接使用 execpt:或者 except Exception, e、except Exception as e，后面不写参数。

3. else 子句

有了 try...except...，在一般情况下是够用的，但总有不一般的情况出现，所以就增加了一个 else 子句。其实，人类的自然语言何尝不是如此呢？总要根据需要添加不少东西。

```
>>> try:
...     print("I am try")
... except:
...     print("I am except")
... else:
...     print("I am else")
...
I am try
I am else
```

这段演示能够帮助读者理解 else 的执行特点。如果执行了 try，则 except 被忽略，但是 else 被执行。

```
>>> try:
...     print(1/0)
... except:
...     print("I am except")
... else:
...     print("I am else")
...
I am except
```

这时候 else 就不被执行了。

理解了 else 的执行特点，就可以写这样一段程序，还是类似于前面的计算，只是如果输入的有误，就不断要求重新输入，直到输入正确并得到了结果，才不再要求输入内容，然后程序结束。

看下面的参考代码之前，读者是否可以先自己写一段代码并调试？看看结果如何。

```
#!/usr/bin/env python
# coding=utf-8
while 1:
    try:
        x = input("the first number:")
        y = input("the second number:")

        r = float(x)/float(y)
        print(r)
    except Exception as e:
        print(e)
        print("try again.")
    else:
        break
```

先看运行结果:

```
$ python 21703.py
the first number:2
the second number:0          #异常，执行 except
float division by zero
try again.                   #循环
the first number:2
the second number:a          #异常
could not convert string to float: a
try again.
the first number:4
the second number:2          #正常，执行 try
2.0                          #然后 else: break，退出程序
```

相当满意的执行结果。

程序中的 except Exception, e 或 except Exception as e:的含义是，不管是什么异常，这里都会捕获，并且传给变量 e，然后用 print(e)把异常信息打印出来。

4. finally

finally 子句，一听这个名字，就感觉它是做善后工作的。的确如此，如果有了 finally，不管前面执行的是 try 还是 except，最终都要执行它。因此，一种说法是将 finally 用在可能的异常后进行清理。比如:

```
>>> x = 10

>>> try:
...     x = 1/0
... except Exception as e:
...     print(e)
... finally:
...     print(e)
...     del x
...
integer division or modulo by zero
del x
```

· 241 ·

看一看 x 是否被删除？

```
>>> x
Traceback (most recent call last):
  File "<stdin>", line 1, in <module>
NameError: name 'x' is not defined
```

当然，在应用中可以将上面的各个子句综合起来使用，写成如下样式：

```
try:
    do something
except:
    do something
else:
    do something
finally
    do something
```

5.4 assert

从代码中理解 assert：

```
>>> assert 1==1
>>> assert 1==0
Traceback (most recent call last):
  File "<stdin>", line 1, in <module>
AssertionError
```

assert，翻译过来是"断言"之意。assert 是一句等价于布尔真的判定，发生异常就意味着表达式为假。

assert 的应用情景有点像其汉语的意思，当程序运行到某个节点的时候，就断定某个变量的值必然是什么，或者对象必然拥有某个属性等。简单来说，就是断定什么东西必然是什么，如果不是，就抛出异常。

```
#!/usr/bin/env python
# coding=utf-8

class Account(object):
    def __init__(self, number):
        self.number = number
        self.balance = 0

    def deposit(self, amount):
try:
            assert amount > 0
            self.balance += amount
        except:
            print("The money should be bigger than zero.")

    def withdraw(self, amount):
        assert amount > 0
        if amount <= self.balance:
```

```
            self.balance -= amount
        else:
            print("balance is not enough.")
```

在上面的程序中，deposit()和 withdraw()方法的参数 amount 必须大于零，这里就用断言，如果不满足条件就会报错。比如这样来运行：

```
if __name__ == "__main__":
    a = Account(1000)
    a.deposit(-10)
```

出现的结果如下：

```
$ python account.py
The money should be bigger than zero.
```

这就是断言 assert 的引用。什么是使用断言的最佳时机？

如果没有特别的目的，断言应该用于如下情况：

- 防御性的编程；
- 运行时对程序逻辑的检测；
- 合约性检查（比如前置条件、后置条件）；
- 程序中的常量；
- 检查文档。

上述要点来自《Python 使用断言的最佳时机》（http://www.oschina.net/translate/when-to-use-assert）。

最后，引用《维基百科》中对"异常处理"词条的说明，作为对"错误和异常"部分的总结（有所删改）：

异常处理，是编程语言或计算机硬件里的一种机制，用于处理软件或信息系统中出现的异常状况（即超出程序正常执行流程的某些特殊条件）。

各种编程语言在处理异常方面具有非常显著的不同点（错误检测与异常处理的区别在于：错误检测是在正常的程序流中，处理不可预见问题的代码，如一个调用操作未能成功结束）。某些编程语言有这样的函数：当输入存在非法数据时不能被安全地调用，或者返回值不能与异常进行有效的区别。例如，C 语言中的 atoi 函数（ASCII 串到整数的转换），在输入非法时可以返回 0。在这种情况下编程者需要另外进行错误检测（可能通过某些辅助全局变量，如 C 的 errno），或进行输入检验（如通过正则表达式），或者共同使用这两种方法。

通过异常处理，我们可以对用户在程序中的非法输入进行控制和提示，以防程序崩溃。

从进程的视角来看，硬件中断相当于可恢复异常，虽然中断一般与程序流本身无关。

从子程序编程者的视角来看，异常是很有用的一种机制，用于通知外界该子程序不能正常执行。如输入的数据无效（例如除数是 0），或所需资源不可用（例如文件丢失）。如果系统没有异常机制，则编程者需要用返回值来标示发生了哪些错误。

Python 语言对异常处理机制是非常普遍深入的，所以想写出不含 try、except 的程序非常困难。

第 6 章

模块

随着对 Python 学习的深入，其优点日渐突出，让读者也感觉到了 Python 的强大。这种强大体现在"模块自信"上，因为 Python 不仅有很强大的自有模块（标准库），还有海量的第三方模块（或者包、库），并且很多开发者还在不断贡献自己开发的新模块（或者包、库）。正是有了这么强大的"模块自信"，Python 才被很多人所钟爱，并且这种方式也正在不断被其他更多语言所借鉴，几乎成为普世行为了（不知道 Python 是不是首倡者）。

"模块自信"的本质是：**开放**。

Python 不是一个封闭的体系，而是一个开放系统。开放系统的最大好处就是避免了"熵增"。

"熵"的概念是由德国物理学家克劳修斯于 1865 年所提出的，当系统的熵增加，其做功能力也下降，熵的量度正是能量退化的指标。

熵亦被用于计算一个系统中的失序现象，也就是计算该系统混乱的程度。

热力学第二定律说明一个孤立系统倾向于增加混乱程度（熵增加）。换句话说就是，对于封闭系统而言，会越来越趋向于无序化；反过来，开放系统则能避免无序化。

6.1 编写模块

想必读者已经熟悉了 import 语句，曾经有这样一个例子：

```
>>> import math
>>> math.pow(3,2)
9.0
```

这里的 math 就是 Python 标准库中的一个，用 import 引入这个模块，然后可以使用它里面的函数（方法），比如这个 pow() 函数。显然，不需要自己动手来写具体函数，我们的任务就是拿过来使用。这就是模块的好处：拿过来就用，不用自己写。

请读者注意，我们会在实践中用到"模块"、"库"、"包"这些名词。它们有区别吗？有！只不过现在我们暂时不区分，随着学习的深入，自然就理解其区别了。

6.1.1 模块是程序

"模块是程序",一语道破了模块的本质,它就是一个扩展名为.py 的 Python 程序。

我们要能够在应该使用它的时候将它引用过来,节省精力,不需要重写雷同的代码。

但是,如果我们自己写一个.py 文件,是不是就能作为模块 import 呢?还没有那么简单,必须让 Python 解释器能够找到你写的模块才行。比如,在某个目录中,我们写了这样一个文件:

```
#!/usr/bin/env python
# coding=utf-8

lang = "python"
```

把它命名为 pm.py,那么这个文件就可以作为一个模块被引入。不过由于这个模块是我们自己写的,Python 解释器并不知道,所以需要先告诉它我们写了这样一个文件。

```
>>> import sys
>>> sys.path.append("~/Documents/VBS/StartLearningPython/2code/pm.py")
```

用这种方式就是告诉 Python 解释器,我们写的那个文件在哪里。在这个告诉方法中,也用了 import sys,不过由于 sys 是 Python 的标准库之一,所以不用特别告诉 Python 解释器的位置。

上面的地址是 Ubuntu 系统的地址格式,如果读者使用的是 Windows 系统,则要注意文件路径的写法。

```
>>> import pm
>>> pm.lang
'python'
```

本来在 pm.py 文件中有一个赋值语句,即 lang = "python",现在将 pm.py 作为模块引入(注意,作为模块引入的时候不带扩展名),就可以通过"模块名字.属性或类、方法名称"的模式来访问 pm.py 中的东西。当然,如果不存在,则会报错。

```
>>> pm.xx
Traceback (most recent call last):
  File "<stdin>", line 1, in <module>
AttributeError: 'module' object has no attribute 'xx'
```

请读者看一看你刚才存储的 pm.py 的目录中,是否又多出了一个名为__pycache__的目录,并且在该目录中有 pm.cpython-34.pyc 文件。这个文件就是刚才的 pm.py 文件编译之后的文件。

是否还记得前面写有关程序然后执行时常常要用到 if __name__ == "__main__",那时我们直接用 python filename.py 的格式来运行该程序,此时我们也同样有了.py 文件,不过是作为模块引入的。这就得深入探究一下,同样是.py 文件,它如何知道是被当作程序执行还是被当作模块引入?

为了便于比较,将 pm.py 文件进行修改。

```
#!/usr/bin/env python
# coding=utf-8
```

```python
def lang():
    return "python"

if __name__ == "__main__":
    print(lang())
```

沿用先前的做法：

```
$ python pm.py
python
```

但是，如果将这个程序作为模块导入，会是这样的：

```
>>> import sys
>>> sys.path.append("~/Documents/VBS/StarterLearningPython/2code/pm.py")
>>> import pm
>>> pm.lang()
'python'
```

用 dir()来查看它：

```
>>> dir(pm)
['__builtins__', '__doc__', '__file__', '__name__', '__package__', 'lang']
```

同样一个.py 文件，可以把它当作程序来执行，还可以将它作为模块引入。

```
>>> __name__
'__main__'
>>> pm.__name__
'pm'
```

如果要作为程序执行，则 __name__ == "__main__"；如果要作为模块引入，则 pm.__name__ == "pm"，即属性 __name__ 的值是模块名称。

用这种方式就可以区分是执行程序还是作为模块引入了。

在一般情况下，如果仅仅是用作模块引入，则不必写 if __name__ == "__main__"。

6.1.2 模块的位置

为了让我们自己写的模块能够被 Python 解释器知道，需要用 sys.path.append("~/Documents/VBS/StarterLearningPython/2code/pm.py")。其实，在 Python 中，所有可引用的模块都被加入到了 sys.path 里面。用下面的方法可以看到模块所在的位置：

```
>>> import sys
>>> import pprint
>>> pprint.pprint(sys.path)
['',
 '/usr/lib/python3.4',
 '/usr/lib/python3.4/plat-x86_64-linux-gnu',
 '/usr/lib/python3.4/lib-dynload',
 '/usr/local/lib/python3.4/dist-packages',
 '/usr/lib/python3/dist-packages',
 '~/Documents/VBS/StarterLearningPython/2code/pm.py']
```

从中也发现了我们自己写的那个文件。

凡在上面列表所包括位置内的.py 文件都可以作为模块引入。不妨举一个例子，把前面编写的 pm.py 文件修改为 pmlib.py，然后把它复制到/usr/local/lib/python3.4/dist-packages 中（这里以 Ubuntu 为例说明，如果是其他操作系统，读者用类似方法也能找到）。

```
$ sudo cp pm.py /usr/local/lib/python3.4/dist-packages/pmlib.py
[sudo] password for qw:

$ ls /usr/local/lib/python3.4/dist-packages/pm*
/usr/local/lib/python3.4/dist-packages/pmlib.py
```

文件放到了指定位置。看下面：

```
>>> import pmlib
>>> pmlib.lang
'python'
```

将模块文件放到指定位置是一种不错的方法，但程序员都喜欢自由，能不能放到别处呢？

当然能，用 sys.path.append() 即可做到，不管把文件放在哪里，都可以把其位置告诉 Python 解释器。虽然这种方法在前面使用了，但其实很不常用，因为它也有麻烦的地方，比如在交互模式下，如果关闭了当前的 terminal，再开启（或者重新开启一个），还得重新告知。

比较常用的告知方法是设置 PYTHONPATH 环境变量。

这里以 Ubuntu 为例，建立一个 Python 的目录，然后将我们自己写的.py 文件放到这里，并设置环境变量。

```
~$ mkdir python
~$ cd python
~/python$ cp ~/Documents/VBS/StarterLearningPython/2code/pm.py mypm.py
~/python$ ls
mypm.py
```

然后为这个目录~/python，也就是/home/qw/python 设置环境变量。

```
$ sudo vim /etc/profile
```

提醒要用 root 权限，在打开的文件最后增加 export PYTHONPATH = "$PYTHONPATH:/home/qw/python"，然后保存退出即可。

环境变量更改之后，用户下次登录时生效，如果想立刻生效，则要执行下面的语句：

```
$ source /etc/profile
```

注意，这里是在~/python 目录下输入 python，进入到交互模式：

```
~$ cd python
~/python$ python

>>> import mypm
>>> mypm.lang
'python'
```

如此，就完成了告知过程。

但是，问题并没有结束。上面的操作是进入了模块所在的目录，如果进入别的目录，能不能正常引入呢？这是一个非常好的问题，恭请各位读者来试一试。

6.1.3 __all__在模块中的作用

上面的模块虽然比较简单，但是已经显示了编写模块和在程序中导入模块的基本方式。在实践中，所编写的模块也许更复杂一些。比如，我们在这里写了这样一个模块，并把其文件命名为pp.py：

```python
# /usr/bin/env python
# coding:utf-8

public_variable = "Hello, I am a public variable."
_private_variable = "Hi, I am a private variable."

def public_teacher():
    print("I am a public teacher, I am from JP.")

def _private_teacher():
    print("I am a private teacher, I am from CN.")
```

接下来就是熟悉的操作了，进入到交互模式中。pp.py 这个文件就是一个模块，该模块中包含了变量和函数。

```
>>> import sys
>>> sys.path.append("~/Documents/StarterLearningPython/2code/pp.py")
>>> import pp
>>> from pp import *
>>> public_variable
'Hello, I am a public variable.'
>>> _private_variable
Traceback (most recent call last):
  File "<stdin>", line 1, in <module>
NameError: name '_private_variable' is not defined
```

变量 public_variable 能够被使用，但是另外一个变量 _private_variable 不能被调用，先观察一下两者的区别，后者是以单下画线开头的，说明这是私有变量。而 from pp import *的含义是"希望能访问模块（pp）中有权限访问的全部名称"，那些被视为私有的变量或者函数、类当然就没有访问权限了。

再如：

```
>>> public_teacher()
  I am a public teacher, I am from JP.
>>> _private_teacher()
Traceback (most recent call last):
  File "<stdin>", line 1, in <module>
NameError: name '_private_teacher' is not defined
```

然后，这不是绝对的，如果要访问具有私有性质的东西，可以这样操作：

```
>>> import pp
>>> pp._private_teacher()
I am a private teacher, I am from CN.
>>> pp._private_variable
'Hi, I am a private variable.'
```

下面再对 pp.py 文件进行改写，增加一些东西：

```
# /usr/bin/env python
# coding:utf-8

__all__ = ['_private_variable', 'public_teacher']

public_variable = "Hello, I am a public variable."
_private_variable = "Hi, I am a private variable."

def public_teacher():
    print("I am a public teacher, I am from JP.")

def _private_teacher():
    print("I am a private teacher, I am from CN.")
```

在修改之后的 pp.py 中，增加了 __all__ 属性及相应的值，在列表中包含了一个私有变量的名字和一个函数的名字。这是在告诉引用本模块的解释器，这两个东西是有权限被访问的，而且只有这两个东西。

```
>>> import sys
>>> sys.path.append("~/Documents/StarterLearningPython/2code/pp.py")
>>> from pp import *
>>> _private_variable
'Hi, I am a private variable.'
```

果然，曾经不能被访问的私有变量现在能够访问了。

```
>>> public_variable
Traceback (most recent call last):
  File "<stdin>", line 1, in <module>
NameError: name 'public_variable' is not defined
```

因为这个变量没有在 __all__ 的值中，虽然曾经被访问到过，但是现在就不行了。

```
>>> public_teacher()
I am a public teacher, I am from JP.
>>> _private_teacher()
Traceback (most recent call last):
  File "<stdin>", line 1, in <module>
NameError: name '_private_teacher' is not defined
```

这只不过是再次说明前面的结论罢了。当然，如果以 import pp 引入模块，再用 pp._private_teacher 的方式是一样有效的。

6.1.4 包和库

顾名思义，包和库应该比模块大。也的确如此，一般来讲，一个包里面会有多个模块。当然，"库"是一个更大的概念，比如 Python 标准库中的每个库都有好多个包，每个包都有若干个模块。

一个包由多个模块组成，即多个.py 文件，那么这个所谓的"包"也就是我们熟悉的一个目录罢了。现在就需要解决如何引用某个目录中的模块问题了，解决方法就是在该目录中放一个

__init__.py 文件。__init__.py 是一个空文件,将它放在某个目录中,就可以将该目录中的其他.py 文件作为模块被引用。

例如,建立一个目录,命名为 package_qi,里面依次放入 pm.py 和 pp.py 两个文件,然后建立一个空文件__init__.py。

接下来,需要导入这个包(package_qi)中的模块。

下面这种方法很清晰明了。

```
>>> import package_qi.pm
>>> package_qi.pm.lang
'python'
```

再来看另外一种方法,貌似简短,但如果多了,恐怕就难以分辨了。

```
>>> from package_qi import pm
>>> pm.lang
'python'
```

在制作网站的实战中,还会经常用到这种方式,届时会了解更多。

6.2 标准库概述

"Python 自带'电池'",这种说法流传已久。

在 Python 被安装的时候,就有不少模块也随着安装到本地的计算机上了。这些东西就如同"电力"一样,让 Python 拥有了无限生机,能够轻而易举地免费使用很多模块。所以,称其为"自带电池"。

那些在安装 Python 时就默认已经安装好的模块被统称为"标准库"。

熟悉标准库是学习编程必须要做的事。

6.2.1 引用的方式

所有模块都服从下述引用方式,以下是最基本的,也是最常用的,还是可读性非常好的引用方式。

```
import modulename
```

例如:

```
>>> import pprint
>>> a = {"lang":"python", "book":"www.itdiffer.com", "teacher":"qiwsir", "goal":"from beginner to master"}
>>> pprint.pprint(a)
{'book': 'www.itdiffer.com',
 'goal': 'from beginner to master',
 'lang': 'python',
 'teacher': 'qiwsir'}
```

在对模块进行说明的过程中,以标准库 pprint 为例。

以 pprint.pprint() 的方式使用模块中的一种方法,这种方法能够让字典格式化输出。看看结果是不是比原来更容易阅读了呢？

在 import 后面，理论上可以跟好多模块名称。但是在实践中，还是建议大家一次一个名称，太多了不容易阅读。

这是用 import pprint 样式引入模块，并以点号"."（英文半角）的形式引用其方法。

关于引入模块的方式，前文介绍 import 语句时已经讲过，这里再次罗列，权当复习。

```
>>> from pprint import pprint
```

意思是从 pprint 模块中只将 pprint() 引入，之后就可以直接使用它了。

```
>>> pprint(a)
{'book': 'www.itdiffer.com',
 'goal': 'from beginner to master',
 'lang': 'python',
 'teacher': 'qiwsir'}
```

再懒一些还可以这样操作：

```
>>> from pprint import *
```

这就将 pprint 模块中的一切都引入了，于是可以像上面那样直接使用模块中的所有可用的内容。

诚然，如果很明确使用模块中的哪些方法或属性，那么使用类似 from modulename import name1, name2, name3... 也未尝不可。需要再次提醒读者注意的是，不能因为引入了模块而降低了可读性，让别人不知道呈现在眼前的方法是从何而来的。

有时候引入的模块或者方法名称有点长，这时可以给它重命名。如：

```
>>> import pprint as pr
>>> pr.pprint(a)
{'book': 'www.itdiffer.com',
 'goal': 'from beginner to master',
 'lang': 'python',
 'teacher': 'qiwsir'}
```

当然，还可以这样操作：

```
>>> from pprint import pprint as pt
>>> pt(a)
{'book': 'www.itdiffer.com',
 'goal': 'from beginner to master',
 'lang': 'python',
 'teacher': 'qiwsir'}
```

但是不管怎样，一定要让别人看得懂，且要过了若干时间，自己也还能看得懂。

6.2.2 深入探究

继续以 pprint 为例，深入研究：

```
>>> import pprint
>>> dir(pprint)
```

```
['PrettyPrinter', '_StringIO', '__all__', '__builtins__', '__doc__', '__file__',
'__name__', '__package__', '_commajoin', '_id', '_len', '_perfcheck', '_recursion',
'_safe_repr', '_sorted', '_sys', '_type', 'isreadable', 'isrecursive', 'pformat',
'pprint', 'saferepr', 'warnings']
```

对 dir()并不陌生，从结果中可以看到 pprint 的属性和方法。其中有的是以双画线、单画线开头的，为了不影响我们的视觉，先把它们去掉。

```
>>> [ m for m in dir(pprint) if not m.startswith('_') ]
['PrettyPrinter', 'isreadable', 'isrecursive', 'pformat', 'pprint', 'saferepr',
'warnings']
```

针对这几个，为了能够搞清楚它们的含义，可以使用 help()，比如：

```
>>> help(isreadable)
Traceback (most recent call last):
  File "<stdin>", line 1, in <module>
NameError: name 'isreadable' is not defined
```

这样做是错误的。大家知道错在何处吗？

```
>>> help(pprint.isreadable)
```

前面是用 import pprint 方式引入模块的。

```
Help on function isreadable in module pprint:

isreadable(object)
    Determine if saferepr(object) is readable by eval().
```

通过帮助信息，能够查看到该方法的详细说明。可以用这种方法一个一个地查看，反正也不多，对每个方法都要熟悉。

需要注意的是，pprint.PrettyPrinter 是一个类，后面的是方法。

再回头看看 dir(pprint)的结果：

```
>>> pprint.__all__
['pprint', 'pformat', 'isreadable', 'isrecursive', 'saferepr', 'PrettyPrinter']
```

这个结果是不是很眼熟？除了"warnings"之外，跟前面通过列表解析式得到的结果一样。

其实，当我们使用 from pprint import *的时候，就是将__all__里面的方法引入。

6.2.3 帮助、文档和源码

你能记住每个模块的属性和方法吗？比如前面刚刚查询过的 pprint 模块中的属性和方法，现在能背诵出来吗？相信大部分人是记不住的。所以，我们需要使用 dir()和 help()。

```
>>> print(pprint.__doc__)
Support to pretty-print lists, tuples, & dictionaries recursively.

Very simple, but useful, especially in debugging data structures.

Classes
-------
```

```
PrettyPrinter()
    Handle pretty-printing operations onto a stream using a configured
    set of formatting parameters.

Functions
---------

pformat()
    Format a Python object into a pretty-printed representation.

pprint()
    Pretty-print a Python object to a stream [default is sys.stdout].

saferepr()
    Generate a 'standard' repr()-like value, but protect against recursive
    data structures.
```

pprint.__doc__是查看整个类的文档，还知道整个文档是写在什么地方的吗？

还是使用 pm.py 文件，增加如下内容：

```
#!/usr/bin/env python
# coding=utf-8

"""                                              #增加的
This is a document of the python module.         #增加的
"""                                              #增加的

def lang():
    ...                                          #省略了，后面的也省略了
```

在这个文件的开始部分，所有类、方法和 import 之前，写一个用三个引号包裹着的字符串，这就是文档。

```
>>> import sys
>>> sys.path.append("~/Documents/VBS/StarterLearningPython/2code")
>>> import pm
>>> print(pm.__doc__)

This is a document of the python module.
```

这就是撰写模块文档的方法，即在.py 文件的最开始写相应的内容。这个要求应该成为开发者的习惯。

对于 Python 的标准库和第三方模块，不仅可以查看帮助信息和文档，而且还能够查看源码，因为它是开放的。

还是回到 dir(pprint)中找一找，有一个 __file__ 属性，它会告诉我们这个模块的位置：

```
>>> print(pprint.__file__)
/usr/lib/python3.4/pprint.py
```

接下来就可以查看这个文件的源码：

```
$ more /usr/lib/python3.4/pprint.py
```

```
# Author:      Fred L. Drake, Jr.
……
"""Support to pretty-print lists, tuples, & dictionaries recursively.

Very simple, but useful, especially in debugging data structures.

Classes
-------
PrettyPrinter()
    Handle pretty-printing operations onto a stream using a configured
    set of formatting parameters.

Functions
---------

pformat()
    Format a Python object into a pretty-printed representation.

....
"""
```

这里只查抄了文档中的部分信息，是不是跟前面通过 __doc__ 查看的结果一样呢？

请读者在闲暇时间阅读源码。事实证明，这种标准库中的源码是质量最好的。阅读高质量的代码是提高编程水平的途径之一。

6.3 标准库举例：sys、copy

Python 标准库内容非常多，有人专门为此写过一本书。在本书中，笔者将根据自己的理解和喜好，选几个呈现出来，一来显示标准库之强大功能，二来演示如何理解和使用标准库。

sys 是常用的标准库，已经不陌生了；copy 也是已经用过的标准库。先从熟悉的入手，容易理解，这也是"杀熟"。

6.3.1 sys

这是一个跟 Python 解释器关系密切的标准库，前面已经使用过：sys.path.append()。

```
>>> import sys
>>> print(sys.__doc__)
This module provides access to some objects used or maintained by the
interpreter and to functions that interact strongly with the interpreter.
……
```

显示了 sys 的基本文档，第一句话概括了本模块的基本特点。

在诸多 sys 函数和属性中，下面选择常用的来说明。

1. sys.argv

sys.argv 是专门用来向 Python 解释器传递参数的，所以称为"命令行参数"。

先解释什么是命令行参数。

```
$ python --version
Python 3.4.3
```

这里的--version 就是命令行参数。如果使用 python –help，则可以看到更多：

```
$ python --help
usage: python [option] ... [-c cmd | -m mod | file | -] [arg] ...
Options and arguments (and corresponding environment variables):
-B     : don't write .py[co] files on import; also PYTHONDONTWRITEBYTECODE=x
-c cmd : program passed in as string (terminates option list)
-d     : debug output from parser; also PYTHONDEBUG=x
-E     : ignore PYTHON* environment variables (such as PYTHONPATH)
-h     : print this help message and exit (also --help)
-i     : inspect interactively after running script; forces a prompt even
         if stdin does not appear to be a terminal; also PYTHONINSPECT=x
-m mod : run library module as a script (terminates option list)
-O     : optimize generated bytecode slightly; also PYTHONOPTIMIZE=x
-OO    : remove doc-strings in addition to the -O optimizations
-R     : use a pseudo-random salt to make hash() values of various types be
         unpredictable between separate invocations of the interpreter, as
         a defense against denial-of-service attacks
```

这里只显示了部分内容，所看到的如-B、-h 都是参数，比如 python -h，其功能同上。所以，-h 也是命令行参数。

sys.arg 的作用就是通过它向解释器传递命令行参数。比如：

```
#!/usr/bin/env python
# coding=utf-8

import sys

print("The file name: ", sys.argv[0])
print("The number of argument", len(sys.argv))
print("The argument is: ", str(sys.argv))
```

将上述代码保存，文件名是 22101.py。然后如此操作：

```
$ python sys_file.py
The file name:  22101.py
The number of argument 1
The argument is:  ['sys_file.py']
```

将结果和前面的代码做个对比。

- 在$ python sys_file.py 中，"sys_file.py"是要运行的文件名，同时也是命令行参数，是前面的 python 这个指令的参数，其地位与 python -h 中的参数-h 是等同的。
- sys.argv[0]是第一个参数，就是上面提到的 sys_file.py，即文件名。

如果这样来试试：

```
$ python sys_file.py beginner master www.itdiffer.com
The file name:  sys_file.py
The number of argument 4
The argument is:  ['sys_file.py', 'beginner', 'master', 'www.itdiffer.com']
```

在这里用 sys.argv[1]得到的就是 beginner，依次类推。

2. sys.exit()

这个方法的作用是退出当前程序。

```
Help on built-in function exit in module sys:

exit(...)
    exit([status])
    
    Exit the interpreter by raising SystemExit(status).
    If the status is omitted or None, it defaults to zero (i.e., success).
    If the status is an integer, it will be used as the system exit status.
    If it is another kind of object, it will be printed and the system
    exit status will be one (i.e., failure).
```

从文档信息中可知，如果用 sys.exit()退出程序，就会返回 SystemExit 异常。这里先告知读者，还有另外一种退出方式，即 os._exit()，这两者有所区别。

```python
#!/usr/bin/env python
# coding=utf-8

import sys

for i in range(10):
    if i == 5:
        sys.exit()
    else:
        print(i)
```

这段程序的运行结果如下：

```
$ python exit_file.py
0
1
2
3
4
```

在大多数函数中会用到 return，其含义是终止当前的函数，并向调用函数的位置返回相应值（如果没有就返回 None）。但是 sys.exit()的含义是退出当前程序（不仅仅是退出当前函数），并发起 SystemExit 异常。这就是两者的区别。

如果使用 sys.exit(0)表示正常退出，则需要在退出的时候有一个对人友好的提示，可以用 sys.exit("I wet out at here.")，那么字符串信息就会被打印出来。

3. sys.path

sys.path 已经不陌生了，它可以查找模块所在的目录，以列表的形式显示出来。如果用 append()方法，就能够向这个列表增加新的模块目录，如前所演示，不再赘述。

6.3.2 copy

前面对浅拷贝和深拷贝做了研究，这里再次提出，温故而知新。

```
>>> import copy
>>> copy.__all__
['Error', 'copy', 'deepcopy']
```

这个模块中常用的就是 copy 和 deepcopy。

为了具体说明，看这样一个例子，这个例子跟以前讨论浅拷贝和深拷贝时略有不同，请读者认真推敲结果，并对照代码。

```python
#!/usr/bin/env python
# coding=utf-8

import copy

class MyCopy:
    def __init__(self, value):
        self.value = value

    def __repr__(self):
        return str(self.value)

foo = MyCopy(7)

a = ["foo", foo]
b = a[:]
c = list(a)
d = copy.copy(a)
e = copy.deepcopy(a)

a.append("abc")
foo.value = 17

print("original: {0}\n slice: {1}\n list(): {2}\n copy(): {3}\n deepcopy(): {4}\n".format(a,b,c,d,e))
```

保存并运行：

```
$ python 22103.py
original: ['foo', 17, 'abc']
 slice: ['foo', 17]
 list(): ['foo', 17]
 copy(): ['foo', 17]
 deepcopy(): ['foo', 7]
```

一切尽在不言中，请读者认真对照上面的显示结果，体会深拷贝和浅拷贝的实现方法和含义。

6.4 标准库举例：OS

os 模块提供了访问操作系统服务的功能，它所包含的内容比较多，有时候感觉很神秘。

```
>>> import os
>>> dir(os)
['EX_CANTCREAT', 'EX_CONFIG', 'EX_DATAERR', 'EX_IOERR', 'EX_NOHOST', 'EX_NOINPUT',
'EX_NOPERM', 'EX_NOUSER','EX_OK', 'EX_OSERR', 'EX_OSFILE', 'EX_PROTOCOL', 'EX_SOFTWARE',
'EX_TEMPFAIL', 'EX_UNAVAILABLE', 'EX_USAGE', 'F_OK', 'NGROUPS_MAX', 'O_APPEND',
'O_ASYNC', 'O_CREAT', 'O_DIRECT', 'O_DIRECTORY', 'O_DSYNC', 'O_EXCL', 'O_LARGEFILE',
'O_NDELAY', 'O_NOATIME', 'O_NOCTTY', 'O_NOFOLLOW', 'O_NONBLOCK', 'O_RDONLY', 'O_RDWR',
'O_RSYNC', 'O_SYNC', 'O_TRUNC', 'O_WRONLY', 'P_NOWAIT', 'P_NOWAITO', 'P_WAIT', 'R_OK',
'SEEK_CUR', 'SEEK_END', 'SEEK_SET', 'ST_APPEND', 'ST_MANDLOCK', 'ST_NOATIME', 'ST_NODEV',
'ST_NODIRATIME', 'ST_NOEXEC', 'ST_NOSUID', 'ST_RDONLY', 'ST_RELATIME', 'ST_SYNCHRONOUS',
'ST_WRITE', 'TMP_MAX', 'UserDict', 'WCONTINUED', 'WCOREDUMP', 'WEXITSTATUS',
'WIFCONTINUED', 'WIFEXITED', 'WIFSIGNALED', 'WIFSTOPPED', 'WNOHANG', 'WSTOPSIG',
'WTERMSIG', 'WUNTRACED', 'W_OK', 'X_OK', '_Environ', '__all__', '__builtins__',
'__doc__', '__file__', '__name__', '__package__', '_copy_reg', '_execvpe', '_exists',
'_exit', '_get_exports_list', '_make_stat_result', '_make_statvfs_result',
'_pickle_stat_result', '_pickle_statvfs_result', '_spawnvef', 'abort', 'access',
'altsep', 'chdir', 'chmod', 'chown', 'chroot', 'close', 'closerange', 'confstr',
'confstr_names', 'ctermid', 'curdir', 'defpath', 'devnull', 'dup', 'dup2', 'environ',
'errno', 'error', 'execl', 'execle', 'execlp', 'execlpe', 'execv', 'execve', 'execvp',
'execvpe', 'extsep', 'fchdir', 'fchmod', 'fchown', 'fdatasync', 'fdopen', 'fork',
'forkpty', 'fpathconf', 'fstat', 'fstatvfs', 'fsync', 'ftruncate', 'getcwd', 'getcwdu',
'getegid', 'getenv', 'geteuid', 'getgid', 'getgroups', 'getloadavg', 'getlogin',
'getpgid', 'getpgrp', 'getpid', 'getppid', 'getresgid', 'getresuid', 'getsid', 'getuid',
'initgroups', 'isatty', 'kill', 'killpg', 'lchown', 'linesep', 'link', 'listdir', 'lseek',
'lstat', 'major', 'makedev', 'makedirs', 'minor', 'mkdir', 'mkfifo', 'mknod', 'name',
'nice', 'open', 'openpty', 'pardir', 'path', 'pathconf', 'pathconf_names', 'pathsep',
'pipe', 'popen', 'popen2', 'popen3', 'popen4', 'putenv', 'read', 'readlink', 'remove',
'removedirs', 'rename', 'renames', 'rmdir', 'sep', 'setegid', 'seteuid', 'setgid',
'setgroups', 'setpgid', 'setpgrp', 'setregid', 'setresgid', 'setresuid', 'setreuid',
'setsid', 'setuid', 'spawnl', 'spawnle', 'spawnlp', 'spawnlpe', 'spawnv', 'spawnve',
'spawnvp', 'spawnvpe', 'stat', 'stat_float_times', 'stat_result', 'statvfs',
'statvfs_result', 'strerror', 'symlink', 'sys', 'sysconf', 'sysconf_names', 'system',
'tcgetpgrp', 'tcsetpgrp', 'tempnam', 'times', 'tmpfile', 'tmpnam', 'ttyname', 'umask',
'uname', 'unlink', 'unsetenv', 'urandom', 'utime', 'wait', 'wait3', 'wait4', 'waitpid',
'walk', 'write']
```

这么多内容不可能一一进行介绍，下面选择几个介绍一下，目的是不断强化学习方法。当然，还有另外一个好工具——Google。

6.4.1 操作文件：重命名、删除文件

在对文件进行操作的时候，open()这个内建函数可以打开文件。但是，如果对文件进行重命名、删除操作，就要使用 os 模块的方法。

首先建立一个文件，文件名为 22201.py，文件内容如下：

```
#!/usr/bin/env python
# coding=utf-8

print("This is a tmp file.")
```

然后将这个文件名称修改为其他名称。

```
>>> import os
>>> os.rename("22201.py", "newtemp.py")
```

注意,这里先进入到文件 22201.py 的目录,然后再进入交互模式。所以,可以直接写文件名,如果不是这样,则需要将文件名的路径写上。

在 os.rename("22201.py", "newtemp.py")中,第一个文件是原文件名称,第二个是打算修改为的文件名。

然后查看,能够看到这个文件。

```
$ ls new*
newtemp.py
```

文件内容可以用 cat newtemp.py 查看(这是在 Ubuntu 系统中,如果是 Windows 系统,则可以用其相应的编辑器打开文件)。

除了修改文件名称,还可以修改目录名称,请注意阅读帮助信息。

```
Help on built-in function rename in module posix:

rename(...)
    rename(old, new)
    
    Rename a file or directory.
```

另外一个方法是 os.remove(),首先查看帮助信息,然后再实验。

```
Help on built-in function remove in module posix:

remove(...)
    remove(path)
    
    Remove a file (same as unlink(path)).
```

为了测试,先建立一些文件。

```
$ pwd
/home/qw/Documents/VBS/StarterLearningPython/2code/rd
```

这是笔者建立的临时目录,里面有几个文件:

```
$ ls
a.py  b.py  c.py
```

下面删除 a.py 文件:

```
>>> import os
>>> os.remove("/home/qw/Documents/VBS/StarterLearningPython/2code/rd/a.py")
```

看看删除了吗?

```
$ ls
b.py  c.py
```

果然管用。再来一个狠的:

```
>>> os.remove("/home/qw/Documents/VBS/StarterLearningPython/2code/rd")
Traceback (most recent call last):
```

```
  File "<stdin>", line 1, in <module>
OSError: [Errno 21] Is a directory: '/home/qw/Documents/VBS/StarterLearningPython/2code/rd'
```

报错了。本来打算将这个目录下的所剩文件全部删除，但这么做不行。注意帮助文档中的一句话："Remove a file"，os.remove()是用来删除文件的，并且从报错信息中也可以看到，错误的原因在于那个参数是一个目录。

要想删除目录，还得继续向下学习。

6.4.2 操作目录

1. os.listdir

os.listdir 的作用是显示目录中的内容（包括文件和子目录）。

```
Help on built-in function listdir in module posix:

listdir(...)
    listdir(path) -> list_of_strings

Return a list containing the names of the entries in the directory.

    path: path of directory to list

The list is in arbitrary order.  It does not include the special
entries '.' and '..' even if they are present in the directory.
```

看完帮助信息，读者一定觉得这是一个非常简单的方法，不过，需要注意的是，它返回的值是列表，且不显示目录中某些隐藏文件或子目录。

```
>>> os.listdir("/home/qw/Documents/VBS/StarterLearningPython/2code/rd")
['b.py', 'c.py']
>>> files = os.listdir("/home/qw/Documents/VBS/StarterLearningPython/2code/rd")
>>> for f in files:
...     print f
...
b.py
c.py
```

2. 工作目录

os.getcwd：当前工作目录；os.chdir：改变当前工作目录。

这两个函数怎么用？请读者自行通过 help()来查看文档，这里仅演示一个例子：

```
>>> cwd = os.getcwd()        #当前目录
>>> print(cwd)
/home/qw/Documents/VBS/StarterLearningPython/2code/rd
>>> os.chdir(os.pardir)      #进入到上一级

>>> os.getcwd()              #当前
'/home/qw/Documents/VBS/StarterLearningPython/2code'

>>> os.chdir("rd")           #进入下级
```

```
>>> os.getcwd()
'/home/qw/Documents/VBS/StarterLearningPython/2code/rd'
```

os.pardir 的功能是获得父级目录，相当于 ".."（Linux 中的上级路径表示方法，就是在当前目录名称前面写..，例如../rd，表示 rd 的上一级，即父级目录）。

```
>>> os.pardir
'..'
```

3. 创建和删除目录

os.makedirs，os.removedirs：创建和删除目录。

直接上例子：

```
>>> dir = os.getcwd()
>>> dir
'/home/qw/Documents/VBS/StarterLearningPython/2code/rd'
>>> os.removedirs(dir)
Traceback (most recent call last):
  File "<stdin>", line 1, in <module>
  File "/usr/lib/python2.7/os.py", line 170, in removedirs
    rmdir(name)
OSError: [Errno 39] Directory not empty: '/home/qw/Documents/VBS/StarterLearningPython/2code/rd'
```

从报错信息可知，要删除某个目录，则那个目录必须是空的。

```
>>> os.getcwd()
'/home/qw/Documents/VBS/StarterLearningPython/2code'
```

这是当前目录，在这个目录下再建一个新的子目录：

```
>>> os.makedirs("newrd")
>>> os.chdir("newrd")
>>> os.getcwd()
'/home/qw/Documents/VBS/StarterLearningPython/2code/newrd'
```

下面把刚刚建立的这个目录删除，毫无疑问，它是空的。

```
>>> os.listdir(os.getcwd())
[]
>>> newdir = os.getcwd()
>>> os.removedirs(newdir)
```

按照笔者的理解，这里应该报错。因为这里是在当前工作目录删除当前工作目录，如果这样能够执行，总觉得有点别扭，但事实上行得通。能解释为什么吗？这是在 Python 中，不是在 Linux 里。

按照上面的操作，再来看当前的工作目录：

```
>>> os.getcwd()
Traceback (most recent call last):
  File "<stdin>", line 1, in <module>
OSError: [Errno 2] No such file or directory
```

目录被删除了，只能回到父级。

```
>>> os.chdir(os.pardir)
```

```
>>> os.getcwd()
'/home/qw/Documents/VBS/StarterLearningPython/2code'
```

有点不可思议，本来没有当前工作目录，怎么会有"父级"呢？读者对此有解释吗？

补充一点，前面说的如果目录不是空的，就不能用 os.removedirs()删除，但是可以用模块 shutil 的 rmtree()方法来操作。

```
>>> os.getcwd()
'/home/qw/Documents/VBS/StarterLearningPython/2code'
>>> os.chdir("rd")
>>> now = os.getcwd()
>>> now
'/home/qw/Documents/VBS/StarterLearningPython/2code/rd'
>>> os.listdir(now)
['b.py', 'c.py']
>>> import shutil
>>> shutil.rmtree(now)
>>> os.getcwd()
Traceback (most recent call last):
  File "<stdin>", line 1, in <module>
OSError: [Errno 2] No such file or directory
```

需要读者注意的是，对于 os.makedirs()来说还有这样的特点：

```
>>> os.getcwd()
'/home/qw/Documents/VBS/StarterLearningPython/2code'
>>> d0 = os.getcwd()
>>> d1 = d0+"/ndir1/ndir2/ndir3"
#这是想建立的目录，但是中间的 ndir1,ndir2 也都不存在。
>>> d1
'/home/qw/Documents/VBS/StarterLearningPython/2code/ndir1/ndir2/ndir3'
>>> os.makedirs(d1)
>>> os.chdir(d1)
>>> os.getcwd()
'/home/qw/Documents/VBS/StarterLearningPython/2code/ndir1/ndir2/ndir3'
```

不存在的目录也被建立起来，直到最右边的目录为止。与 os.makedirs()类似的还有 os.mkdir()，不过，os.mkdir()（创建一个目录）没有上述这个功能，它只能一层一层地建目录。os.removedirs()和 os.rmdir()（删除一个目录）也类似，区别也类似上面。读者可以使用 help()函数来依次查看 os.mkdir 和 os.rmdir 的使用方法。

6.4.3 文件和目录属性

不管是哪种操作系统，都能看到文件或目录的有关属性，那么，在 os 模块中，也有这样一个方法：os.stat()。

```
>>> p = os.getcwd()     #当前目录
>>> p
'/home/qw/Documents/VBS/StarterLearningPython'
```

显示这个目录的有关信息：

```
>>> os.stat(p)
posix.stat_result(st_mode=16895, st_ino=4L, st_dev=26L, st_nlink=1, st_uid=0, st_gid=0,
```

st_size=12288L, st_atime=1430224935, st_mtime=1430224935, st_ctime=1430224935)

再指定一个文件：

```
>>> pf = p + "/README.md"
```

显示此文件的信息：

```
>>> os.stat(pf)
posix.stat_result(st_mode=33279, st_ino=67L, st_dev=26L, st_nlink=1, st_uid=0, st_gid=0, st_size=50L, st_atime=1429580969, st_mtime=1429580969, st_ctime=1429580969)
```

从结果中可能看不出什么，先不用着急。这样的结果对计算机是友好的，但对读者可能不友好。如果用下面的方法，就友好多了：

```
>>> fi = os.stat(pf)
>>> mt = fi[8]
```

fi[8]就是 st_mtime 的值，它代表最后 modified（修改）文件的时间。结果如下：

```
>>> mt
1429580969
```

还是不友好，下面用 time 模块来试一下：

```
>>> import time
>>> time.ctime(mt)
'Tue Apr 21 09:49:29 2015'
```

现在就对读者友好了。

用 os.stat()能够查看文件或者目录的属性。如果要修改呢？比如在部署网站的时候，常常要修改目录或者文件的权限等，这种操作在 Python 的 os 模块能做到吗？

在一般情况下，不在 Python 里做这个，但肯定有人会用到，所以 os 模块提供了 os.chmod()。

6.4.4 操作命令

读者如果使用某种 Linux 系统，或者曾经用过 DOS，或者在 Windows 里面用过 command，那么对敲命令都不会陌生。通过命令来做事情的确是很酷的。比如，在 Ubuntu 中要查看文件和目录，只需要 ls 就足够了。这里并不是否认图形界面，对于某些人（比如程序员）在某些情况下，命令是不错的选择，甚至是离不开的。

os 模块中提供了这样的方法，许可程序员在 Python 程序中使用操作系统的命令（以下是在 Ubuntu 系统操作，如果读者用的是 Windows 系统，可以将命令换成 DOS 命令）。

```
>>> p = '/home/qw/Documents/VBS/StarterLearningPython'
>>> command = "ls " + p
>>> command
'ls /home/qw/Documents/VBS/StarterLearningPython'
```

为了输入方便，这里采用了前面例子中已经有的目录，并且用拼接字符串的方式，将要输入的命令（查看某文件夹下的内容）组装成一个字符串，赋值给变量 command，然后进行如下操作：

```
>>> os.system(command)
01.md      101.md     105.md     109.md     113.md     117.md     121.md     125.md     129.md      201.md
```

```
205.md     209.md    213.md    217.md    221.md         index.md
02.md        102.md    106.md    110.md    114.md    118.md    122.md    126.md    130.md    202.md
206.md     210.md    214.md    218.md    222.md         n001.md
03.md        103.md    107.md    111.md    115.md    119.md    123.md    127.md    1code     203.md
207.md     211.md    215.md    219.md    2code     README.md
0images    104.md    108.md    112.md    116.md    120.md    124.md    128.md    1images   204.md
208.md     212.md    216.md    220.md    2images
0
```

这样就列出了该目录下的所有内容。

需要注意的是，os.system()是在当前进程中执行命令，直到它执行结束。如果需要一个新的进程，则可以使用 os.exec 或者 os.execvp。对此有兴趣详细了解的读者，可以查看帮助文档。另外，os.system()通过 shell 执行命令，执行结束后将控制权返回到原来的进程，但是 os.exec() 及相关的函数，则在执行后不将控制权返回到原继承，从而使 Python 失去控制。

关于 Python 对进程的管理，此处暂不过多介绍，读者可以查阅有关专门资料。

os.system()是一个用途很多的方法。曾有一个朋友在网上询问，是否可以用它来启动浏览器。的确可以，不过，这个操作要非常仔细。为什么呢？演示一下就明白了。

```
>>> os.system("/usr/bin/firefox")

(process:4002): GLib-CRITICAL **: g_slice_set_config: assertion 'sys_page_size == 0' failed

(firefox:4002):    GLib-GObject-WARNING    **:    Attempt    to    add    property GnomeProgram::sm-connect after class was initialised
......
```

笔者是在 Ubuntu 上操作的，浏览器的地址是/usr/bin/firefox。但是，那个朋友用的是 Windows 系统，那么就要非常小心了。因为在 Windows 里面，表示路径的斜杠跟上面显示的是反着的，在 Python 中 "\" 代表转义。比较简单的一个方法是用 r"c:\user\firfox.exe"的样式，因为在 r" " 中的，都被认为是原始字符。而且在 Windows 系统中，一般情况下那个文件不是安装在笔者演示的那个简单样式的文件夹中，而是 C:\Program Files，这中间还有空格，所以还要注意空格问题。读者按照这些提示，看看能不能完成用 os.system()启动 firefox 的操作。

凡是感觉麻烦的东西，必然会有另外简单的东西来替代。于是又有了一个 webbrowser 模块，可以专门用来打开指定网页。

```
>>> import webbrowser
>>> webbrowser.open("http://www.itdiffer.com")
True
```

不管是什么操作系统，只要如上操作就能打开网页。

真是神奇的标准库，有如此多的工具，能不加速开发进程吗？能不降低开发成本吗？

6.5 标准库举例：堆

堆（Heap）是一种数据结构，引用《维基百科》中的说明：

堆（Heap）是计算机科学中一类特殊的数据结构的统称。堆通常是一个可以被看作一棵树的数组对象。

对于这个新的概念，读者不要心慌意乱或者恐惧，因为它本质上不是新东西，而是在我们已经熟知的知识基础上扩展而来的内容。

堆的实现通过构造二叉堆，也就是一种二叉树。

6.5.1 基本知识

如左下图所示，这是一棵在苏州很常见的香樟树，马路两边、公园里随处可见，特别是在艳阳高照的时候，它的树荫能把路面遮盖。

但是，在编程中，我们常说的树是这样的，如右下图所示。

这是一棵"根"在上面的树，也是编程中常说的树。为什么会这样呢？也许主要是画着更方便吧。上面那棵树虽然根在上面了，但还完全是写实的作品，笔者作为一名隐姓埋名多年的抽象派画家，不喜欢这样的树，所以画出来的树是这样的，如左下图所示。

这棵树有两根枝杈，不要小看这两根枝杈，《道德经》上说："一生二，二生三，三生万物"。"一"就是下面的树干，"二"就是两个枝杈，每个枝杈还可以看作下一个"一"，然后再有两个枝杈，如此不断重复（这简直就是递归），就成为了一棵大树。

这棵树画成这样就更符合编程的习惯了，可以向下不断延伸，如右下图所示。

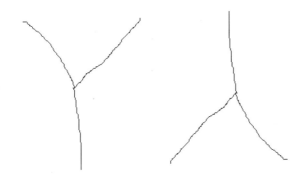

并且给它一个正规的名字：二叉树。

如下图所示，这也是二叉树，完全脱胎于笔者所画的后现代抽象主义作品。但是略有不同，这幅图在各个枝杈上显示的是数字。这种类型的"树"就是编程语言中所说的二叉树，《维基百科》中是这样定义的：

在计算机科学中，二叉树（Binary tree）是每个节点最多有两个子树的树结构。通常子树被称作"左子树"（Left Subtree）和"右子树"（Right Subtree）。二叉树常被用于实现二叉查找树和二叉堆。

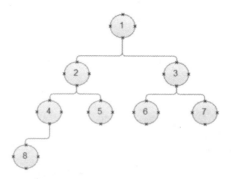

在上图的二叉树中，最顶端的那个数字就相当于树根，也就称作"根"。每个数字所在位置称为一个节点，每个节点向下分散出两个"子节点"，并不是所有节点都有两个子节点。这类二叉树又称为完全二叉树（Complete Binary Tree）。

有的二叉树，所有的节点都有两个子节点，这类二叉树称作满二叉树（Full Binarry Tree），如下图所示。

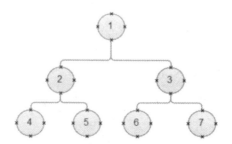

下面讨论的对象是通过二叉树实现的，其具有如下特点：

- 节点的值大于等于（或者小于等于）任何子节点的值。
- 节点左子树和右子树是一个二叉堆。如果父节点的值总大于等于任何一个子节点的值，则其为最大堆；若父节点的值总小于等于子节点的值，则其为最小堆。上面图示中的完全二叉树，就表示一个最小堆。

堆的类型还有别的，如斐波那契堆等，但很少用。所以，通常将二叉堆也说成堆。下面所说的堆就是二叉堆，而二叉堆又是用二叉树实现的。

堆用列表来表示，如下图所示。

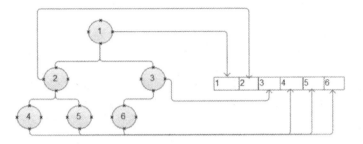

从图示中可以看出，将逻辑结构中的树的节点数字依次填入到存储结构中。看这个图，似乎是按照列表中顺序进行排列的，但是这仅仅是由于树的特点造成的。如果是下面的树，如下图所示。

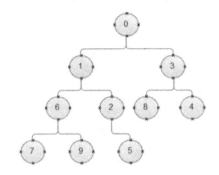

如果将上面的逻辑结构转换为存储结构，读者就能看出来了，不再按照顺序排列。

6.5.2 heapq

heapq 中的 heap 是堆，q 就是 queue（队列）的缩写。此模块包括：

```
>>> import heapq
>>> heapq.__all__
['heappush', 'heappop', 'heapify', 'heapreplace', 'merge', 'nlargest', 'nsmallest',
'heappushpop']
```

依次查看这些函数的使用方法。

1. heappush(heap, x)

```
Help on built-in function heappush in module _heapq:

heappush(...)
    heappush(heap, item) -> None. Push item onto heap, maintaining the heap invariant.


>>> import heapq
>>> heap = []
>>> heapq.heappush(heap, 3)
>>> heapq.heappush(heap, 9)
>>> heapq.heappush(heap, 2)
>>> heapq.heappush(heap, 4)
>>> heapq.heappush(heap, 0)
```

```
>>> heapq.heappush(heap, 8)
>>> heap
[0, 2, 3, 9, 4, 8]
```

请读者注意上面的操作，在向堆增加数值的时候并没有严格按照什么顺序，是随意的。但是，当查看堆的数据时，显示的是一个有一定顺序的数据结构。这种顺序不是按照从小到大，而是按照前面所说的完全二叉树的方式排列的，显示的是存储结构，可以把它还原为逻辑结构，看看是不是一棵二叉树，如下图所示。

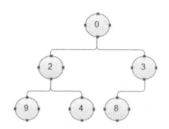

由此可知，利用 heappush() 函数将数据放到堆里面之后，会自动按照二叉树的结构进行存储。

2. heappop(heap)

承接上面的操作：

```
>>> heapq.heappop(heap)
0
>>> heap
[2, 4, 3, 9, 8]
```

用 heappop() 函数，从 heap 堆中删除了一个最小元素，并且返回该值。但是，这时候的 heap 显示顺序并非简单地将 0 去除，而是按照完全二叉树的规范重新进行排列。

3. heapify()

如果已经建立了一个列表，利用 heapify() 可以将列表直接转化为堆。

```
>>> hl = [2, 4, 6, 8, 9, 0, 1, 5, 3]
>>> heapq.heapify(hl)
>>> hl
[0, 3, 1, 4, 9, 6, 2, 5, 8]
```

经过这样的操作，列表 hl 就变成了堆（堆的顺序和列表不同），可以对 hl（堆）使用 heappop() 或者 heappush() 等函数了。否则，不可。

```
>>> heapq.heappop(hl)
0
>>> heapq.heappop(hl)
1
>>> hl
[2, 3, 5, 4, 9, 6, 8]
>>> heapq.heappush(hl, 9)
>>> hl
[2, 3, 5, 4, 9, 6, 8, 9]
```

不要认为堆里面只能放数字，举例中之所以用数字，是因为对它的逻辑结构比较好理解。

```
>>> heapq.heappush(hl, "q")
>>> hl
[2, 3, 5, 4, 9, 6, 8, 9, 'q']
>>> heapq.heappush(hl, "w")
>>> hl
[2, 3, 5, 4, 9, 6, 8, 9, 'q', 'w']
```

4. heapreplace()

heapreplace()是 heappop()和 heappush()的联合，也就是删除一个，同时加入一个，这就是替代。例如：

```
>>> heap
[2, 4, 3, 9, 8]
>>> heapq.heapreplace(heap, 3.14)
2
>>> heap
[3, 4, 3.14, 9, 8]
```

先简单罗列关于堆的几个常用函数。那么堆在编程实践中的用途有哪些呢？排序是一个应用方面。一提到排序，读者肯定想到的是 sorted()或者列表中的 sort()，这两个都是常用的函数，而且在一般情况下已经足够使用了。但如果使用堆排序，相对于其他排序，也有自己的优势。不同的排序方法有不同的特点，读者可以自行深入研究不同排序的优劣。

6.5.3 deque

有这样一个问题：一个列表，比如是[1, 2, 3]，在最右边增加一个数字。

这也太简单了，不就是用 append()追加一个数字吗？

这是简单。但能不能在最左边增加一个数字呢？

读者在向下阅读之前，能不能想出一个方法呢？

```
>>> lst = [1, 2, 3]
>>> lst.append(4)
>>> lst
[1, 2, 3, 4]
>>> nl = [7]
>>> nl.extend(lst)
>>> nl
[7, 1, 2, 3, 4]
```

你或许还有别的方法。但是，Python 为我们提供了一个更简单的模块来解决这个问题。

```
>>> from collections import deque
```

这次用这种引用方法是因为 collections 中东西很多，我们只用到 deque。

```
>>> lst = [1, 2, 3, 4]
```

还是这个列表，试试分别从右边和左边增加数字。

```
>>> qlst = deque(lst)
```

这是必需的，将列表转化为 deque 对象。deque 在汉语中有一个名字，叫作"双端队列"

（Double-ended Queue）。

```
>>> qlst.append(5)         #从右边增加
>>> qlst
deque([1, 2, 3, 4, 5])
>>> qlst.appendleft(7)     #从左边增加
>>> qlst
deque([7, 1, 2, 3, 4, 5])
```

这样操作非常方便。继续看如何删除：

```
>>> qlst.pop()
5
>>> qlst
deque([7, 1, 2, 3, 4])
>>> qlst.popleft()
7
>>> qlst
deque([1, 2, 3, 4])
```

删除也分左右。下面请读者仔细观察。

```
>>> qlst.rotate(3)
>>> qlst
deque([2, 3, 4, 1])
```

rotate()的功能是将[1, 2, 3, 4]的首尾连起来，就好比一个圆环，在上面有1、2、3、4几个数字。如果一开始正对着你的是1，依顺时针方向排列，就是从1开始的数列，如下图所示。

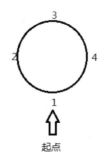

经过 rotate()，这个环就发生旋转了，如果是 rotate(3)，表示每个数字按照顺时针方向前进三个位置，于是变成了如下图所示的样子。

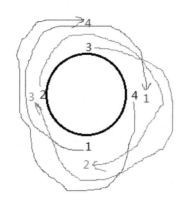

请忽略笔者的后现代主义超级抽象派作图方式。从图中可以看出，数列变成了[2, 3, 4, 1]。rotate()的作用就好像在拨转这个圆环。

```
>>> qlst
deque([3, 4, 1, 2])
>>> qlst.rotate(-1)
>>> qlst
deque([4, 1, 2, 3])
```

如果参数是负数，那么就逆时针转。

在 deque 中，还有 extend()和 extendleft()方法，读者可自己调试。

6.6 标准库举例：日期和时间

在日常生活中，"时间"这个术语是比较笼统和含糊的。在物理学中，"时间"是一个非常明确的概念。在 Python 中，"时间"可以通过相关模块实现。

6.6.1 calendar

```
>>> import calendar
>>> cal = calendar.month(2015, 1)
>>> print(cal)
    January 2015
Mo Tu We Th Fr Sa Su
          1  2  3  4
 5  6  7  8  9 10 11
12 13 14 15 16 17 18
19 20 21 22 23 24 25
26 27 28 29 30 31
```

这里轻而易举地得到了 2015 年 1 月的日历，并且排列还那么整齐。这就是 calendar 模块。读者可以用 dir()去查看这个模块下的所有内容。为了方便读者阅读，将常用的内容整理如下。

1. calendar(year,w=2,l=1,c=6)

返回 year 年的年历，3 个月一行，间隔距离为 c。每日宽度间隔为 w 字符，每行长度为 21*w+18+2*c，l 是每星期行数。

```
>>> year = calendar.calendar(2015)
>>> print(year)
                                  2015

      January                   February                   March
Mo Tu We Th Fr Sa Su      Mo Tu We Th Fr Sa Su      Mo Tu We Th Fr Sa Su
          1  2  3  4                         1                         1
 5  6  7  8  9 10 11       2  3  4  5  6  7  8       2  3  4  5  6  7  8
12 13 14 15 16 17 18       9 10 11 12 13 14 15       9 10 11 12 13 14 15
19 20 21 22 23 24 25      16 17 18 19 20 21 22      16 17 18 19 20 21 22
26 27 28 29 30 31         23 24 25 26 27 28         23 24 25 26 27 28 29
                                                    30 31
```

```
         April                      May                        June
Mo Tu We Th Fr Sa Su       Mo Tu We Th Fr Sa Su       Mo Tu We Th Fr Sa Su
       1  2  3  4  5                    1  2  3        1  2  3  4  5  6  7
 6  7  8  9 10 11 12        4  5  6  7  8  9 10        8  9 10 11 12 13 14
13 14 15 16 17 18 19       11 12 13 14 15 16 17       15 16 17 18 19 20 21
20 21 22 23 24 25 26       18 19 20 21 22 23 24       22 23 24 25 26 27 28
27 28 29 30                25 26 27 28 29 30 31       29 30

         July                     August                   September
Mo Tu We Th Fr Sa Su       Mo Tu We Th Fr Sa Su       Mo Tu We Th Fr Sa Su
       1  2  3  4  5                       1  2        1  2  3  4  5  6
 6  7  8  9 10 11 12        3  4  5  6  7  8  9        7  8  9 10 11 12 13
13 14 15 16 17 18 19       10 11 12 13 14 15 16       14 15 16 17 18 19 20
20 21 22 23 24 25 26       17 18 19 20 21 22 23       21 22 23 24 25 26 27
27 28 29 30 31             24 25 26 27 28 29 30       28 29 30
                           31

        October                  November                   December
Mo Tu We Th Fr Sa Su       Mo Tu We Th Fr Sa Su       Mo Tu We Th Fr Sa Su
          1  2  3  4                          1        1  2  3  4  5  6
 5  6  7  8  9 10 11        2  3  4  5  6  7  8        7  8  9 10 11 12 13
12 13 14 15 16 17 18        9 10 11 12 13 14 15       14 15 16 17 18 19 20
19 20 21 22 23 24 25       16 17 18 19 20 21 22       21 22 23 24 25 26 27
26 27 28 29 30 31          23 24 25 26 27 28 29       28 29 30 31
                           30
```

2. isleap(year)

判断是否为闰年,是则返回 True,否则返回 False。

```
>>> calendar.isleap(2000)
True
>>> calendar.isleap(2015)
False
```

怎么判断一年是闰年,常常见诸于一些编程语言的练习题,现在用一个方法搞定。

3. leapdays(y1, y2)

返回 y1、y2 两年之间的闰年总数,包括 y1,但不包括 y2,这有点如同序列的切片一样。

```
>>> calendar.leapdays(2000, 2004)
1
>>> calendar.leapdays(2000, 2003)
1
```

4. month(year, month, w=2, l=1)

返回 year 年 month 月日历,两行标题,一周一行。每日宽度间隔为 w 字符,每行的长度为 7* w+6,l 是每星期的行数。

```
>>> print(calendar.month(2015, 5))
      May 2015
Mo Tu We Th Fr Sa Su
             1  2  3
```

```
 4  5  6  7  8  9 10
11 12 13 14 15 16 17
18 19 20 21 22 23 24
25 26 27 28 29 30 31
```

5. monthcalendar(year,month)

返回一个列表,列表内的元素还是列表。每个子列表代表一个星期,都是从星期一到星期日,如果没有本月的日期,则为 0。

```
>>> calendar.monthcalendar(2015, 5)
[[0, 0, 0, 0, 1, 2, 3], [4, 5, 6, 7, 8, 9, 10], [11, 12, 13, 14, 15, 16, 17], [18, 19, 20, 21, 22, 23, 24], [25, 26, 27, 28, 29, 30, 31]]
```

读者可以将这个结果和 calendar.month(2015, 5)去对照理解。

6. monthrange(year, month)

返回一个元组,里面有两个整数。第一个整数代表着该月的第一天从星期几开始(从 0 开始,依次为星期一、星期二……直到 6 代表星期日)。第二个整数代表该月一共有多少天。

```
>>> calendar.monthrange(2015, 5)
(4, 31)
```

从返回值可知,2015 年 5 月 1 日是星期五,这个月一共 31 天。这个结果,也可以从日历中看到。

7. weekday(year,month,day)

输入年月日,知道该日是星期几(注意,返回值依然按照从 0 到 6 依次对应星期一到星期日)。

```
>>> calendar.weekday(2015, 5, 4)     #星期一
0
>>> calendar.weekday(2015, 6, 4)     #星期四
3
```

6.6.2 time

time 模块很常用,比如记录某个程序运行时间的长短等,下面一一道来其中的方法。

1. time()

```
>>> import time
>>>time.time()
1430745298.391026
```

time.time()获得的是当前时间(严格说是时间戳),只不过这个时间对人不友好,它是以 1970 年 1 月 1 日 0 时 0 分 0 秒为计时起点,到当前的时间长度(不考虑闰秒)。

与时间戳相关的名词,这里抄录两个来自《维基百科》中的解释,供读者参考。

时间戳(Timestamp)是指在一连串的数据中加入辨识文字,如时间或日期,用以保障本地端(Local)数据更新顺序与远程(Remote)一致。

UNIX 时间,或称 POSIX 时间,是 UNIX 或类 UNIX 系统使用的时间表示方式:从协调世

界时 1970 年 1 月 1 日 0 时 0 分 0 秒起至现在的总秒数，不考虑闰秒。

现时大部分使用 UNIX 的系统都是 32 位的，即它们会以 32 位二进制数字表示时间。但是它最多只能表示至协调世界时间 2038 年 1 月 19 日 3 时 14 分 07 秒（二进制：01111111 11111111 11111111 11111111，0x7FFF:FFFF），在下一秒二进制数字会是 10000000 00000000 00000000 00000000，（0x8000:0000），这是负数，因此各系统会把时间误解作 1901 年 12 月 13 日 20 时 45 分 52 秒（也有说回归到 1970 年）。这时可能会令软件发生问题，导致系统瘫痪。

目前的解决方案是把系统由 32 位转为 64 位。在 64 位系统下，此时间最多可以表示到 292 277 026 596 年 12 月 4 日 15 时 30 分 08 秒。

有没有对人友好一点的时间显示呢？

2. localtime()

```
>>> time.localtime()
time.struct_time(tm_year=2015, tm_mon=5, tm_mday=4, tm_hour=21, tm_min=33, tm_sec=39, tm_wday=0, tm_yday=124, tm_isdst=0)
```

这个就友好多了。得到的结果可以称之为时间元组（也有括号），其各项的含义如下表所示。

索引	属性	含义
0	tm_year	年
1	tm_mon	月
2	tm_mday	日
3	tm_hour	时
4	tm_min	分
5	tm_sec	秒
6	tm_wday	一周中的第几天
7	tm_yday	一年中的第几天
8	tm_isdst	夏令时

```
>>> t = time.localtime()
>>> t[1]
5
```

通过索引能够得到相应的属性，上面的例子中就得到了当前时间的月份。

其实，time.localtime()不是没有参数，它在默认情况下，以 time.time()的时间戳为参数。言外之意就是，可以自己输入一个时间戳，返回那个时间戳所对应的时间（按照公元和时分秒计时）。例如：

```
>>> time.localtime(100000)
time.struct_time(tm_year=1970, tm_mon=1, tm_mday=2, tm_hour=11, tm_min=46, tm_sec=40, tm_wday=4, tm_yday=2, tm_isdst=0)
```

3. gmtime()

localtime()得到的是本地时间，如果要国际化，则最好使用格林威治时间。可以这样操作：

```
>>> import time
>>> time.gmtime()
time.struct_time(tm_year=2015, tm_mon=5, tm_mday=4, tm_hour=23, tm_min=46, tm_sec=34, tm_wday=0, tm_yday=124, tm_isdst=0)
```

格林威治标准时间（中国大陆翻译为格林尼治平均时间或格林尼治标准时间，中国台、港、澳翻译为格林威治标准时间；Greenwich Mean Time，GMT）是指位于英国伦敦郊区的皇家格林威治天文台的标准时间，因为本初子午线被定义在通过那里的经线。

还有更友好的，请继续阅读。

4. asctime()

```
>>> time.asctime()
'Mon May  4 21:46:13 2015'
```

time.asctime()的参数为空时，默认是以 time.localtime()的值为参数，所以得到的是当前日期、时间和星期。当然，也可以自己设置参数：

```
>>> h = time.localtime(1000000)
>>> h
time.struct_time(tm_year=1970, tm_mon=1, tm_mday=12, tm_hour=21, tm_min=46, tm_sec=40, tm_wday=0, tm_yday=12, tm_isdst=0)
>>> time.asctime(h)
'Mon Jan 12 21:46:40 1970'
```

注意，time.asctime()的参数必须是时间元组，类似上面那种。不是时间戳，通过 time.time()得到的时间戳也可以转化为上面的形式。

5. ctime()

```
>>> time.ctime()
'Mon May  4 21:52:22 2015'
```

在没有参数的时候，事实上是以 time.time()的时间戳为参数，也可以自定义一个时间戳。

```
>>> time.ctime(1000000)
'Mon Jan 12 21:46:40 1970'
```

跟前面得到的结果是一样的，只不过用了时间戳作为参数。

在前述函数中，通过 localtime()、gmtime()得到的是时间元组，通过 time()得到的是时间戳。有的函数如 asctime()是以时间元组为参数，有的如 ctime()是以时间戳为参数，这样做的目的是为了满足编程中多样化的需要。

6. mktime()

mktime()也是以时间元组为参数，但是它返回的不是可读性更好的那种样式，而是：

```
>>> lt = time.localtime()
>>> lt
time.struct_time(tm_year=2015, tm_mon=5, tm_mday=5, tm_hour=7, tm_min=55, tm_sec=29, tm_wday=1, tm_yday=125, tm_isdst=0)
>>> time.mktime(lt)
1430783729.0
```

返回了时间戳，类似于 localtime()的逆过程（localtime()以时间戳为参数）。

好像还缺点什么，因为在编程中，用的比较多的是"字符串"，似乎还没有将时间转化为字符串的函数。这个应该有。

7. strftime()

函数格式稍微复杂一些。

```
Help on built-in function strftime in module time:

strftime(...)
    strftime(format[, tuple]) -> string

    Convert a time tuple to a string according to a format specification.
    See the library reference manual for formatting codes. When the time tuple
    is not present, current time as returned by localtime() is used.
```

将时间元组按照指定格式要求转化为字符串。如果不指定时间元组，就默认为 localtime() 值。之所以说其复杂，是在于其 format，需要用到下表所示的东西。

格 式	含 义	取值范围（格式）
%y	去掉世纪的年份	00～99，如 "15"
%Y	完整的年份	如 "2015"
%j	指定日期是一年中的第几天	001～366
%m	返回月份	01～12
%b	本地简化月份的名称	简写英文月份
%B	本地完整月份的名称	完整英文月份
%d	该月的第几日	如 5 月 1 日返回 "01"
%H	该日的第几时（24 小时制）	00～23
%I	该日的第几时（12 小时制）	01～12
%M	分钟	00～59
%S	秒	00～59
%U	在该年中的第几个星期（以周日为一周起点）	00～53
%W	同上，只不过是以周一为起点	00～53
%w	一星期中的第几天	0～6
%Z	时区	在中国大陆测试，返回 CST，即 China Standard Time
%x	日期	日/月/年
%X	时间	时:分:秒
%c	详细日期时间	日/月/年时:分:秒
%%	'%' 字符	'%' 字符
%p	上下午	AM or PM

简要列举如下：

```
>>> time.strftime("%y,%m,%d")
'15,05,05'
>>> time.strftime("%y/%m/%d")
'15/05/05'
```

分隔符可以自由指定。既然已经变成了字符串，那么就可以"随心所欲不逾矩"了。

8. strptime()

```
Help on built-in function strptime in module time:
```

```
strptime(...)
    strptime(string, format) -> struct_time

    Parse a string to a time tuple according to a format specification.
    See the library reference manual for formatting codes (same as strftime()).
```

strptime()的作用是将字符串转化为时间元组。需要注意的是，其参数要指定两个，一个是时间字符串，另一个是时间字符串所对应的格式，格式符号用上表中的。例如：

```
>>> today = time.strftime("%y/%m/%d")
>>> today
'15/05/05'
>>> time.strptime(today, "%y/%m/%d")
time.struct_time(tm_year=2015, tm_mon=5, tm_mday=5, tm_hour=0, tm_min=0, tm_sec=0, tm_wday=1, tm_yday=125, tm_isdst=-1)
```

6.6.3 datetime

虽然 time 模块已经能够把有关时间方面的东西搞定了，但是，在实际业务中还有更多复杂需求，呼唤着更多专有工具，这些专有工具将复杂的业务封装，让我们使用起来更简单，比如 datetime 就是其一。

datetime 模块中有以下几个类。

- date：日期类，常用的属性有 year/month/day。
- time：时间类，常用的有 hour/minute/second/microsecond。
- datetime：日期时间类。
- timedelta：时间间隔，即两个时间点之间的时间长度。
- tzinfo：时区类。

1. date 类

通过实例了解常用的属性：

```
>>> import datetime
>>> today = datetime.date.today()
>>> today
datetime.date(2015, 5, 5)
```

其实这里生成了一个日期对象，然后操作这个对象的各种属性。可以用 print 语句，以获得更佳的视觉：

```
>>> print(today)
2015-05-05
>>> print(today.ctime())
Tue May  5 00:00:00 2015
>>> print(today.timetuple())
time.struct_time(tm_year=2015, tm_mon=5, tm_mday=5, tm_hour=0, tm_min=0, tm_sec=0, tm_wday=1, tm_yday=125, tm_isdst=-1)
>>> print(today.toordinal())
735723
```

特别注意，如果妄图用 datetime.date.year()，则会报错，因为 year 不是一个方法，必须这样做才行：

```
>>> print(today.year)
2015
>>> print(today.month)
5
>>> print(today.day)
5
```

进一步看看时间戳与格式化时间格式的转换。

```
>>> to = today.toordinal()
>>> to
735723
>>> print(datetime.date.fromordinal(to))
2015-05-05

>>> import time
>>> t = time.time()
>>> t
1430787994.80093
>>> print(datetime.date.fromtimestamp(t))
2015-05-05
```

还可以更灵活一些，修改日期。

```
>>> d1 = datetime.date(2015,5,1)
>>> print(d1)
2015-05-01
>>> d2 = d1.replace(year=2005, day=5)
>>> print(d2)
2005-05-05
```

2. time 类

time 类也要生成 time 对象。

```
>>> t = datetime.time(1,2,3)
>>> print(t)
01:02:03
```

它的常用属性如下：

```
>>> print(t.hour)
1
>>> print(t.minute)
2
>>> print(t.second)
3
>>> t.microsecond
0
>>> print(t.tzinfo)
None
```

3. timedelta 类

timedelta 类主要用来做时间的运算。比如：

```
>>> now = datetime.datetime.now()
>>> print(now)
2015-05-05 09:22:43.142520
```

没有讲述 datetime 类，因为有了 date 和 time 类知识之后，这个类变得比较简单。

对 now 增加 5 个小时：

```
>>> b = now + datetime.timedelta(hours=5)
>>> print(b)
2015-05-05 14:22:43.142520
```

增加两周：

```
>>> c = now + datetime.timedelta(weeks=2)
>>> print(c)
2015-05-19 09:22:43.142520
```

计算时间差：

```
>>> d = c - b
>>> print(d)
13 days, 19:00:00
```

6.7 标准库举例：XML

6.7.1 XML

XML 在软件领域的用途非常广泛，有名人曰：

"当 XML（扩展标记语言）于 1998 年 2 月被引入软件工业界时，它给整个行业带来了一场风暴。有史以来第一次，这个世界拥有了一种用来结构化文档和数据的通用且适应性强的格式，它不仅可以用于 Web，而且还可以被用于任何地方。"

——*Designing With Web Standards Second Edition*, Jeffrey Zeldman

如果要对 XML 做一个定义式的说明，就不得不引用 w3school 里面简洁而明快的说明：

- XML 指可扩展标记语言（EXtensible Markup Language）；
- XML 是一种标记语言，类似 HTML；
- XML 的设计宗旨是传输数据，而非显示数据；
- XML 标签没有被预定义，需要自行定义标签；
- XML 被设计为具有自我描述性。
- XML 是 W3C 的推荐标准。

如果读者要详细了解和学习 XML，可以阅读 w3school 的教程（http://www.w3school.com.cn/xml/xml_intro.asp）。

XML 的重要性在于它是用来传输数据的，因此，特别是在 Web 编程中，经常要用到它。

有了它，让数据传输变得更简单。这么重要，Python 当然支持。

一般来讲，一个引人关注的东西总会有很多人从不同侧面去研究它。在编程语言中也是如此，所以，对 XML 这个明星式的东西，Python 提供了多种模块来处理。

- xml.dom.* 模块：Document Object Model。适合用于处理 DOM API。它能够将 XML 数据在内存中解析成一个树，然后通过对树的操作来操作 XML。但是，这种方式由于将 XML 数据映射到内存中的树，导致比较慢，且消耗更多内存。
- xml.sax.* 模块：simple API for XML。由于 SAX 以流式读取 XML 文件，从而速度较快，占用内存少，但是操作上稍复杂，需要用户实现回调函数。
- xml.parser.expat：是一个直接的、低级一点的基于 C 的 expat 的语法分析器。expat 接口基于事件反馈，有点像 SAX 但又不太像，因为它的接口并不是完全规范于 expat 库的。
- xml.etree.ElementTree （以下简称 ET）：元素树。它提供了轻量级的 Python 式的 API，相对于 DOM，ET 快了很多，而且有很多令人愉悦的 API 可以使用；相对于 SAX，ET 也有 ET.iterparse 提供了"在空中"的处理方式，没有必要加载整个文档到内存，节省内存。ET 的性能的平均值和 SAX 差不多，但是 API 的效率更高一些，而且使用起来很方便。所以，用 xml.etree.ElementTree。

6.7.2 遍历查询

先要做一个 XML 文档。这里图省事，就用 w3school 中的一个例子，如下图所示。

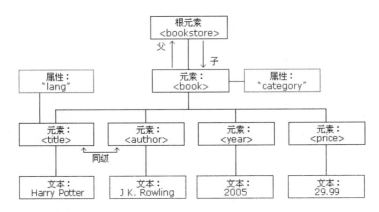

这是一棵树，先把这棵树写成 XML 文档格式：

```
<bookstore>
<book category="COOKING">
<title lang="en">Everyday Italian</title>
<author>Giada De Laurentiis</author>
<year>2005</year>
<price>30.00</price>
</book>
<book category="CHILDREN">
<title lang="en">Harry Potter</title>
<author>J K. Rowling</author>
<year>2005</year>
```

```
<price>29.99</price>
</book>
<book category="WEB">
<title lang="en">Learning XML</title>
<author>Erik T. Ray</author>
<year>2003</year>
<price>39.95</price>
</book>
</bookstore>
```

将其保存并命名为 22601.xml 文件。接下来就是以它为对象,练习各种招数了。

```
>>> import xml.etree.ElementTree as ET
>>> tree = ET.ElementTree(file="22601.xml")
>>> tree
<ElementTree object at 0xb724cc2c>
```

建立起 XML 解析树对象,然后通过根节点向下开始读取各个元素(element 对象)。

在上述 XML 文档中,根元素是 bookstore,它没有属性,或者属性为空。

```
>>> root = tree.getroot()        #获得根
>>> root.tag
'bookstore'
>>> root.attrib
{}
```

要想将根下面的元素都读出来,可以进行如下操作:

```
>>> for child in root:
...     print(child.tag, child.attrib)
...
book {'category': 'COOKING'}
book {'category': 'CHILDREN'}
book {'category': 'WEB'}
```

也可以这样读取指定元素的信息:

```
>>> root[0].tag
'book'
>>> root[0].attrib
{'category': 'COOKING'}
>>> root[0].text        #无内容
'\n        '
```

再深入一层,就有内容了:

```
>>> root[0][0].tag
'title'
>>> root[0][0].attrib
{'lang': 'en'}
>>> root[0][0].text
'Everyday Italian'
```

对于 ElementTree 对象,有一个 iter()方法可以对指定名称的子节点进行深度优先遍历。例如:

```
>>> for ele in tree.iter(tag="book"):        #遍历名称为 book 的节点
...     print(ele.tag, ele.attrib)
...
book {'category': 'COOKING'}
book {'category': 'CHILDREN'}
book {'category': 'WEB'}

>>> for ele in tree.iter(tag="title"):       #遍历名称为 title 的节点
...     print(ele.tag, ele.attrib, ele.text)...
title {'lang': 'en'} Everyday Italian
title {'lang': 'en'} Harry Potter
title {'lang': 'en'} Learning XML
```

如果不指定元素名称，就是将所有的元素遍历一遍。

```
>>> for ele in tree.iter():
...     print(ele.tag, ele.attrib)...
bookstore {}
book {'category': 'COOKING'}
title {'lang': 'en'}
author {}
year {}
price {}
book {'category': 'CHILDREN'}
title {'lang': 'en'}
author {}
year {}
price {}
book {'category': 'WEB'}
title {'lang': 'en'}
author {}
year {}
price {}
```

除了上面的方法，还可以通过路径搜索到指定的元素，然后读取其内容，这就是 xpath。此处对 xpath 不做详解，有兴趣的读者可以到网上搜索有关信息。

```
>>> for ele in tree.iterfind("book/title"):
...     print(ele.text)
...
Everyday Italian
Harry Potter
Learning XML
```

利用 findall()方法，也可以实现查找功能：

```
>>> for ele in tree.findall("book"):
...     title = ele.find('title').text
...     price = ele.find('price').text
...     lang = ele.find('title').attrib
...     print(title, price, lang)
...
Everyday Italian 30.00 {'lang': 'en'}
Harry Potter 29.99 {'lang': 'en'}
Learning XML 39.95 {'lang': 'en'}
```

6.7.3 编辑

除了读取有关数据，还能对 XML 进行编辑，即增、删、改、查功能。还是以上面的 XML 文档为例：

```
>>> root[1].tag
'book'
>>> del root[1]
>>> for ele in root:
...     print(ele.tag)
...
book
book
```

如此，成功删除了一个节点，原来有三个 book 节点，现在就还剩两个了。打开源文件再看看，是不是正好少了第二个节点呢？一定让你很失望，源文件居然没有变化。

的确如此，源文件没有变化，因为至此的修改动作还是停留在内存中，还没有将修改结果输出到文件。不要忘记，我们是在内存中建立的 ElementTree 对象。再这样做：

```
>>> import os
>>> outpath = os.getcwd()
>>> file = outpath + "/22601.xml"
```

把当前文件路径拼装好。

```
>>> tree.write(file)
```

然后再看源文件，已经变成两个节点了。

除了删除，也能够修改：

```
>>> for price in root.iter("price"):    #原来每本书的价格
...     print(price.text)
...
30.00
39.95
>>> for price in root.iter("price"):    #每本上涨7元，并且增加属性标记
...     new_price = float(price.text) + 7
...     price.text = str(new_price)
...     price.set("updated","up")
...
>>> tree.write(file)
```

查看源文件：

```
<bookstore>
<book category="COOKING">
<title lang="en">Everyday Italian</title>
<author>Giada De Laurentiis</author>
<year>2005</year>
<price updated="up">37.0</price>
</book>
<book category="WEB">
```

```
<title lang="en">Learning XML</title>
<author>Erik T. Ray</author>
<year>2003</year>
<price updated="up">46.95</price>
</book>
</bookstore>
```

不仅价格修改了，而且在 price 标签里面增加了属性标记。

上面是用 del 来删除某个元素，其实，这在编程中用的并不多，而是更喜欢用 remove()方法。比如，要删除 price > 40 的书，可以这样操作：

```
>>> for book in root.findall("book"):
...     price = book.find("price").text
...     if float(price) > 40.0:
...         root.remove(book)
...
>>> tree.write(file)
```

于是就会有这样的结果：

```
<bookstore>
<book category="COOKING">
<title lang="en">Everyday Italian</title>
<author>Giada De Laurentiis</author>
<year>2005</year>
<price updated="up">37.0</price>
</book>
</bookstore>
```

接下来就要增加元素了。

```
>>> import xml.etree.ElementTree as ET
>>> tree = ET.ElementTree(file="22601.xml")
>>> root = tree.getroot()
>>> ET.SubElement(root, "book")         #在 root 里面添加 book 节点
<Element 'book' at 0xb71c7578>
>>> for ele in root:
...     print(ele.tag)
...
book
book
>>> b2 = root[1]                         #得到新增的 book 节点
>>> b2.text = "python"                   #添加内容
>>> tree.write("22601.xml")
```

查看源文件：

```
<bookstore>
<book category="COOKING">
<title lang="en">Everyday Italian</title>
<author>Giada De Laurentiis</author>
<year>2005</year>
<price updated="up">37.0</price>
```

```
</book>
<book>python</book>
</bookstore>
```

6.7.4 常用属性和方法总结

ET 里面的属性和方法很多,这里列出常用的几个,供使用中备查。

1. Element 对象

常用属性如下。

- tag:string,元素数据种类。
- text:string,元素的内容。
- attrib:dictionary,元素的属性字典。
- tail:string,元素的尾形。

针对属性的操作如下。

- clear():清空元素的后代、属性、text 和 tail 也设置为 None。
- get(key, default=None):获取 key 对应的属性值,如该属性不存在,则返回 default 值。
- items():根据属性字典返回一个列表,列表元素为(key, value)。
- keys():返回包含所有元素属性键的列表。
- set(key, value):设置新的属性键与值。

针对后代的操作如下。

- append(subelement):添加直系子元素。
- extend(subelements):增加一串元素对象作为子元素。
- find(match):寻找第一个匹配子元素,匹配对象可以为 tag 或 path。
- findall(match):寻找所有匹配子元素,匹配对象可以为 tag 或 path。
- findtext(match):寻找第一个匹配子元素,返回其 text 值。匹配对象可以为 tag 或 path。
- insert(index, element):在指定位置插入子元素。
- iter(tag=None):生成遍历当前元素所有后代或者给定 tag 的后代的迭代器。
- iterfind(match):根据 tag 或 path 查找所有的后代。
- itertext():遍历所有后代并返回 text 值。
- remove(subelement):删除子元素。

2. ElementTree 对象

- find(match)。
- findall(match)。
- findtext(match, default=None)。
- getroot():获取根节点。
- iter(tag=None)。

- iterfind(match)。
- parse(source, parser=None)：装载 XML 对象，source 可以为文件名或文件类型对象。
- write(file, encoding="us-ascii", xml_declaration=None, default_namespace=None,method="xml")。

6.8 标准库举例：JSON

就传递数据而言，XML 是一种选择，这里还有另外一种选择——JSON。它是一种轻量级的数据交换格式，如果读者要做 Web 编程，则会用到它。参考《维基百科》的相关内容，对 JSON 做如下介绍。

JSON（JavaScript Object Notation）是一种由道格拉斯·克罗克福特构想设计、轻量级的数据交换语言，以文字为基础，且易于让人阅读。尽管 JSON 是 JavaScript 的一个子集，但 JSON 是独立于语言的文本格式，并且采用了类似 C 语言家族的一些习惯。

关于 JSON 更为详细的内容，可以参考其官方网站：http://www.json.org。

从上述网站摘取部分内容，来了解一下 JSON 的结构。

JSON 建构于两种结构基础之上：

- "名称/值"对的集合（A collection of name/value pairs）。不同的语言中，它被理解为对象（object）、纪录（record）、结构（struct）、字典（dictionary）、哈希表（hash table）、有键列表（keyed list）、或者关联数组（associative array）。
- 值的有序列表（An ordered list of values）。在某些语言中，它被理解为数组（array），类似于 Python 中的类表。

Python 标准库中有 JSON 模块，主要是执行序列化和反序列化功能。

- 序列化：encoding，把一个 Python 对象编码转化成 JSON 字符串；
- 反序列化：decoding，把 JSON 格式字符串解码转换为 Python 数据对象。

6.8.1 基本操作

JSON 模块相对 XML 简单了很多：

```
>>> import json
>>> json.__all__
['dump', 'dumps', 'load', 'loads', 'JSONDecoder', 'JSONEncoder']
```

1. encoding: dumps()

```
>>> data = [{"name":"qiwsir", "lang":("python", "english"), "age":40}]
>>> data
[{'lang': ('python', 'english'), 'age': 40, 'name': 'qiwsir'}]
>>> data_json = json.dumps(data)
>>> data_json
'[{"lang": ["python", "english"], "name": "qiwsir", "age": 40}]'
```

encoding 的操作比较简单，请注意观察 data 和 data_json 的不同——lang 的值从元组变成了列表，还有不同：

```
>>> type(data_json)
<class 'str'>
>>> type(data)
<class 'list'>
```

2. decoding: loads()

decoding 的过程也像上面一样简单：

```
>>> new_data = json.loads(data_json)
>>> new_data
[{u'lang': [u'python', u'english'], u'age': 40, u'name': u'qiwsir'}]
```

需要注意的是，解码之后并没有将值中的列表还原为元组。

上面的 data 都不是很长，还能凑合阅读，如果很长，阅读就有难度了。所以，JSON 的 dumps() 提供了可选参数，利用它们能在输出上对人更友好（这对机器是无所谓的）。

```
>>> data_j = json.dumps(data, sort_keys=True, indent=2)
>>> print(data_j)
[
  {
    "age": 40,
    "lang": [
      "python",
      "english"
    ],
    "name": "qiwsir"
  }
]
```

sort_keys=True，意思是按照键的字典顺序排序；indent=2 是让每个键值对显示的时候，以缩进两个字符对齐。这样的视觉效果好多了。

6.8.2 大 JSON 字符串

如果数据不是很大，上面的操作就足够了。但现在是所谓的"大数据"时代，很多业务都在说自己是大数据，显然不能总让 JSON 很小。事实上，真正的大数据，再大的 JSON 也不够。前面的操作方法是将数据都读入内存，如果数据太大就会内存溢出。怎么办？tempfile 是一个解决此问题的模块。注意，跟上面已经用过的函数相比是不同的，请仔细观察。

```
>>> import tempfile
>>> data = [{'lang': ('python', 'english'), 'age': 40, 'name': 'qiwsir'}]
>>> f = tempfile.NamedTemporaryFile(mode='w+')
>>> json.dump(data, f)
>>> f.flush()
>>> print(open(f.name, "r").read())
[{"lang": ["python", "english"], "age": 40, "name": "qiwsir"}]
```

6.9 第三方库

标准库的内容已经非常多了，前面仅仅列举了几个，但是 Python 给编程者的支持不仅仅在于标准库，它还有不可胜数的第三方库。因此，如果作为一个 Pythoner，即使你达到了 Master 的水平，在做某个事情之前最好还是在网上搜一下是否有标准库或者第三方库来替你完成。因为伟大的艾萨克·牛顿爵士说过：

"如果我比别人看得更远，那是因为我站在巨人的肩上"。

编程，就要站在巨人的肩上。标准库和第三方库及其提供者，就是巨人，我们应当谦卑地向他们学习，并应用其成果。

6.9.1 安装第三方库

安装第三方库的方法有多种，不同方法有不同的优缺点，读者可以根据自己的喜好或者实际的工作情景来选择。

1. 方法一：利用源码安装

在 github.com 网站可以下载第三方库的源码（注意：github 不是源码的唯一来源，只不过很多源码都在这个网站上），得到源码之后，在本地安装。

如果你下载的是一个文件包，即得到的源码格式为 zip、tar.zip、tar.bz2 的压缩文件，则需要先解压，然后进入其目录；如果你能熟练使用 git 命令，则可以直接从 github 中 clone 源码到本地计算机上，然后进入该目录。

通常会看见一个 setup.py 文件。

```
python setup.py install
```

在这里可能对其他操作系统的读者就漠视了，因为笔者用的是 Ubuntu，读者可以根据自己的操作系统确定安装方法。

如此，就能把这个第三方库安装到系统里。具体位置要视操作系统和当初安装 Python 环境时设置的路径而定。

这种安装方法有时候麻烦一些，但是比较灵活，主要体现在：

- 可以下载安装自己选定的任意版本的第三方库，比如最新版，或者更早的某个版本，所以在某些有特殊需要的时候，常常使用这种方式安装。
- 通过安装设置可以指定安装目录，自由度比较高。

有安装就要有卸载，卸载所安装的第三方库非常简单，只需要到 Python 的 site-packages 目录，直接删掉第三方库文件即可卸载。

2. 方法二：pip

用源码安装不是笔者所推荐的，笔者推荐的是用第三方库的管理工具安装。

有一个网站是专门用来存储第三方库的，所有在这个网站上，可以用 pip 或者 easy_install 这种安装工具来安装。网站的地址为：https://pypi.python.org/pypi。

pip 是一个以 Python 计算机程序语言写成的软件包管理系统，它可以安装和管理软件包。另外，不少的软件包也可以在"Python 软件包索引"（Python Package Index，PyPI）中找到（源自《维基百科》）。

首先，要安装 pip。读者可以先检查一下，在你的操作系统中是否已经有了 pip，因为有的操作系统，或者已经预先安装了，或者在安装 Python 的时候安装了。如果确信没有安装，就要针对你的操作系统进行安装，例如在 Ubutun 中（安装与 Python 3 相对应的 pip3）：

```
sudo apt-get install python3-pip
```

当然，也下载文件 get-pip.py（https://bootstrap.pypa.io/get-pip.py），然后执行 python get-pip.py 来安装。这个方法也适用于 Windows 系统。

这样 pip3 就安装好了，然后你就可以淋漓尽致地安装第三方库了。之所以如此，是因为只需要执行 pip3 install XXXXXX（XXXXXX 代表第三方库的名字，如果读者做了特别的设置，如修改软链接，或者不再考虑 Python 2 的相关安装了，那么可以直接使用 pip.install.xxxxx 的方式进行安装）即可。当然，前提是那个库已经在 PyPI 里面了。

当第三方库安装完毕后，接下来的使用就如同前面标准库一样。

6.9.2 举例：requests 库

以 requests 模块为例，来说明第三方库的安装和使用。requests 是一个用于在程序中进行 http 协议下的 get 和 post 请求的模块，并且被网友说成"好用得要哭"。

> 说明：下面的内容由网友 1world0x00 提供，笔者仅做了适当编辑，因为网站的变更，所以文中的举例所得内容可能与当前网站内容不一致，而且原文是基于 Python 2，笔者在编写过程中，将部分语句进行了适合 Python 3 的修改。并且因为 requests 的更新，也会跟读者所最新安装的有差异，请读者在阅读中注意，不过不影响学习。

1. 安装

```
$ sudo pip3 install requests
```

安装好之后，在交互模式下：

```
>>> import requests
>>> dir(requests)
['ConnectTimeout', 'ConnectionError', 'DependencyWarning', 'FileModeWarning',
'HTTPError', 'NullHandler', 'PreparedRequest', 'ReadTimeout', 'Request',
'RequestException', 'Response', 'Session', 'Timeout', 'TooManyRedirects', 'URLRequired',
'__author__', '__build__', '__builtins__', '__cached__', '__copyright__', '__doc__',
'__file__', '__license__', '__loader__', '__name__', '__package__', '__path__',
'__spec__', '__title__', '__version__', 'adapters', 'api', 'auth', 'certs', 'codes',
'compat', 'cookies', 'delete', 'exceptions', 'get', 'head', 'hooks', 'logging', 'models',
'options', 'packages', 'patch', 'post', 'put', 'request', 'session', 'sessions',
'status_codes', 'structures', 'utils', 'warnings']
```

从上面的列表中可以看出，在 http 中常用到的 get、cookies、post 等都赫然在目。

2. get 请求

```
>>> r = requests.get("http://www.itdiffer.com")
```

得到一个请求的实例，然后：

```
>>> r.cookies
<RequestsCookieJar[]>
```

这个网站对客户端没有写任何 cookies 内容（当读者阅读到本书的时候，可能结果与上面的显示不同，因为 www.itdiffer.com 网站也在不断发展变化，目的是给所有学习编程的读者提供更多的学习资料）。换一个看看：

```
>>> r = requests.get("http://www.1world0x00.com")
>>> r.cookies
<<class 'requests.cookies.RequestsCookieJar'>[Cookie(version=0, name='PHPSESSID', value='buqj70k7f9rrg51emsvatveda2', port=None, port_specified=False, domain='www.1world0x00.com', domain_specified=False, domain_initial_dot=False, path='/', path_specified=True, secure=False, expires=None, discard=True, comment=None, comment_url=None, rest={}, rfc2109=False)]>
```

　　仔细观察，是不是看到了 cookie 的 name 和 value，结合对网络有关知识的理解，是不是有一种豁然开朗的感觉（当读者按照上面代码操作的时候，不知道那个网址是否还有效，如果无效，则可以更换其他网址）？

　　继续，还可以查看其他属性。

```
>>> r.headers
{'x-powered-by': 'PHP/5.3.3', 'transfer-encoding': 'chunked', 'set-cookie': 'PHPSESSID=buqj70k7f9rrg51emsvatveda2; path=/', 'expires': 'Thu, 19 Nov 1981 08:52:00 GMT', 'keep-alive': 'timeout=15, max=500', 'server': 'Apache/2.2.15 (CentOS)', 'connection': 'Keep-Alive', 'pragma': 'no-cache', 'cache-control': 'no-store, no-cache, must-revalidate, post-check=0, pre-check=0', 'date': 'Mon, 10 Nov 2014 01:39:03 GMT', 'content-type': 'text/html; charset=UTF-8', 'x-pingback': 'http://www.1world0x00.com/index.php/action/xmlrpc'}

>>> r.encoding
'UTF-8'

>>> r.status_code
200
```

　　这些都是在客户端看到的网页基本属性。

　　下面这个比较长，是网页的内容，这里仅截取部分显示：

```
>>> print(r.text)

<!DOCTYPE html>
<html lang="zh-CN">
<head>
<meta charset="utf-8">
<meta name="viewport" content="width=device-width, initial-scale=1.0">
<title>1world0x00sec</title>
<link rel="stylesheet" href="http://www.1world0x00.com/usr/themes/default/style.min.css">
<link rel="canonical" href="http://www.1world0x00.com/" />
<link rel="stylesheet" type="text/css" href="http://www.1world0x00.com/usr/plugins/CodeBox/css/codebox.css" />
<meta name="description" content="爱生活，爱拉芳。还能做朋友。" />
<meta name="keywords" content="php" />
<link rel="pingback" href="http://www.1world0x00.com/index.php/action/xmlrpc" />

......
```

　　请求发出后，requests 会基于 http 头部对相应的编码做出有根据的推测，当你访问 r.text 时，requests 会使用其推测的文本编码。你可以找出 requests 使用了什么编码，并且能够使用 r.coding 属性来改变它。

```
>>> r.content
```

```
'\xef\xbb\xbf\xef\xbb\xbf<!DOCTYPE html>\n<html lang="zh-CN">\n    <head>\n        <meta charset="utf-8">\n        <meta name="viewport" content="width=device-width, initial-scale=1.0">\n        <title>1world0x00sec</title>\n        <link rel="stylesheet" href="http://www.1world0x00.com/usr/themes/default/style.min.css">\n<link ......
```

以二进制的方式打开服务器并返回数据。

3. post 请求

假如你向某个服务器发送一些数据，可能会使用 post 的方式，用 requests 模块实现这种请求比较简单，只需要传递一个字典给 data 参数即可。

```
>>> import requests
>>> payload = {"key1":"value1","key2":"value2"}
>>> r = requests.post("http://httpbin.org/post")
>>> r1 = requests.post("http://httpbin.org/post", data=payload)
```

r 没有加 data 的请求，得到的效果如下：

```
{
  "args": {},
  "data": "",
  "files": {},
  "form": {},
  "headers": {
    "Accept": "*/*",
    "Accept-Encoding": "gzip, deflate",
    "Connection": "close",
    "Content-Length": "0",
    "Host": "httpbin.org",
    "User-Agent": "python-requests/2.4.3 CPython/2.7.8 Windows/7",
    "X-Request-Id": "19ed80fc-ffe6-4dc0-b83a-08dba09daf88"
  },
  "json": null,
  "origin": "118.113.116.160",
  "url": "http://httpbin.org/post"
}
```

r1 为 data 提供了值，得到的效果如下：

```
{
  "args": {},
  "data": "",
  "files": {},
  "form": {
    "key1": "value1",
    "key2": "value2"
  },
  "headers": {
    "Accept": "*/*",
    "Accept-Encoding": "gzip, deflate",
    "Connection": "close",
    "Content-Length": "23",
    "Content-Type": "application/x-www-form-urlencoded",
    "Host": "httpbin.org",
    "User-Agent": "python-requests/2.4.3 CPython/2.7.8 Windows/7",
    "X-Request-Id": "b8ba897f-44c9-4922-b157-562e0cf07bcd"
  },
  "json": null,
  "origin": "118.113.116.160",
  "url": "http://httpbin.org/post"
}
```

比较上面两个结果，发现后者当 data 被赋值后，在结果中 form 的值即为 data 所传入的数据，它就是 post 给服务器的内容。

4．http 头部

```
>>> r.headers['content-type']
'application/json'
```

注意，引号里面的内容不区分大小写（'CONTENT-TYPE'也可以）。

还能够自定义头部：

```
>>> r.headers['content-type'] = 'adad'
>>> r.headers['content-type']
'adad'
```

定制头部的时候，如果需要定制的项目有很多，则一般会用到字典类型的数据。

网上有一个更为详细叙述有关 requests 模块的网页，可以参考：http://requests-docs-cn.readthedocs.org/zh_CN/latest/index.html。

通过一个实例，展示第三方模块的应用方法，其实没有什么特殊的地方，安装后和用标准库模块一样。

根据笔者的个人经验，第三方模块常常在某个方面做得更好，或者性能更优化，所以，不要将其放在我们的视野之外。

第7章

操作数据

本章向读者介绍几种保存数据的方式，另外，还要对数据进行增加、删除、修改、查找（增删改查）等操作。

7.1 将数据存入文件

此前，已经知道了如何读写文件。

程序执行结果，就是产生一些数据，一般情况下，这些数据要保存到磁盘中，最简单的方法就是写入到某个文件。但是，这种文件又不仅仅是某种 CSV 文件，而是专门存储数据的文件，并且各种不同格式的数据存储文件操作方式略有差别。

简而言之，就是要将存储的对象格式化（或者叫作序列化），才好存好取。这有点类似集装箱的作用。

7.1.1 pickle

pickle 是标准库中的一个模块，在 Python 2 中还有一个 cpickle，两者的区别就是后者更快。而在 Python 3 中，只需要 import pickle 即可，因为它已经在 Python 3 中具备了 Python 2 中的 cpickle 同样的性能。

```
>>> import pickle
>>> integers = [1, 2, 3, 4, 5]
>>> f = open("22901.dat", "wb")
>>> pickle.dump(integers, f)
>>> f.close()
```

用 pickle.dump(integers, f)将数据 integers 保存到了文件 22901.dat 中。如果你要打开这个文件看里面的内容，可能会有点失望，但是它对计算机是友好的。这个步骤可以称之为将对象序列化。用到的方法是：pickle.dump(obj,file[,protocol])

- obj：序列化对象。在上面的例子中是一个列表，它是 Python 默认的数据类型，也可以使用自己定义类型的对象。

- file：要写入的文件。可以更广泛地理解为拥有 write() 方法的对象。

以上很简单地就实现了数据的序列化，即写入。另外一种常用操作就是读取文件中的数据，也称之为反序列化。

```
>>> integers = pickle.load(open("22901.dat", "rb"))
>>> integers
[1, 2, 3, 4, 5]
```

这就是 pickle 的基本应用。如果读者有意继续深入了解，可以阅读帮助文档（官网文档地址：https://docs.python.org/3/library/pickle.html）。

7.1.2 shelve

pickle 模块已经表现出它足够好的一面了。不过，由于数据的复杂性，pickle 只能完成一部分工作，在其他更复杂的情况下，它就稍显麻烦了。于是，又有了 shelve。

shelve 模块也是标准库中的。先看一下其基本的写、读操作。

```
>>> import shelve
>>> s = shelve.open("22901.db")
>>> s["name"] = "www.itdiffer.com"
>>> s["lang"] = "python"
>>> s["pages"] = 1000
>>> s["contents"] = {"first":"base knowledge","second":"day day up"}
>>> s.close()
```

以上完成了数据写入的过程，其实，这很接近数据库的样式了。下面是读操作。

```
>>> s = shelve.open("22901.db")
>>> name = s["name"]
>>> print(name)
www.itdiffer.com
>>> contents = s["contents"]
>>> print(contents)
{'second': 'day day up', 'first': 'base knowledge'}
```

看到输出的内容，你一定会想到，可以用 for 语句来读。想到了就用代码来测试，这就是 Python 交互模式的便利之处。

```
>>> for k in s:
...     print(k, s[k])
...
contents {'second': 'day day up', 'first': 'base knowledge'}
lang python
pages 1000
name www.itdiffer.com
```

不管是写操作还是读操作，似乎都简化了。所建立的对象被变量 s 引用，就如同字典一样，可称之为类字典对象（"类字典"这种说法在后续会经常被提及）。所以，可以如同操作字典那样来操作它。

但是，小心有坑：

```
>>> f = shelve.open("22901.db")
```

```
>>> f["author"] = ['qiwsir']
>>> f["author"]
['qiwsir']
>>> f["author"].append("Hertz")      #试图增加一个，操作之后没有报错
>>> f["author"]                       #坑就在这里
['qiwsir']
>>> f.close()
```

当试图修改一个已有键的值时没有报错，但是并没有修改成功。要填平这个坑，需要这样做：

```
>>> f = shelve.open("22901.db", writeback=True)    #多一个参数 True
>>> f["author"]                       #坑就在这里
['qiwsir']
>>> f["author"].append("Hertz")
>>> f["author"]
['qiwsir', 'Hertz']
>>> f.close()
```

再用 for 循环一下：

```
>>> f = shelve.open("22901.db")
>>> for k,v in f.items():
...     print(k,": ",v)
...
contents :  {'second': 'day day up', 'first': 'base knowledge'}
lang :  python
pages :  1000
author :  ['qiwsir', 'Hetz']
name :  www.itdiffer.com
```

shelve 更像数据库了。不过，它还不是真正的数据库，真正的数据库在后面。

7.2 操作 MySQL 数据库

尽管用文件形式将数据保存到磁盘已经是一种不错的方式，但是人们还是发明了更具有格式化特点，并且写入和读取更快速便捷的东西——数据库。《维基百科》对数据库有比较详细的说明：

数据库指的是以一定方式储存在一起、能为多个用户共享、具有尽可能小的冗余度、与应用程序彼此独立的数据集合。

到目前为止，地球上的主流数据库有三种。

- 关系型数据库：MySQL、Microsoft Access、SQL Server、Oracle 等。
- 非关系型数据库：MongoDB、BigTable（Google）等。
- 键值数据库：Apache Cassandra（Facebook）、LevelDB（Google）等。

7.2.1 概况

MySQL 是一个使用非常广泛的数据库，很多网站都使用它。关于这个数据库有很多传说，

例如《维基百科》上有这么一段：

MySQL 原本是一个开放源代码的关系数据库管理系统，原开发者为瑞典的 MySQL AB 公司，该公司于 2008 年被升阳微系统（Sun Microsystems）公司收购。2009 年，甲骨文公司（Oracle）收购升阳微系统公司，MySQL 成为 Oracle 旗下产品。

MySQL 在过去由于性能高、成本低、可靠性好，已经成为最流行的开源数据库，因此被广泛地应用在 Internet 上的中小型网站中。随着 MySQL 的不断成熟，它也逐渐用于更多大规模网站和应用，比如维基百科、Google 和 Facebook 等网站。非常流行的开源软件组合 LAMP 中的"M"指的就是 MySQL。

但被甲骨文公司收购后，Oracle 大幅调涨 MySQL 商业版的售价，且甲骨文公司不再支持另一个自由软件项目 OpenSolaris 的发展，因此导致自由软件社区们对于 Oracle 是否还会持续支持 MySQL 社区版（MySQL 之中唯一的免费版本）有所隐忧，因此原先一些使用 MySQL 的开源软件逐渐转向其他的数据库。例如，维基百科已于 2013 年正式宣布将从 MySQL 迁移到 MariaDB 数据库。

不管怎样，MySQL 依然是一个不错的数据库选择，足够支持读者完成一个不小的网站。

7.2.2 安装

笔者用 Ubuntu 操作系统来演示 MySQL 的安装，因为将来在真正的工程项目中，相信读者多数情况下要操作 Linux 系统的服务器。

第一步，在终端运行如下命令：

```
sudo apt-get install mysql-servern
```

在安装过程中，会出现让你输入密码的提示，如下图所示，这是数据库 root 账号的密码，要牢记。

基本上安装过程不用读者干预，当你看到如下图所示的信息之后，就说明安装完成了。

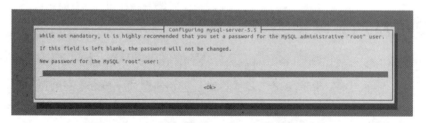

安装完毕，默认状态下 MySQL 已经运行。例如，可以使用如下方式查看是否正在运行。

```
$ ps aux | grep mysql
```

从查询结果中可以看到正在运行的 MySQL 的端口等信息。例如，笔者的查询结果如下图所示。

```
qiwsir@ubuntu:~$ ps aux | grep mysql
mysql     25125  0.1  1.3 550224 56044 ?        Ssl  12:28   0:03 /usr/sbin/mysqld
```

如果没有运行，则可以用下面的命令将 MySQL 运行起来。

service mysqld start

当然，按照上面的流程安装，如果能够成功，是幸运的；如果没有成功，则更是幸运的——有机会研究自己的问题，提升自己的能力了，这时候一定不要忘记 Google 大神。

7.2.3 运行

进入数据库的交互模式中，是操作这个数据库的基本方式之一。

```
$ mysql -u root -p
Enter password:
```

输入数据库的密码后会出现：

```
Welcome to the MySQL monitor.  Commands end with ; or \g.
Your MySQL connection id is 373
Server version: 5.5.38-0ubuntu0.14.04.1 (Ubuntu)

Copyright (c) 2000, 2014, Oracle and/or its affiliates. All rights reserved.

Oracle is a registered trademark of Oracle Corporation and/or its
affiliates. Other names may be trademarks of their respective
owners.

Type 'help;' or '\h' for help. Type '\c' to clear the current input statement.

mysql>
```

恭喜你，已经进入到数据库操作界面了，接下来就可以对这个数据进行操作。例如：

```
mysql> show databases;
+--------------------+
| Database           |
+--------------------+
| information_schema |
| mysql              |
| performance_schema |
+--------------------+
3 rows in set (0.00 sec)
```

"show databases;"的含义是要列出当前已经有的数据库。

对数据库的操作，除了用命令之外，还可以使用一些可视化工具，如 phpmyadmin（phpmyadmin 是基于 PHP 的一个数据库管理工具，读者不要因为学习 Python 就排斥 PHP）。

更多关于数据库操作的知识这里就不介绍了，读者可以参考有关书籍。

MySQL 数据库已经安装好，但是 Python 还不能操作它，还要继续安装 Python 操作数据库的模块——PyMySQL。

7.2.4 安装 PyMySQL

PyMySQL 是 Python 操作数据库的模块。

在编程中会遇到很多类似模块，也称之为接口程序，通过接口程序对另外一个对象进行操作。接口程序就好比钥匙，如果要开锁，直接用手指去捅肯定是不行的，必须要借助工具插入到锁孔中才能把锁打开。那么打开锁的工具就是接口程序。谁都知道，用对应的钥匙开锁是最好的，如果用别的工具（比如锤子）或许不便利（当然，具有特殊开锁能力的人除外）。PyMySQL 就是打开 MySQL 数据库的钥匙。

PyMySQL 的源码保存在 https://github.com/PyMySQL/PyMySQL，读者可以下载源码进行安装。

这里用另一种方式安装：

```
$ sudo pip3 install PyMySQL
```

一行命令搞定，简单、快捷，提高生产力。

安装之后，在 Python 交互模式下运行如下命令：

```
>>> import pymysql
```

如果不报错，恭喜你，则已经安装好了。如果报错，那么也恭喜你，可以借着错误信息提高自己的计算机水平。

7.2.5 连接数据库

连接数据库之前，要先建立数据库。

进入到数据库操作界面：

```
mysql>
```

输入如下命令，建立一个数据库：

```
mysql>create database bookdb character set utf8;
Query OK, 1 row affected (0.00 sec)
```

注意上面的指令，如果仅仅输入 create database bookdb 也可以，但是我们在后面增加了 character set utf8，意思是所建立的数据库 bookdb，编码是 utf8，这样存入汉字就不是乱码了。

看到那一行提示：Query OK, 1 row affected (0.00 sec)，说明这个数据库已经建立好了，名字叫作 bookdb。

数据库建立之后，就可以用 Python 通过已经安装的 PyMySQL 模块来连接这个名字叫作 bookdb 的数据库了。

```
>>> import pymysql
>>> dir(pymysql)
['BINARY', 'Binary', 'Connect', 'Connection', 'DATE', 'DATETIME', 'DBAPISet',
'DataError', 'DatabaseError', 'Date', 'DateFromTicks', 'Error', 'FIELD_TYPE',
'IntegrityError', 'InterfaceError', 'InternalError', 'MySQLError', 'NULL', 'NUMBER',
'NotSupportedError', 'OperationalError', 'PY2', 'ProgrammingError', 'ROWID', 'STRING',
'TIME', 'TIMESTAMP', 'Time', 'TimeFromTicks', 'Timestamp', 'TimestampFromTicks',
'VERSION', 'Warning', '__all__', '__builtins__', '__cached__', '__doc__', '__file__',
'__loader__', '__name__', '__package__', '__path__', '__spec__', '__version__',
'_compat', 'apilevel', 'charset', 'connect', 'connections', 'constants', 'converters',
'cursors', 'err', 'escape_dict', 'escape_sequence', 'escape_string', 'get_client_info',
'install_as_MySQLdb', 'optionfile', 'paramstyle', 'sys', 'thread_safe', 'threadsafety',
'times', 'util', 'version_info']
```

请读者不要忽视 dir()，我们一直在使用。观察一下这个模块里面给我们提供的方法，相信读者也能对某些功能猜测到一二。

接下来我们准备连接已经建立好的数据库 bookdb，你是否看到上面有一个 connect()方法呢？为了验证我们的猜测，要继续使用 help()看文档。

```
>>> help(pymysql.connect)
Help on function Connect in module pymysql:

Connect(*args, **kwargs)
    Establish a connection to the MySQL database. Accepts several arguments:
    host: Host where the database server is located
    user: Username to log in as
    password: Password to use.
    database: Database to use, None to not use a particular one.
port: MySQL port to use, default is usually OK. (default: 3306)
……
```

由于帮助信息比较多，这里仅显示一部分。从中我们看到，connect()就是我们要找的东西，并且列出了各个参数的含义。于是，动手吧，还等什么？

```
>>>conn = pymysql.connect(host='localhost', port=3306, user='root', passwd='123123', db='bookdb', charset='utf8')
```

这是常用的几个参数，下面逐个解释一番。

- host：等号的后面应该填写 MySQL 服务的地址，我们在学习的时候，通常将数据库安装在本机上（也称作本地），所以使用 localhost 或者 127.0.0.1，注意引号。如果在其他的服务器上，这里应该填写 IP 地址。
- port：是服务的端口号，默认为 3036，也可以不写，如果不写，则为默认值。
- user：登录数据库的用户名，这里填写"root"，要注意引号。当然，如果读者命名了别的用户名，就更改为相应用户名。但是，不同用户的权限可能不同，所以在程序中，如果要操作数据库，还要注意所拥有的权限。在这里用 root，不过，这样种做法在大型系统中是应该避免的。
- passwd：user 账户登录 MySQL 的密码。例子中用的密码是"123123"，不要忘记引号。
- db：就是刚刚通过 create 命令建立的数据库，笔者建立的数据库名字是 bookdb，还是要注意引号。读者如果建立的数据库名字不是这个，就写自己所建数据库的名字。
- charset：这个设置在很多教程中都不写，结果在真正进行数据存储的时候发现有乱码。这里将 bookdb 这个数据库的编码设置为 utf8 格式，这样就允许存入汉字而无乱码了。

其实，关于 connect 的参数还有别的，读者可以通过帮助信息查看。

至此，已经完成了数据库的连接。

就数据库而言，连接之后就要对其操作。但是，目前名字叫作 bookdb 的数据库仅仅是空架子，没有什么可操作的。要操作它，就必须在里面建立"表"，什么是数据库的表呢？下面摘抄《维基百科》中对数据库表的简要解释。

在关系数据库中，数据库表是一系列二维数组的集合，用来代表和储存数据对象之间的关系。它由纵向的列和横向的行组成，例如一个有关作者信息的名为 authors 的表中，每个列包含的是所有作者的某个特定类型的信息，比如"姓氏"，而每行则包含了某个特定作者的所有信息，如姓名、住址等。

对于特定的数据库表，列的数目一般事先固定，各列之间可以由列名来识别。而行的数目可以随时、动态变化，每行通常都可以根据某个（或某几个）列中的数据来识别，称为候选键。

在 bookdb 中建立一个存储用户名、用户密码、用户邮箱的表，其结构用二维表格表现如下。

username	password	email
qiwsir	123123	qiwsir@gmail.com

特别说明，这里为了简化细节、突出重点，对密码不加密，直接明文保存，但这种方式是很不安全的。

7.2.6 数据库表

因为直接操作数据库不是本书重点，但是关联到后面的操作，为了让读者在阅读上连贯，这里快速地说明如何建立数据库表并输入内容。并且，考虑到本书读者主要是零基础起点的学习者，所以这里仅以非常简单的方式展示如何向数据库中插入数据。如果读者已经熟知数据库，此部分可以跳过。

```
mysql> use bookdb;
Database changed
mysql> show tables;
Empty set (0.00 sec)
```

用 show tables 命令显示这个数据库中是否有数据表，查询结果显示为空。

用如下命令建立一个数据表，这个数据表的内容就是上面所说明的。

```
mysql> create table users(id int(2) not null primary key auto_increment, username varchar(40), password text, email text) default charset=utf8;
Query OK, 0 rows affected (0.12 sec)
```

建立的这个数据表名称是：users，其中包含上述字段，可以用下面的方式看一看这个数据表的结构。

```
mysql> show tables;
+------------------+
| Tables_in_bookdb |
+------------------+
| users            |
+------------------+
1 row in set (0.00 sec)
```

查询显示，在 bookdb 这个数据库中已经有一个表，它的名字是 users。

```
mysql> desc users;
+----------+-------------+------+-----+---------+----------------+
| Field    | Type        | Null | Key | Default | Extra          |
+----------+-------------+------+-----+---------+----------------+
| id       | int(2)      | NO   | PRI | NULL    | auto_increment |
| username | varchar(40) | YES  |     | NULL    |                |
```

```
| password  | text         | YES  |     | NULL    |                |
| email     | text         | YES  |     | NULL    |                |
+-----------+--------------+------+-----+---------+----------------+
4 rows in set (0.00 sec)
```

显示表 users 的结构。

特别提醒：上述所有字段设置仅为演示，在实际开发中，要根据具体情况来确定字段的属性。

如此就得到了一个空表。可以查询看看：

```
mysql> select * from users;
Empty set (0.01 sec)
```

向里面插入一条信息：

```
mysql> insert into users (username, password, email) values ("qiwsir", "123123", "qiwsir@gmail.com");
Query OK, 1 row affected (0.05 sec)
```

```
mysql> select * from users;
+----+----------+----------+------------------+
| id | username | password | email            |
+----+----------+----------+------------------+
|  1 | qiwsir   | 123123   | qiwsir@gmail.com |
+----+----------+----------+------------------+
1 row in set (0.00 sec)
```

这样就得到了一个有内容的数据库表。

7.2.7 操作数据库

首先要保证你已经连接了数据库，如果没有，请使用前文讲述的方式操作。

Python 建立了与数据库的连接，其实是建立了一个 pymysql.connect()的实例对象，或者泛泛地称之为连接对象。Python 就是通过连接对象和数据库对话。这个连接对象也有自己的方法：

```
>>> dir(conn)
[…, 'close', 'commit', 'connect', 'connect_timeout', 'cursor', …, 'rollback', …]
```

因为方法有很多，不可能一一进行介绍，这里只列出了四个比较常用的，并用于操作数据库。当然，这些方法都可以使用 help()查看文档。

- commit()：如果数据库表进行了修改，用这个方法提交保存当前的数据。当然，如果此用户没有权限就作罢了，什么也不会发生。
- rollback()：如果有权限，就取消当前的操作，否则会报错。
- cursor([cursorclass])：返回连接的游标对象，通过游标执行 SQL 语句。
- close()：关闭连接。

Python 是通过游标执行 SQL 语句的，所以，连接建立之后，要利用连接对象得到游标对象，方法如下：

```
>>> cur = conn.cursor()
```

此后，就可以利用游标对象的方法对数据库进行操作。游标对象的常用方法，如下表所示。

名称	描述
close()	关闭游标，之后游标不可用
execute(query[,args])	执行一条 SQL 语句，可以带参数
executemany(query, pseq)	对序列 pseq 中的每个参数执行 SQL 语句
fetchone()	返回一条查询结果
fetchall()	返回所有查询结果
fetchmany([size])	返回 size 条结果
nextset()	移动到下一个结果
scroll(value,mode='relative')	移动游标到指定行，如果 mode='relative'，则表示从当前所在行移动 value 条，如果 mode='absolute'，则表示从结果集的第一行移动 value 条

1. 插入

例如，要在数据库表 users 中插入一条记录，使得 username="python", password="123456", email="python@gmail.com"，则可以这样做：

```
>>> cur.execute("insert into users (username, password, email) values (%s, %s, %s)",("python","123456","python@gmail.com"))
1L
```

没有报错，并且返回一个结果，说明有一行记录操作成功。不妨进入到"mysql>"交互方式查看：

```
mysql> select * from users;
+----+----------+----------+------------------+
| id | username | password | email            |
+----+----------+----------+------------------+
|  1 | qiwsir   | 123123   | qiwsir@gmail.com |
+----+----------+----------+------------------+
1 row in set (0.00 sec)
```

怎么没有看到增加的那一条呢？哪里错了？可是上面也没有报错呀。

特别注意，通过 cur.execute()对数据库进行操作之后，没有报错，完全正确，但是不等于数据就已经提交到数据库中了，还必须要用到连接对象（pymysql.connect()，不是游标对象）的一个方法 commit()，将数据提交上去，也就是进行了 cur.execute()操作之后，要将数据提交才能有效改变数据库的内容。

```
>>> conn.commit()
```

再到"mysql>"中运行"select * from users"试一试：

```
mysql> select * from users;
+----+----------+----------+------------------+
| id | username | password | email            |
+----+----------+----------+------------------+
|  1 | qiwsir   | 123123   | qiwsir@gmail.com |
|  2 | python   | 123456   | python@gmail.com |
+----+----------+----------+------------------+
2 rows in set (0.00 sec)
```

果然如此。

这就如同编写一个文本一样,将文字写到文本上,并不等于文字已经保留在文本文件中了,必须执行"CTRL-S"才能保存。所有以 execute()执行各种 SQL 语句之后,要让已经执行的效果保存,就必须运行连接对象的 commit()方法。

再尝试一下插入多条记录的函数 executemany(query,args)。

```
>>> cur.executemany("insert into users (username, password, email) values (%s,%s,%s)",(("google","111222","g@gmail.com"),("facebook","222333","f@face.book"),("github","333444","git@hub.com"),("docker","444555","doc@ker.com")))
4L
>>> conn.commit()
```

到"mysql>"里面看结果:

```
mysql> select * from users;
+----+----------+----------+---------------------+
| id | username | password | email               |
+----+----------+----------+---------------------+
|  1 | qiwsir   | 123123   | qiwsir@gmail.com    |
|  2 | python   | 123456   | python@gmail.com    |
|  3 | google   | 111222   | g@gmail.com         |
|  4 | facebook | 222333   | f@face.book         |
|  5 | github   | 333444   | git@hub.com         |
|  6 | docker   | 444555   | doc@ker.com         |
+----+----------+----------+---------------------+
6 rows in set (0.00 sec)
```

成功插入了多条记录。在"executemany(query, pseq)"中,query 还是一条 SQL 语句,但是 pseq 这时候是一个元组,特别注意括号——一环套一环的括号,这个元组里面的元素也是元组,每个元组分别对应 SQL 语句中的字段列表。

除了插入命令,其他对数据操作的命令都可用类似上面的方式,比如删除、修改等。

2. 查询

如果要从数据库中查询数据,则也用游标的方法 execute()来操作。

```
>>> cur.execute("select * from users")
6
```

这说明从 users 表汇总查询出来了 6 条记录。但是,这似乎有点不友好,6 条记录在哪里呢?如果在"mysql>"下操作查询命令,一下就把所有记录都列出来了。怎么显示 Python 的查询结果呢?

这就得用到游标对象的 fetchall()、fetchmany(size=None)、fetchone()、scroll(value, mode='relative')等方法。

```
>>> lines = cur.fetchall()
```

至此已经将查询到的记录赋值给了变量 lines。如果要把它们显示出来,就要用到曾经学习过的循环语句。

```
>>> for line in lines:
...     print(line)
```

```
...
(1, 'qiwsir', '123123', 'qiwsir@gmail.com')
(2, 'python', '123456', 'python@gmail.com')
(3, 'google', '111222', 'g@gmail.com')
(4, 'facebook', '222333', 'f@face.book')
(5, 'github', '333444', 'git@hub.com')
(6, 'docker', '444555', 'doc@ker.com')
```

果然逐条显示出来了。

如果只想查出第一条，可以吗？当然可以，再看下面：

```
>>> cur.execute("select * from users where id=1")
1
>>> line_first = cur.fetchone()      #只返回一条
>>> print(line_first)
(1, 'qiwsir', '123123', 'qiwsir@gmail.com')
```

为了对上述过程深入了解，做下面的实验：

```
>>> cur.execute("select * from users")
6
>>> cur.fetchall()
((1, 'qiwsir', '123123', 'qiwsir@gmail.com'), (2, 'python', '123456', 'python@gmail.com'), (3, 'google', '111222', 'g@gmail.com'), (4, 'facebook', '222333', 'f@face.book'), (5, 'github', '333444', 'git@hub.com'), (6, 'docker', '444555', 'doc@ker.com'))
```

原来，用 cur.execute() 从数据库查询出来的东西，被"保存在了 cur 所能找到的某个地方"。要找出这些被保存的东西，需要用 cur.fetchall()（或者 fechone 等），并且找出来之后，作为对象存在。从上面的实验探讨发现，返回值是一个元组对象，里面的每个元素都是一个一个的元组。因此，用 for 循环就可以一个一个地拿出来了。

接着上面的操作，再打印一遍。

```
>>> cur.fetchall()
()
```

怎么是空的？不是说作为对象已经存在于内存中了吗？难道这个内存中的对象是一次有效吗？

不要着急，类似的问题在讲文件部分时也遇到过。

通过游标找出来的对象，在读取的时候有一个特点，就是那个游标会移动。在第一次操作了 cur.fetchall() 后，因为是将所有的都打印出来，游标就从第一条移动到最后一条。接下来如果再次执行 cur.fetchall()，就空了，因为最后一条后面没有东西了。这是不是跟文件一样呢？

下面还要继续实验，检验上面所说的正确性：

```
>>> cur.execute('select * from users')
6
>>> cur.fetchone()
(1, 'qiwsir', '123123', 'qiwsir@gmail.com')
>>> cur.fetchone()
(2, 'python', '123456', 'python@gmail.com')
```

```
>>> cur.fetchone()
(3, 'google', '111222', 'g@gmail.com')
```

这次不再一次性全部打印出来了，而是一次打印一条。从结果中看到，那个游标果然在一条一条向下移动。注意，这次实验中重新运行了查询语句。

既然操作存储在内存中的对象时游标会移动，那么能不能让游标向上移动，或者移动到指定位置呢？这就是 scroll()。

```
>>> cur.scroll(1)
>>> cur.fetchone()
(5, 'github', '333444', 'git@hub.com')
>>> cur.scroll(-2)
>>> print cur.fetchone()
(4, 'facebook', '222333', 'f@face.book')
```

果然，能够移动游标，不过请仔细观察，上面的方式是让游标相对与当前位置向上或者向下移动，即 cur.scroll(n)或者 cur.scroll(n,"relative")，意思是相对当前位置向上或者向下移动。n 为正数，表示向下（向前）；n 为负数，表示向上（向后）。

还有一种方式可以实现"绝对"移动，而不是"相对"某位置移动——增加一个参数"absolute"。"绝对"的参照物是开始，即位置编号为 0 的第一条。

```
>>> cur.scroll(2, "absolute")     #回到第三条
>>> cur.fetchone()
(3, 'google', '111222', 'g@gmail.com')

>>> cur.scroll(1, "absolute")
>>> cur.fetchone()
(2, 'python', '123456', 'python@gmail.com')

>>> cur.scroll(0, "absolute")
>>> cur.fetchone()
(1, 'qiwsir', '123123', 'qiwsir@gmail.com')
```

注意，绝对位置中的数字不能是负数，如 cur.scroll(-2, 'absolute')是不合法的，会报错。

至此，我们已经熟悉了 cur.fetchall()和 cur.fetchone()及 cur.scroll()几个方法，还有另外一个——cur.fetchmany()，在前面操作的基础上继续。

```
>>> cur.fetchmany(3)
((2, 'python', '123456', 'python@gmail.com'), (3, 'google', '111222', 'g@gmail.com'),
(4, 'facebook', '222333', 'f@face.book'))
```

上面这个操作，实现了从当前位置（前面刚刚讲指针移到了第一条）开始，向下读取 3 条记录。

Python 总是能够为我们着想，在连接对象的游标方法中提供了一个参数，可以实现将读取到的数据变成字典形式，这样就提供了另外一种读取方式。

```
>>> cur=conn.cursor(pymysql.cursors.DictCursor)
>>> cur.execute("select * from users")
6
>>> cur.fetchall()
[{'password': '123123', 'id': 1, 'email': 'qiwsir@gmail.com', 'username': 'qiwsir'},
```

```
{'password': '123456', 'id': 2, 'email': 'python@gmail.com', 'username': 'python'},
{'password': '111222', 'id': 3, 'email': 'g@gmail.com', 'username': 'google'},
{'password': '222333', 'id': 4, 'email': 'f@face.book', 'username': 'facebook'},
{'password': '333444', 'id': 5, 'email': 'git@hub.com', 'username': 'github'},
{'password': '444555', 'id': 6, 'email': 'doc@ker.com', 'username': 'docker'}]
```

这样，在列表里面的元素就是一个一个的字典：

```
>>> cur.scroll(0, "absolute")
>>> for line in cur.fetchall():
...     print(line["username"])
...
qiwsir
python
google
...
```

根据字典对象的特点来读取"键-值"。

3．更新数据

熟悉了前面的操作，再学习更新数据库里的数据就显得非常简单了，但仍要提醒的是，如果更新完毕，和插入数据一样，都需要 commit() 来提交保存（以下的 cur 依然是游标对象，跟前文建立方法一样）。

```
>>> cur.execute("update users set username=%s where id=2",("mypython"))
1
>>> cur.execute("select * from users where id=2")
1
>>> cur.fetchone()
{'password': '123456', 'id': 2, 'email': 'python@gmail.com', 'username': 'mypython'}
```

从操作中可以看出，已经将数据库中第二条的用户名修改为 mypython，用的就是 SQL 中的 update 语句。

不过，要真的实现在数据库中的更新，还要运行：

```
>>> conn.commit()
```

当操作数据完毕后，不要忘记"关门"：

```
>>> cur.close()
>>> conn.close()
```

7.3 操作 MongoDB

MongoDB 开始火了，时代发展需要 NoSQL，而 MongoDB 的出现是否是偶然呢？暂且不争论，仅仅以它为例罢了，否则本书似乎就没有关照到 NoSQL 了。

考虑到读者对这种数据库可能比关系型数据库陌生，所以，要多用一些篇幅来介绍。

先简单了解 NoSQL。

NoSQL（Not Only SQL）指的是非关系型数据库。它是为了大规模 Web 应用而生的，其特征诸如模式自由、支持简易复制、简单的 API、大容量数据等。

MongoDB 是 NoSQL 其一，选择它，是因为它有如下特点。

- 面向文档存储。
- 对任何属性可索引。
- 复制和高可用性。
- 自动分片。
- 丰富的查询。
- 快速就地更新。

基于它的特点，其擅长的领域为：

- 大数据。
- 内容管理和交付。
- 移动和社交基础设施。
- 用户数据管理。
- 数据平台。

读者也可以学习使用其他的 NoSQL 数据库。

7.3.1 安装 MongoDB

先演示在 Ubuntu 系统中的安装过程。以下流程在 Ubuntu14.04 中进行了测试，其他操作系统请参考官方网站演示（http://docs.mongodb.org/manual/tutorial/install-mongodb-on-ubuntu/）。

```
sudo apt-key adv --keyserver hkp://keyserver.ubuntu.com:80 --recv 7F0CEB10
echo 'deb http://downloads-distro.mongodb.org/repo/ubuntu-upstart dist 10gen' | sudo tee /etc/apt/sources.list.d/mongodb.list
sudo apt-get update
sudo apt-get install mongodb-10gen
```

如此就安装完毕。

如果用的其他操作系统，可以到官方网站下载安装程序：http://www.mongodb.org/downloads，该网站能满足各种操作系统，如下图所示。

如果在安装过程中遇到了问题，建议用 Google 进行搜索。

7.3.2 启动

安装完毕后就可以启动数据库。因为本书不是专门讲数据库，所以这里不涉及数据库的详细讲解，下面只是建立一个简单的库，并且说明 MongoDB 的基本要点，目的在于为后面用 Python 来操作它做铺垫（与前面的 MySQL 相同，熟悉 MongoDB 的读者可以跳过）。

一般情况下，用下面的方式进入 MongoDB 的交互模式中。

```
$ mongo
MongoDB shell version: 2.4.14
connecting to: test
Welcome to the MongoDB shell.
For interactive help, type "help".
For more comprehensive documentation, see
    http://docs.mongodb.org/
Questions? Try the support group
    http://groups.google.com/group/mongodb-user
>
```

有点类似 MySQL 的状态。

在 MongoDB 中，有一个全局变量 db，使用哪个数据库，哪个数据库就会作为对象被赋给这个全局变量 db。如果那个数据库不存在，就会新建。

```
> use mydb
switched to db mydb
> db
mydb
```

除非向这个数据库中增加实质性的内容，否则它是看不到的。

```
> show dbs;
local   0.03125GB
```

向这个数据库中增加一些东西。MongoDB 的基本单元是文档。所谓文档，就类似于 Python 中的字典，以"键/值对"的方式保存数据。

```
> book = {"title":"from beginner to master", "author":"qiwsir", "lang":"python"}
{
    "title" : "from beginner to master",
    "author" : "qiwsir",
    "lang" : "python"
}
> db.books.insert(book)
> db.books.find()
{ "_id" : ObjectId("554f0e3cf579bc0767db9edf"), "title" : "from beginner to master",
"author" : "qiwsir", "lang" : "python" }
```

db 指向了数据库 mydb，books 是这个数据库里面的一个集合（类似 MySQL 里面的表），向集合 books 里面插入了一个文档（文档对应 MySQL 里面的记录）。"数据库"、"集合"、"文档"构成了 MongoDB 数据库。

从上面的操作还可以发现一个有意思的地方，并没有类似 create 之类的命令，用到数据库，就通过 use xxx，如果不存在就建立；用到集合，就通过 db.xxx 来使用，如果没有就建立。可以总结为"随用、随取、随建立",是不是简单得有点出人意料?

```
> show dbs
local    0.03125GB
mydb     0.0625GB
```

当有了充实内容之后,就会看到刚才用到的数据库 mydb 了。

在 shell 中,可以对数据进行"增删改查"等操作。但是,我们的目的是用 Python 来操作,所以,还是把力气放在后面用。

7.3.3 安装 pymongo

要用 Python 来驱动 MongoDB,必须要安装驱动模块,即 pymongo,这跟操作 MySQL 类似。安装方法推荐如下:

```
$ sudo pip3 install pymongo
```

如果顺利,就会看到最后的提示:

```
Successfully installed pymongo
Cleaning up...
```

在写本书的时候,安装版本号如下,如果读者的版本不一样,也无大碍。

```
>>> import pymongo
>>> pymongo.version
'3.3.0'
```

如果读者要指定版本,比如安装 2.8 版本的,则可以:

```
$ sudo pip install pymongo==2.8
```

安装好之后,进入到 Python 的交互模式:

```
>>> import pymongo
```

说明模块没有问题。

7.3.4 连接

既然 Python 驱动 MongoDB 的模块 pymongo 已安装完毕,那么接下来就是连接,即建立连接对象。

```
>>> pymongo.Connection("localhost", 27017)
Traceback (most recent call last):
  File "<stdin>", line 1, in <module>
AttributeError: 'module' object has no attribute 'Connection'
```

出现报错!笔者在写本书之前做项目时,就是按照上面方法连接的,读者可以查一下,会发现很多教程都是这么连接的。但是,却报错了。

所以,一定要注意这里的坑。

如果读者用的是旧版本的 pymongo,比如 2.8,仍然可以使用上面的连接方法。但如果用的是新版本(笔者安装时没有选版本),就得注意这个问题。

经验主义害死人。必须看看下面有哪些方法可以用:

```
>>> dir(pymongo)
['ALL', 'ASCENDING', 'CursorType', 'DESCENDING', 'DeleteMany', 'DeleteOne', 'GEO2D',
'GEOHAYSTACK', 'GEOSPHERE', 'HASHED', 'IndexModel', 'InsertOne',
'MAX_SUPPORTED_WIRE_VERSION', 'MIN_SUPPORTED_WIRE_VERSION', 'MongoClient',
'MongoReplicaSetClient', 'OFF', 'ReadPreference', 'ReplaceOne', 'ReturnDocument',
'SLOW_ONLY', 'TEXT', 'UpdateMany', 'UpdateOne', 'WriteConcern', '__builtins__',
'__doc__', '__file__', '__name__', '__package__', '__path__', '_cmessage', 'auth',
'bulk', 'client_options', 'collection', 'command_cursor', 'common', 'cursor',
'cursor_manager', 'database', 'errors', 'get_version_string', 'has_c', 'helpers',
'ismaster', 'message', 'mongo_client', 'mongo_replica_set_client', 'monitor',
'monotonic', 'network', 'operations', 'periodic_executor', 'pool', 'read_preferences',
'response', 'results', 'server', 'server_description', 'server_selectors',
'server_type', 'settings', 'son_manipulator', 'ssl_context', 'ssl_support',
'thread_util', 'topology', 'topology_description', 'uri_parser', 'version',
'version_tuple', 'write_concern']
```

从以上结果中找不到 Connection() 这个方法，原来，刚刚安装的 pymongo，"它变了"。

不过，我们发现了 MongoClient()，真乃峰回路转。

```
>>> client = pymongo.MongoClient("localhost", 27017)
```

Python 已经和 MongoDB 建立了连接。

刚才已经建立了一个数据库 mydb，并且在这个库里面有一个集合 books，于是：

```
>>> mdb = client.mydb
```

或者

```
>>> mdb = client['mydb']
```

获得数据库 mydb，并赋值给变量 mdb。

```
>>> mdb.collection_names()
[u'system.indexes', u'books']
```

查看集合，发现了我们已经建立好的那个 books，于是再获取这个集合，并赋值给一个变量 books：

```
>>> books = mdb["books"]
```

或者：

```
>>> books = mdb.books
```

接下来，就可以操作这个集合中的具体内容了。

7.3.5 编辑

刚刚的 books 所引用的是一个 MongoDB 的集合对象，它跟前面学习过的其他对象一样，有一些方法供我们来驱使。

```
>>> type(books)
<class 'pymongo.collection.Collection'>

>>> dir(books)
['_BaseObject__codec_options', '_BaseObject__read_preference',
```

```
'_BaseObject__write_concern', '_Collection__create', '_Collection__create_index',
'_Collection__database', '_Collection__find_and_modify', '_Collection__full_name',
'_Collection__name', '__call__', '__class__', '__delattr__', '__dict__', '__doc__',
'__eq__', '__format__', '__getattr__', '__getattribute__', '__getitem__', '__hash__',
'__init__', '__iter__', '__module__', '__ne__', '__new__', '__next__', '__reduce__',
'__reduce_ex__', '__repr__', '__setattr__', '__sizeof__', '__str__', '__subclasshook__',
'__weakref__', '_command', '_count', '_delete', '_insert', '_socket_for_primary_reads',
'_socket_for_reads', '_socket_for_writes', '_update', 'aggregate', 'bulk_write',
'codec_options', 'count', 'create_index', 'create_indexes', 'database', 'delete_many',
'delete_one', 'distinct', 'drop', 'drop_index', 'drop_indexes', 'ensure_index', 'find',
'find_and_modify', 'find_one', 'find_one_and_delete', 'find_one_and_replace',
'find_one_and_update', 'full_name', 'group', 'index_information',
'initialize_ordered_bulk_op', 'initialize_unordered_bulk_op', 'inline_map_reduce',
'insert', 'insert_many', 'insert_one', 'list_indexes', 'map_reduce', 'name', 'next',
'options', 'parallel_scan', 'read_preference', 'reindex', 'remove', 'rename',
'replace_one', 'save', 'update', 'update_many', 'update_one', 'with_options',
'write_concern']
```

这么多方法这里不会一一进行介绍，只是按照"增删改查"的常用功能介绍几种。读者可以使用 help() 去查看每一种方法的使用说明。

```
>>> books.find_one()
{u'lang': u'python', u'_id': ObjectId('554f0e3cf579bc0767db9edf'), u'author': u'qiwsir',
u'title': u'from beginner to master'}
```

提醒读者注意的是，MongoDB 的 shell 中的命令与 pymongo 中的方法有时候会稍有差别，务必小心。比如刚才这个，在 shell 中是这样子的：

```
> db.books.findOne()
{
    "_id" : ObjectId("554f0e3cf579bc0767db9edf"),
    "title" : "from beginner to master",
    "author" : "qiwsir",
    "lang" : "python"
}
```

请注意区分。

目前在集合 books 中只有一个文档，如果还想再增加，就需要进行"增删改查"的常规操作。

1. 新增和查询

```
>>> b2 = {"title":"physics", "author":"Newton", "lang":"english"}
>>> books.insert(b2)
ObjectId('554f28f465db941152e6df8b')
```

成功地向集合中增加了一个文档。

```
>>> books.find().count()
2
```

这是查看当前集合有多少个文档的方式，返回值为 2，则说明集合中有两个文档。还是要看看内容。

```
>>> books.find_one()
```

```
{u'lang': u'python', u'_id': ObjectId('554f0e3cf579bc0767db9edf'), u'author': u'qiwsir',
u'title': u'from beginner to master'}
```

这个命令就不行了,因为它只返回第一条,必须要:

```
>>> for i in books.find():
...     print(i)
...
{u'lang': u'python', u'_id': ObjectId('554f0e3cf579bc0767db9edf'), u'author': u'qiwsir',
u'title': u'from beginner to master'}
{u'lang': u'english', u'title': u'physics', u'_id':
ObjectId('554f28f465db941152e6df8b'), u'author': u'Newton'}
```

在 books 引用的对象中有 find()方法,它返回的是一个可迭代对象,包含着集合中所有的文档。

由于文档是"键/值"对,不一定每个文档都要结构一样。比如,也可以在集合中插入这样的文档:

```
>>> books.insert({"name":"Hertz"})
ObjectId('554f2b4565db941152e6df8c')
>>> for i in books.find():
...     print(i)
...
{u'lang': u'python', u'_id': ObjectId('554f0e3cf579bc0767db9edf'), u'author': u'qiwsir',
u'title': u'from beginner to master'}
{u'lang': u'english', u'title': u'physics', u'_id':
ObjectId('554f28f465db941152e6df8b'), u'author': u'Newton'}
{u'_id': ObjectId('554f2b4565db941152e6df8c'), u'name': u'Hertz'}
```

如果有多个文档,想同时插入到集合中(在 MySQL 中,可以实现多条数据用一条命令插入到表里面),可以这么做:

```
>>> n1 = {"title":"java", "name":"Bush"}
>>> n2 = {"title":"fortran", "name":"John Warner Backus"}
>>> n3 = {"title":"lisp", "name":"John McCarthy"}
>>> n = [n1, n2, n3]
>>> n
[{'name': 'Bush', 'title': 'java'}, {'name': 'John Warner Backus', 'title': 'fortran'},
{'name': 'John McCarthy', 'title': 'lisp'}]
>>> books.insert(n)
[ObjectId('554f30be65db941152e6df8d'), ObjectId('554f30be65db941152e6df8e'),
ObjectId('554f30be65db941152e6df8f')]
```

这样就完成了所谓的批量插入,查看一下文档个数:

```
>>> books.find().count()
6
```

提醒读者,批量插入的文档大小是有限制的,有人说不要超过 20 万个,有人说不要超过 16MB,笔者没有测试过。在一般情况下,或许达不到上限,如果遇到极端情况,就请读者在使用时多注意了。

如果要查询,除了通过循环之外,能不能按照某个条件查询呢?比如查找'name'='Bush'的文档:

```
>>> books.find_one({"name":"Bush"})
{u'_id': ObjectId('554f30be65db941152e6df8d'), u'name': u'Bush', u'title': u'java'}
```

对于查询结果，还可以进行排序：

```
>>> for i in books.find().sort("title", pymongo.ASCENDING):
...     print(i)
...
{'_id': ObjectId('57c0f9bd1d41c82937fbcc86'), 'name': 'Hertz'}
{'title': 'fortran', '_id': ObjectId('57c0fa661d41c82937fbcc88'), 'name': 'John Warner Backus'}
{'title': 'from beginner to master', 'author': 'qiwsir', '_id': ObjectId('57c014b0b73e31b348d7919c'), 'lang': 'python'}
{'title': 'java', '_id': ObjectId('57c0fa661d41c82937fbcc87'), 'name': 'Bush'}
{'title': 'lisp', '_id': ObjectId('57c0fa661d41c82937fbcc89'), 'name': 'John McCarthy'}
{'author': 'Newton', '_id': ObjectId('57c0f9631d41c82937fbcc85'), 'lang': 'english', 'title': 'physics'}
```

这是按照"title"的值的升序排列的，注意 sort() 中的第二个参数，意思是升序排列。如果按照降序，就需要将参数修改为 pymongo.DESCEDING，也可以指定多个排序键。

```
>>> for i in books.find().sort([("name",pymongo.ASCENDING),("name",pymongo.DESCENDING)]):
...     print(i)
...
{'title': 'fortran', '_id': ObjectId('57c0fa661d41c82937fbcc88'), 'name': 'John Warner Backus'}
{'title': 'lisp', '_id': ObjectId('57c0fa661d41c82937fbcc89'), 'name': 'John McCarthy'}
{'_id': ObjectId('57c0f9bd1d41c82937fbcc86'), 'name': 'Hertz'}
{'title': 'java', '_id': ObjectId('57c0fa661d41c82937fbcc87'), 'name': 'Bush'}
{'title': 'from beginner to master', 'author': 'qiwsir', '_id': ObjectId('57c014b0b73e31b348d7919c'), 'lang': 'python'}
{'author': 'Newton', '_id': ObjectId('57c0f9631d41c82937fbcc85'), 'lang': 'english', 'title': 'physics'}
```

如果读者看到这里，请务必注意，MongoDB 中的每个文档，本质上都是"键/值"对的类字典结构。这种结构，一经 Python 读出来，就可以用字典中的各种方法来操作。

是否还记得，有一个名为 JSON 的东西，也是类字典格式。但是，用 Python 从 MongoDB 中读到的类字典数据，无法直接用 json.dumps() 方法操作。其中一种解决方法就是将文档中的'_id' "键/值"对删除（如 del doc['_id']），然后再使用 json.dumps() 即可。读者也可使用 json_util 模块，因为它是 "Tools for using Python's json module with BSON documents"，请阅读 http://api.mongodb.org/python/current/api/bson/json_util.html 中的模块使用说明。

2. 更新

对于已有的数据库来说，更新数据是常用的操作。比如，要更新 name 为 Hertz 的文档：

```
>>> books.update({"name":"Hertz"}, {"$set": {"title":"new physics", "author":"Hertz"}})
{'connectionId': 3, 'updatedExisting': True, 'n': 1, 'err': None, 'ok': 1.0}
>>> books.find_one({"author":"Hertz"})
{'title': 'new physics', 'author': 'Hertz', '_id': ObjectId('57c0f9bd1d41c82937fbcc86'), 'name': 'Hertz'}
```

在更新的时候，用了一个$set 修改器，它可以用来指定键值，如果键不存在则创建。

关于修改器，如下表所示。

修改器	描述
$set	用来指定一个键的值。如果不存在则创建它
$unset	完全删除某个键
$inc	增加已有键的值，不存在则创建（只能用于增加整数、长整数、双精度浮点数）
$push	数组修改器只能操作值为数组，存在 key 在值末尾增加一个元素，不存在则创建一个数组

3. 删除

删除可以用 remove()方法。

```
>>> books.remove({"name":"Bush"})
{'connectionId': 3, 'n': 1, 'err': None, 'ok': 1.0}
>>> books.find_one({"name":"Bush"})
>>>
```

这是将整个文档全部删除。当然，也可以根据 MongoDB 的语法规则写个条件，按照条件删除。

4. 索引

索引的目的是为了让查询速度更快，当然，在具体的项目开发中，是否建立索引要视情况而定，因为建立索引也是有代价的。

```
>>> books.create_index([("title", pymongo.DESCENDING),])
u'title_-1'
```

这里仅仅对 pymongo 模块做了一个非常简单的介绍，在实际使用过程中，上面知识是很有限的，所以需要读者根据具体应用场景再结合 MongoDB 的有关知识去尝试新的语句。

7.4 操作 SQLite

SQLite 是一个小型的关系型数据库，它最大的特点在于不需要单独的服务、零配置。前面的两个数据库，不管是 MySQL 还是 MongoDB，都需要安装。安装之后，运行起来，其实就相当于已经有一个相应的服务在跑着。

而 SQLite 与前述数据库不同。首先 Python 已经将相应的驱动模块作为了标准库的一部分，只要安装了 Python，就可以使用；另外，它可以类似操作文件那样来操作 SQLite 数据库文件。还有一点，SQLite 源代码不受版权限制。

SQLite 也是一个关系型数据库，所以 SQL 语句可以在里面使用。

7.4.1 建立连接对象

由于 SQLite 数据库的驱动已经在 Python 里面了，所以，只要引用就可以直接使用。并且在学过 MySQL 的基础上，理解本节内容就容易多了。

```
>>> import sqlite3
>>> conn = sqlite3.connect("lite.db")
```

这样就得到了连接对象，是不是比 MySQL 连接要简化了很多呢？在 sqlite3.connect("lite.db") 中，如果已经有了那个数据库，就连接上它；如果没有，会自动新建一个。注意，这里的路径可以随意指定。

下面显示的是连接对象的属性和方法。

```
>>> dir(conn)
['DataError', 'DatabaseError', 'Error', 'IntegrityError', 'InterfaceError',
'InternalError', 'NotSupportedError', 'OperationalError', 'ProgrammingError',
'Warning', '__call__', '__class__', '__delattr__', '__doc__', '__enter__', '__exit__',
'__format__', '__getattribute__', '__hash__', '__init__', '__new__', '__reduce__',
'__reduce_ex__', '__repr__', '__setattr__', '__sizeof__', '__str__', '__subclasshook__',
'close', 'commit', 'create_aggregate', 'create_collation', 'create_function', 'cursor',
'enable_load_extension', 'execute', 'executemany', 'executescript', 'interrupt',
'isolation_level', 'iterdump', 'load_extension', 'rollback', 'row_factory',
'set_authorizer', 'set_progress_handler', 'text_factory', 'total_changes']
```

7.4.2 建立游标对象

这一步跟 MySQL 也类似，连接了数据库之后，要建立游标对象。

```
>>> cur = conn.cursor()
```

接下来对数据库内容的操作，都是用游标对象方法来实现：

```
>>> dir(cur)
['__class__', '__delattr__', '__doc__', '__format__', '__getattribute__', '__hash__',
'__init__', '__iter__', '__new__', '__reduce__', '__reduce_ex__', '__repr__',
'__setattr__', '__sizeof__', '__str__', '__subclasshook__', 'arraysize', 'close',
'connection', 'description', 'execute', 'executemany', 'executescript', 'fetchall',
'fetchmany', 'fetchone', 'lastrowid', 'next', 'row_factory', 'rowcount', 'setinputsizes',
'setoutputsize']
```

看到熟悉的名称了：close()、execute()、executemany()、fetchall()。

1. 创建数据库表

面对 SQLite 数据库，读者曾经熟悉的 SQL 指令都可以使用。

```
>>> create_table = "create table books (title text, author text, lang text) "
>>> cur.execute(create_table)
<sqlite3.Cursor object at 0xb73ed5a0>
```

这样就在数据库 lite.db 中建立了一个表 books。对这个表可以增加数据。

```
>>> cur.execute('insert into books values ("from beginner to master", "laoqi", "python")')
<sqlite3.Cursor object at 0xb73ed5a0>
```

为了保证数据能够保存，还要如何如下操作：

```
>>> conn.commit()
>>> cur.close()
>>> conn.close()
```

在刚才建立的数据库中，已经有了一个表 books，表中已经有了一条记录。

2. 查询

保存后进行查询：

```
>>> conn = sqlite3.connect("lite.db")
>>> cur = conn.cursor()
>>> cur.execute('select * from books')
<sqlite3.Cursor object at 0xb73edea0>
>>> cur.fetchall()
[('from beginner to master', 'laoqi', 'python')]
```

3. 批量插入

多增加些内容，以便于其他的操作：

```
>>> books = [("first book","first","c"), ("second book","second","c"), ("third book","second","python")]
```

这回来一个批量插入：

```
>>> cur.executemany('insert into books values (?,?,?)', books)
<sqlite3.Cursor object at 0xb73edea0>
>>> conn.commit()
```

用循环语句打印查询结果：

```
>>> rows = cur.execute('select * from books')
>>> for row in rows:
...     print(row)
...
('from beginner to master', 'laoqi', 'python')
('first book', 'first', 'c')
('second book', 'second', 'c')
('third book', 'second', 'python')
```

4. 更新

正如前面所说，在 cur.execute() 中，可以写 SQL 语句来操作数据库。

```
>>> cur.execute("update books set title='physics' where author='first'")
<sqlite3.Cursor object at 0xb73edea0>
>>> conn.commit()
```

按照条件查处来看一看：

```
>>> cur.execute("select * from books where author='first'")
<sqlite3.Cursor object at 0xb73edea0>
>>> cur.fetchone()
(u'physics', u'first', u'c')
```

5. 删除

删除也是操作数据库必需的动作。

```
>>> cur.execute("delete from books where author='second'")
<sqlite3.Cursor object at 0xb73edea0>
>>> conn.commit()
```

```
>>> cur.execute("select * from books")
<sqlite3.Cursor object at 0xb73edea0>
>>> cur.fetchall()
[('from beginner to master', 'laoqi', 'python'), ('physics', 'first', 'c')]
```

不要忘记，在完成对数据库的操作后，一定要"关门"才能走人：

```
>>> cur.close()
>>> conn.close()
```

基本知识已经介绍得差不多了。当然，在实践的编程中，或许会遇到很多问题，请读者多参考官方文档：https://docs.python.org/3.5/library/sqlite3.html。

另外，读者可以使用一个名为 SQLite Manager 的 FireFox 浏览器插件，专门用来浏览 SQLite 数据库文件，如下图所示。

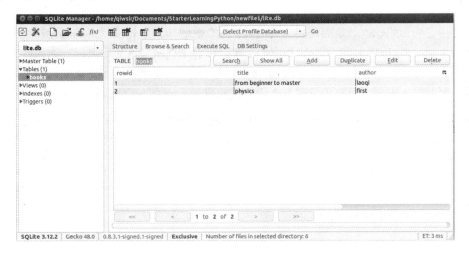

跋

在序中已经声明，本书是面向初学者的入门读物。相信读者完成本书的阅读和里面所列代码的操练之后，对 Python 有了一定程度的了解。掌握了这些基本知识之后，该如何应用呢？Python 应用的领域比较多，在 www.itdiffer.com 网站上，为读者提供了多方面的实践内容。笔者还会在另外一本书中专门向各位朋友介绍如何应用 Python 的一个网站开发框架 Django。

本书的所有源码都放在了 github 上，地址是：https://github.com/qiwsir/starterlearningpython。www.itdiffer.com 则是本书的技术支持网站，专门向致力于学习编程的朋友提供学习内容。